# 공동자원론의 도전

# 공동자원론의 도전

이노우에 마코노 편저

최현 / 정영신 / 김자경 옮김

景仁文化社

이 역서는 2011년 정부(교육과학기술부)의 재원으로
한국연구재단의 지원을 받아 수행된 연구입니다.
(NRF-2011-330-B00108)

# 서 문

　제주대학교 SSK연구팀은 한국연구재단의 지원을 받아 "자연의 공공적 관리와 지속가능한 삶의 방식"이라는 주제로 3년에 걸쳐 연구를 해왔다. 우리의 연구는 인류가 자연으로부터 얻는 혜택을 불평등하게 나누어 빈곤에서 헤어나지 못하는 사람과 엄청난 부를 무기로 다른 사람들을 지배할 수 있는 사람이 있는 한 자연을 파괴하는 것을 막을 수 없다는 문제의식에서 출발한다. 부유한 사람들은 더 많은 부를 쌓기 위해 자연을 파괴해야만 할 뿐만 아니라, 더 많은 부가 환경오염으로부터 자신을 지켜줄 수 있다고 믿기 때문에 자연을 파괴하는데 거리낌이 없으며 더 나아가 자연을 파괴하기 위해 끊임없이 노력한다. 울리히 벡(Ulrich Beck)이 지적했듯이 자본주의는 부를 축적하기 위하여 더 많은 '위험'을 감수하면서 불가피하게 자연을 파괴한다. 다른 한편, 빈곤에서 헤어나지 못하는 사람들은 자본주의의 팽창에 의해 생계공동체가 상품화폐관계 속으로 편입됨에 따라 자연을 수탈하지 않고서는 생계를 유지할 수 없는 위치에 처하게 된다. 자본주의는 불평들을 통해 부유한 사람들이 자연을 파괴하도록 끊임없이 기획하도록 만들고, 빈곤한 사람들은 이렇게 만들어진 발전주의(developmentalism)적 기획을 뒷받침하는 광범위한 지지 기반이 된다. 정부와 전문가집단이 권력과 정보를 독점함으로써 경제적 불평등에 따라 자연을 파괴하려는 기획과 공모가 가져오는 위험은 통제되지 않고 오히려 증폭된다. 일본의 원전사태, 한국의 4대강 개발은 이러한 '위험'의 현실성을 적나라하게 보여주었다. 따라서 자본의 자연에 대한 수탈을 제한하고 자연을 공공적으로 관리하여 자연의 혜택을 공유하는 것은 시민들의 복지를 확대할 뿐만 아니라 인간이 자연과 호혜적 관계를 회복하고 지속가능한 삶을 선택할 수 있는 기본적 조건일 수밖에 없다.

이러한 문제의식에서 출발한 우리는 문제해결의 실마리를 공동자원(common pool resource 또는 commons)에 대한 연구에서 발견했다. 공동자원은 자연자원에 한정되는 것은 아니지만 공동자원에 대한 지금까지의 연구는 자본주의적 수탈로부터 자연을 보호하고 공공적으로 관리하기 위한 다양한 사례를 제공하고 이 과정에서 나타나는 문제들을 이해하는데 도움을 준다. 공동자원론은 모든 것을 상품화시켜온 자본주의의 대안을 마련하여 사회와 경제를 좀 더 따뜻할 뿐만 아니라 자연과 공존할 수 있는 것으로 바꾸는 데 도움을 줄 수 있는 잠재력을 가지고 있다. 그런데 안타깝게도 우리나라에서는 아직까지 공동자원에 대한 연구가 활발히 전개되지 못하고 있다.

우리 연구팀은 공동자원론이 가진 잠재력을 한국사회에 보여줄 필요가 있다고 느꼈다. 이를 위해 출판을 모색하던 중 일본에서 발간된 『コモンズ論の挑戰』(井上真 編, 東京: 新曜社, 2008)이라는 책이 우리의 필요를 상당부분 충족시킬 수 있겠다고 느껴 이번에 번역하게 되었다. 일본의 공동자원 연구는 100여년의 역사를 가지고 있으며, 법학에서 출발했지만 임정학, 인류학, 경제학, 사회학 등 다양한 분야에서 연구성과를 축적히고 있다. 이 책의 편집자인 이노우에는 최근 일본 공동자원 연구에서 주도적인 역할을 하고 있는 학자이며, 이 책의 저자들 역시 이노우에를 중심으로 공동자원 연구의 새로운 축을 형성하고 있는 학자들이다. 이 책을 통해 공동자원 연구의 맥락을 이해하고, 발전 가능성을 발견해서 공동자원에 대한 관심이 촉발되기를 기대한다.

번역 과정에서 용어의 선택에 많은 어려움이 있었다. 공동자원 관련 연구가 우리나라에서 아직까지 활발하지 않아 관련 용어가 통일되어 있지 않기 때문이다. 일본에서는 commons를 번역하지 않고 그냥 커먼즈(コモンズ)라고 사용하는데, 우리는 커먼즈를 공동자원으로 번역했다. 커먼즈라는 용어를 사용한 몇몇 예외가 있기는 한데 그것은 저자의 의도를 살리기 위해 어쩔 수 없는 경우였다. 또 common pool resource(이하,

CPR)를 일본에서는 공용자원이라고 번역해 사용했고 우리나라에서는 공유자원이라고 번역했는데, 이 책에서는 commons와 마찬가지로 공동자원으로 번역했다. 왜냐하면 CPR는 수백 년 전부터 commons라고 불렸던 것을 빈센트 오스트롬과 엘리노어 오스트롬이 경합성(rivalry)과 배제성(excludability)이라는 객관적 기준을 가지고 정의한 용어이기 때문이다. 지금까지 우리나라에서 commons나 CPR를 번역하는데 사용되곤 했던 공유자원이라는 용어를 사용하지 않은 것은 commons와 CPR의 법적 소유형태는 국유, 지방자치단체소유, 조합소유, 공유, 사유 등 다양하기 때문이다. 사실 학자들은 공유자원을 의미하는 common property resource와 CPR를 구분하고 있다.

독자들의 이해를 돕기 위해 번역 과정에서 적용했던 원칙을 정리해 보면 다음과 같다. 우선, 일본어 중 영어에서 온 외래어도 외래어를 쓰는 대신 가능한 한 우리 학계에서 쓰는 한글 용어로 바꾸고 괄호 안에 영어를 표기[예: 거버넌스 → 협치(governance)]. 하지만 13장에서는 저자가 협치라는 용어를 '협동형 협치(collaborative governance)'를 지칭하는데 사용하고 있기 때문에 저자의 의도를 살리기 위해 일부 문장에서는 거버넌스라는 용어를 그대로 사용해서 번역했다. 다음으로 연도는 가능한 한 서기로 표시하고 괄호 안에 필요 경우 연호를 표시했다[예: 메이지 1년 → 1868년(메이지1년)]. 또 촌은 행정 단위일 경우에는 촌으로, 그 밖에는 마을로 옮겼으며, 무라는 마을로, 집락은 촌락, 부락은 마을 또는 부락으로, social capital은 원문에 사회관계자본으로 되어 있으나 우리학계에서 일반적으로 사용되는 사회자본이라는 말로 옮겼다. 또 ecotone 등 사회과학계에서 잘 사용되지 않는 용어는 그 용어를 많이 사용하는 학계에서 사용하는 용어로 옮겼다. 이 책의 1부 1-4장과 2부의 7장은 최현이, 2부의 5, 6, 8, 9장은 김자경이, 2부의 10장과 3부 11-13장은 정영신이 주로 옮겼으나 서로의 번역을 읽고 함께 다듬었다. 마지막으로 일본의 공동자원론을 공부하면서 이 책을 번역할 수 있도록

초청 펠로십을 제공해 준 공익재단법인 일한문화교류기금에 감사의
인사를 드린다.

역자들을 대표해서
2014년 5월
최 현

# 目 次

## 제1부 공동자원론의 도전

# 제2부 공동자원의 변천과정과 현실

## 근대 일본의 청년조직에 의한 공동조림
### -사이타마현(埼玉縣) 치치부군(秩父郡) 나구리촌(名栗村) '코난치도쿠회(甲南智德會)'의 사례
### _ 카토 모리히로(加藤衛拡)

## '모두의 것'으로서의 산림의 현재-시민과 지자체가 만드는 '모두'의 영역 _ 이시자키 료코(石崎涼子)

## 소유형태로부터 본 입회임야의 현상-나가노현 호쿠신 지역을 사례로 _ 야마시타 우타코(山下詠子)

## 마을산 보전 조례의 역할 _ 우라쿠보 유헤이(浦久保雄平)

## 초자연적 존재와 '함께 살아가는' 사람들의 자원관리
### -인도네시아 동부 세람섬 산지 사람들의 숲 관리의 민속 _ 사사오카 마사토시(笹岡正俊)

## 제3부 공동자원론: 과거에서 미래로

# 제1부
# 공동자원론의 도전

# 공동자원의 희극

## ─인류학이 공동자원론에 기여한 것

스가 유타카(菅豊)

## 1. 공동자원을 둘러싼 '비극'과 '희극'

생물학자 개릿 하딘(Garrett Hardin)이 1968년에 제시하여 논란을 불러
일으킨 「공동자원의 '비극'(The Tragedy of the Commons)」 테제(Hardin
1968)에 대해 여기에서 자세하게 설명할 필요는 없을 것이다.

그는 지구환경 전체의 이익을 우선하기 위해서 개인의 권리나 행동
의 자유를 제한하는 거시적 환경론의 필요성을 역설하였다. 그 적극적
근거로서, 합리적인 개인의 의지에 따르는 것을 전제로 공적인 시스템
이 운용된다면 그 시스템이 이용하는 환경은 붕괴된다는 19세기 초 수
학자 윌리암 로이드(William F. Lloyd)의 모델을 '비유'로서 내세웠다. 그
리고 하딘은 공동자원이 황폐하게 된다는 이러한 '비유'에서 끌어낸 논
리를 통해, 완전히 공적으로(국가나 국가연합의) 또는 완전히 사적으로
관리되지 않는 자원이나 자원 이용활동은 얼마 안 있어 사라진다는
'비극'의 시나리오를 씀으로써, 지구 규모의 자원관리와 인구 억제책,
배출물 규제의 필요성을 강하게 주장하였다. 공동자원에 관한 이 간단
명료한 시나리오는 이해하기 쉬운 탓인지 사람들에게 회자되고 지나
치게 단순화되어, 그 후 자원관리에 관한 하나의 모델이 되었다.

하딘이 주목한 것은 물론 지구 규모의 환경문제였다. 그러나 '비유'

의 대상이 된 공동자원이 오히려 뜻밖에 주목을 받았고, 그것에 관한 논의가 1970년 대 말부터 활발해진다. 그것은 논란을 불러일으켰다고 해도 좋을 것이다. 지역 사회에서 공동자원과 비슷한 공동 관리 시스템은 하딘이 예시한 것과 같은 개방적 이용체제(open access)가 아니라 공동체에 의한 관리기구이며, 환경이용의 지속가능성을 실현한 시스템이라는 반론을 많은 사람들이 되풀이해서 제기하였다. 그 반론의 최선봉에서 중요한 역할을 한 것이 공동자원론을 연구한 인류학자들이었다. 그들은 하딘의 것과는 완전히 반대인 드라마, 즉 '희극(comedy)'을 공동자원에서 찾아낸 것이다.

여기에서 말하는 '희극'은 풍자적인 이야기를 가리키는 것은 아니다. 그것은 행복한 결말로 끝나는 이야기를 의미한다는 점에서, '비극'과 대비되는 표현이다. 필자가 알기로 "The Comedy of the Commons"라는 약간 아이러니한 표현1)이 최초로 논문에 등장한 것은 1986년 법학자인 캐롤 로즈(Carol Rose)가 쓴 공공재에 관한 논고(Rose 1986)에서였지만, 공동자원에 대한 논의에서 하딘의 시나리오를 강력하게 반박하고 공동자원의 '희극'을 처음으로 보여준 것은 역시 인류학자였다고 해도 좋을 것이다.

현대 공동자원론 연구의 선도주자라고 할 수 있는 엘리너 오스트롬(Elinor Ostrom)은 최근 30년 동안의 실증적 공동자원 연구를 총괄하는 저작을 편찬하면서, 그 제목을 『공동자원의 드라마(The Drama of the Commons)』(Ostrom et al. 2002)라고 붙였다. 그것은 오랫동안 계속된 논의를 통해, 공동자원이 때로는 비극(붕괴)으로 끝나는 경우가 있는가하면 희극(지속)으로 끝나는 경우도 있다는 것이 밝혀짐에 따라, '드라마'라고 밖에 할 수 없는 상황에 놓여 있다는 것을 표현한 것이다. 이 때, '희극'

---

1) "The Comedy of the Commons"라는 표현이 구두발표로는 경제인류학자인 에스텔리에 스미스(Estellie M. Smith)에 의해 1984년 캐나다 토론토에서 개최된 응용인류학회의 정기대회(Smith 1984)에서 처음 사용되었다(McCay 1995: 99).

을 주장하는 대표적 연구 사례로는 역시 인류학자의 업적을 제시하고
있다(Dietz etal. 2002: 3-4). 즉, 인류학자는 공동자원론에서 없어서는 안 되
는 한 축이었다. 본론에서는 공동자원론에 남아있는 인류학자의 발자취를
살펴보고, 그 입장의 특징과 앞으로의 과제에 대하여 검토하기로 한다.

## 2. 인류학적 공동자원론의 맹아

인류학적 공동자원론의 최대의 특징과 기여는 세계의 다양한 공동
자원의 '사례'를 상세하게 기록하고 공동자원론을 연구 대상으로 삼아
지역논리의 중요성을 주장한 점에 있다. 현지에 직접 가서 현지 주민
들과 직접 대화하여 '사건', '역사', '생생한 목소리'와 같은 1차 정보를
얻는 것을 장점으로 삼는 인류학적 방법(물론 이것은 인류학의 전매특
허는 아니다)은 공동자원의 '사례'를 논의의 장에 제공했다는 점에서
학제적인 지적 교류에 의해 발흥한 현대 공동자원론 중에서도 특히 돋
보이는 부분이다. 본래 하딘의 '비극' 시나리오의 근거도 중세 잉글랜
드나 웨일즈에서 볼 수 있었던 지역의 구체적인 자원이용관행이라는
'사례'였다. 그것은 틀림없이 인류학적인 소재다.

공동자원을 '복수의 주체가 공동으로 사용하며 관리하는 자원과 그
공(共)적인 관리·이용의 제도'라고 넓게 정의한다면, 그것은 인류학에
서 그다지 새로운 현상 또는 개념이 아니다. 세계 여러 지역에서 토지
나 자원 등을 소유·이용·관리하는 형태는 여러 가지지만, 그 중에서 공
동의 시스템으로 소유·이용·관리하는 형태는 결코 특수한 사례가 아
니다. 예를 들어, 농경민이나 수렵인, 어로민 등을 묘사한 고전적인 민
족지는 많든 적든 공동의 토지이용과 수리, 세력권(territory) 등 공동의
시스템에 의해 소유·이용·관리하는 형태를 언급하고 있다.

다만 당연한 이야기지만, 하딘의 주장이 나온 1968년 이전에는 현재

주목받고 있는 공동자원론 자체가 없었기 때문에, 고전적 민족학·인류학 연구가 공동자원론을 직접 언급하는 일은 없었다. 또한 1968년 이후에도 민족학·인류학이 곧바로 공동자원론에 몰두한 것은 아니다. 많은 인류학적 업적이 공동자원론과 밀접하게 관련되어 있었지만, 그 자체는 현재 학제적으로 공유되고 있는 개념(concept)으로서의 공동자원, 또는 학제적으로 논의되는 소재로 의식적으로 의미가 부여된 공동자원을 다루고 있지 않았다.[2]

그러나 하딘이 환기한 공동자원의 모델, 또는 공동체적(communal) 자원의 공동관리에 관한 연구는 1970년대 말부터 인류학의 인간생태학파에 서서히 침투해 들어가게 된다. 그리고 하딘의 주장을 직접적으로 의식하고 비판의 대상으로 삼은 연구가 등장하기 시작한다.

현대적 공동자원론의 인류학적인 맹아라고 할 수 있는 연구 가운데 특별히 언급해야 할 것으로, 로버트 넷팅(Robert M. Netting)의 연구가 있다. 넷팅은 지리학과 인류학을 연결한 문화생태학자로서 잘 알려져 있다. 그는 스위스 알프스의 농촌 공동체인 퇴르벨(Törbel)의 300년간에 걸친 사회변화와 지속에 대하여 깊이 연구하였다.

넷팅은 300년 동안 자원의 난개발을 벌이지 않았던 퇴르벨 사회의 역사를 훑어보는 가운데, 공(共)적 시스템을 창출하는 원동력으로 인간생태학적 요인을 발견하였다. 그는 토지이용의 본질과 토지 소유의 유

---

2) 현대의 공동자원론은 공동자원을 의식하지 않았던 고전적인 민족학의 성과를 흡수해왔다. 예를 들면 루이스 모건(Lewis H. Morgan)의 문화진화주의는 초기 공동자원론(Netting 1976)에서 비판해야 할 사고방식으로 문제시 된다. 또 기능주의자인 브로니슬로 말리노브스키(Bronislaw K. Malinowski)는 자주 사용되고 있던 일원적인 표현(사유제, 원시공산제 등)으로 다양한 소유형태를 단순화하는 것을 비판하고 있는데, 이러한 주장은 공동자원론에서의 인류학자의 생각(중층의 정합적 체계 nested system)(Berkes et al. 1989: 93)이나 오스트롬이 제시한 '장기간 지속된 공적자원 성공 사례의 공통적인 8가지 원칙'의 제8원칙(중층의 정합적 사업 단위 nested enterprises)(Ostrom 1990: 101-102)과 통한다.

형을 조합하여, ⑴ 단위면적 당 생산물의 가치가 낮은 경우, ⑵ 수확과 사용의 빈도·신뢰도가 낮은 경우, ⑶ 토지이용에 있어 개량이나 생산 증대의 가능성이 낮은 경우, ⑷ 노동조직과 자본투하조직이 큰 경우 (임의단체나 공동체와 같이)에 공동의 토지소유가 발달하는 경향이 있다는 점을 밝혀냈다(Netting 1976: 144). 그리고 그는 공동소유가 자원에 접근해서 그것으로부터 최적으로 생산하도록 촉진하고, 또 자원이 황폐해지는 것을 막는 데 필요한 보전책을 모든 공동체에 부과한다는 생태학적인 결론을 이끌어냈다(Netting 1976, 1981).

넷팅은 1970년대의 여러 논문 가운데 하딘의 시나리오를 언급했다는 점에서 이전의 인류학적 연구와 구분된다. 넷팅에 의해 마침내 인류학 논단에도 하딘의 시나리오가 출현하게 된 것이다. 넷팅은 하딘의 '공동자원의 비극'이란 모델을 직접 언급하면서, 그러한 '비극'은 생태학적인 결과로 나타나기 때문에 철저한 자각을 기반으로 하는 민주적인 결정을 통해 방지되어왔다고 반박했다. 또한 그는 하딘이 비극적 시나리오를 주장한 근거가 되었던 중세 잉글랜드에서도 '할당(stint)'이라는 비슷한 형태의 전통적인 방목수 제한이 존재했다고 주장한 경제학자 도날드 맥클로스키의 글(McCloskey 1975)을 인용하여 그 반론을 보강하고 있다(Netting 1976: 139). 이처럼 넷팅의 주장은 분명히 하딘의 시나리오를 의식한 것이며, 그 점에 있어 인류학적 공동자원론의 첫걸음이라 할 수 있다.

## 3. 인류학적 공동자원론의 발전

### 3.1 공동자원의 '희극' : 반(反)하딘·모델

넷팅이 싹을 틔운 인류학적 공동자원론은 그 후 '3인의 인류학자'를 중심으로 1970년대 말부터 1990년대에 걸쳐 개화하게 된다. 그 3인의 인류학자란 제임스 애치슨(James M. Acheson), 보니 맥케이(Bonnie J. McCay), 피크릿 버키스(Fikret Berkes)다.

미국의 경제인류학자인 애치슨은 멕시코나 미국 동해안·메인 주의 어업에 바탕을 둔 커뮤니티의 문화와 사회의 조직화, 어장 관리에 대하여 연구해왔다. 그가 중심적으로 다룬 메인 주의 바닷가재(lobster) 산업은 다른 어업이 자원고갈에 빠져 있었던 것과 달리 50년 가까이 안정된 어획량을 보였다. 애치슨은 그것이 어업자가 효과적인 자원보전의 규칙(rule)을 시종일관 지켜왔기 때문이라는 것을 밝혀냈고, 하딘의 '비극' 모델과 그 후에 그 모델을 토대로 '비극'을 주장한 많은 경제학자들의 주장을 정면으로 반박했다(Acheson 1975; 1987; 1988; 2003; Acheson (ed.) 1994).

그는 자원으로의 접근을 고도로 통제하는 구획된 어장에서, 보전조치를 강화하는 지방의 정치적 힘을 이용함으로써 어업활동이 단계적으로 확대되는 것을 막아왔다고 주장했다. 또한 이 지역에서 어업자들이 자기 파괴적인 경쟁적 획득에 내몰리는 것이 아니라, 바닷가재 자원을 보전하고 그들의 수입 수준을 높이기 위해서 협조할 수 있다는 것을 밝혀냈다(Acheson 1987: 63). 그의 연구는 국가의 어업정책에도 큰 영향을 미쳤으며, 정부와 어업자 양측이 참가해서 시행하는 어업관리 법률인 '공동관리법(co-management law)'의 제정에도 관여했다.

미국의 생태인류학자인 맥케이는 뉴펀들랜드 섬, 뉴저지 주 연안, 카리브 해 등의 어업과 사회, 경제, 생태와의 관계에 대하여 깊이 연구해 왔다. 그녀는 공동체에서 비교적 개방된 이용을 시행하는 연안어업자에 의해 발전된 지역 조직의 다양성을 광범위하게 보여주는 뛰어난 논저를 여러 차례 발표했다(McCay 1978; 1980; 1981; 1995; 1998).

그러한 논저들에서 그녀는 어업자가 근대적 자본주의에 직면했을 때조차 공동 자원을 이용하는 구조를 스스로 조직하기 위해 분투노력한다는 점을 자세히 서술하고 있다. 예를 들어, 뉴저지 주의 어업자는 시장에서의 교섭력을 유지하고 풍어기에 가격이 떨어지는 것을 막기 위해, 스스로 조합을 조직하고 총 어획량과 수입의 공동 분배법 등 제도적 규약을 만들어냈는데, 그 구조는 자원보전에 일정한 효과를 가져왔다는 사례를 통해 전통적 지역사회 이외에도 공동자원을 이용하는 시스템을 창출할 수 있다는 것을 보여주고 있다(McCay 1980; 1981). 또한 맥케이는 앞서 소개한 "공동자원의 '희극'"이라는 표현을 사용하여 인류학적 공동자원론에서 하딘의 시나리오에 이의를 제기한다(McCay 1995). 그녀의 연구성과는 현대의 인류학적 공동자원론의 중심적인 연구로서 대표성을 갖는다.

또한 맥케이와 전문분야가 같은 캐나다의 생태인류학자 버키스는 1970년대부터 캐나다 아북극 제임스만의 쿨리 인디언을 시작으로 토르코 연안지역 등에서 공동체를 기반으로 하는 자원관리에 대하여 연구해 왔다(Berkes 1977; 1986; 1987; 1999; Berkes (ed.) 1989). 그는 소수종족인 북방원주민의 생태지식 속에 담겨있는 자연자원이용의 지역적 방법을 높이 평가해 왔다. 그 때문에 그는 인류학자답게 글로벌한 가치로서 의심받지 않는 서양과학에 대항하여, '토착지식(indigeneous knowledge)', '지역지식(local knowledge)'을 중시하고 전통적 생태지식으로부터 자원관리의 방책을 배워서 그 잠재능력을 근대적인 생태학과 자원관리에 도입하는 시도를 정력적으로 하고 있다(Berkes 1999).

이 세 사람은 각자가 독자의 분야에서 선진적인 인류학적 공동자원론을 심화함과 동시에, 공동연구를 전개하여 공동자원론의 한 축인 인류학적인 주장을 확립하고 있다. 이 세 인류학자가 공동으로 집필한 공동자원론은 공동자원에 관한 인류학적인 교의라고 해도 과언이 아닐 것이다.

## 3.2 공동관리론의 발전

1987년에 맥케이와 애치슨에 의해 편찬된(버키스도 필자로 참여했다) *The Question of the Commons* (McCay &, Acheson (eds.) 1987)는 그들 공동연구의 대표작이다. 그것은 수많은 민족지적 사례연구를 기초로 하딘의 시나리오에 과감하게 도전한 인류학적 공동자원론의 금자탑이라고 할 수 있다.

또한 이 세 인류학자는 정치경제학자인 데이비드 피니(David Feeny)와 함께 1989년 『네이처(Nature)』지에서 인류학적 공동자원론을 전개한다. 그곳에서도 역시 하딘의 시나리오에 반하는 많은 민족지 사례를 제시함과 동시에, 그 후의 공동자원론에서 중심적인 논점이 되는 '배제성(excludability: 자원 이용자의 접근 관리의 문제)'과 '감소성(subtractability: 이용에 따른 자원의 불가피한 감소의 문제)'이라는 공(共)적 자원의 특징을 밝히고 있다(Berkes et al. 1989).

여기에서 하딘의 모델에 반대하는 그들의 주장이 단순한 토착주의의 낙관적 전통회귀라는 엉성한 주장이 아니라는 점에 주의할 필요가 있다. 그것은 또한 공동체 소유만을 예찬하는 주장도 아니다.

그들은 그 논문에서 국가에 의한 자원관리가 실패한 예를 제시하고, 또 지역의 관습적 사회 시스템을 중시하지만 국가의 관여나 기술주의를 전부 부정하지는 않고 있다. 아니, 오히려 그들은 성공한 공동자원의 사례에서 중앙정부에 의한 자원이용 시스템의 정당화(legitimization)라는 특징을 찾아냈다. 그들은 자원과 근대 기술, 지방의 소유권 제도, 그리고 국가 등이 관여하는 보다 큰 제도적 규약의 적당한 균형을 주장하고 있으며, '공동관리(co-management)'에 의해 정부와 지방 공동체가 힘(권한)을 서로 나누어 가질 필요성을 역설하고 있는 것이다. 이 중층적인 권한과 능력의 분담은 '중층의 정합적 체계(nested system)'로 표현된다.

그들은 공동자원을 제한된 공동체에 의해서만 성립되는 자율·자립적(바꾸어 말하면 폐쇄적) 시스템으로 보지 않는다. 또한 그들은 공동자원의 유지·생성에 크게 관여하는 외부와의 관계성을 간과하지 않는다. 따라서 '공동관리'의 확장을 지지하고 있는 것이다.

또한 이 세 인류학자와 피니는 다음 해에 앞의 논문을 발전시킨 논문(Feeny et al. 1990)을 정리하여 하딘의 시나리오를 보다 치밀하게 검토하였다. 거기에서 소유권 제도에 대하여 전지구적으로 총람한 결과 개방제(Open Access), 사유제(Private Property), 공동체 소유제(Communal Property), 국유제(State Property)로 분류하여, 각각의 배제성과 이용자 규제에 관한 제도적 규약의 다양한 사례를 제시하였다. 그 결과, 어떠한 소유제도도 유효한 자원관리로 이어질 가능성을 가지고 있기 때문에(거꾸로 말하면 어떠한 소유제도도 파멸적인 자원관리로 이어질 가능성을 많든 적든 가지고 있다), 하딘의 시나리오와 같이 지나치게 단순화된 도식을 제시하는 것이 아니라, 어떠한 조건 하에서 지속적 자원관리가 가능한지를 다양한 문화적·사회적 요소를 고려해 분석하는 것이 필요하다는 공동자원 연구의 기본방향을 제시하고 있다.

## 3.3 일본의 인류학적 공동자원론

이러한 현지조사에 의해 밝혀진 '사례'를 토대로 지역논리를 중시하면서 하딘 모델에 대해 검토했던 인류학적인 공동자원론은 당연히 일본의 인류학계에도 영향을 미치고 있다. 다만 이 '사례'의 제시라는 측면에서 본다면, 일본에서는 인류학자들뿐만 아니라 환경사회학자들이 해 온 역할을 무시할 수 없다. 특히 생활환경주의를 표방하는 연구자들을 중심으로 '사례'에 입각한 공동자원론을 기본으로 한 논의가 적극적으로 이루어지고 있다(鳥越 1997a; 1997b).

일본의 인류학에서도 토지나 재산 등의 공(共)적 시스템을 근거로

한 소유·이용·관리형태에 관한 기술이나 분석은 그다지 보기 드문 것
이 아니다. 많은 민족지적 고찰 가운데 스기시마 다카시의 토지소유에
관한 책(杉島編 1999)은 현대 공동자원론의 발전을 위해 시사하는 바가
크지만, '공동자원'라는 개념은 거의 언급하고 있지 않다. 이러한 사실
을 통해 알 수 있듯이 일본의 인류학계는 공동자원론을 직접적인 문제
이해의 틀로서 그다지 중요하게 생각하지 않는 듯하다.

그러한 가운데 일본 인류학계에서 공동자원론에 적극적으로 뛰어
든 것은 역시 생태인류학자들이다. 그 대표적 논자가 아키미치 도모야
다. 아키미치는 1980년대에 이미 해양자원관리의 지역논리와 세계적인
상업논리의 충돌에 관심을 가지고 케네스 러들(Kenneth R. Ruddle)과 함
께 어업권과 바다의 '세력권(なわばり 나와바리)'을 중심으로 한 '바다의
관습(maritime institutions)'론을 전개하여 왔다(Ruddle & Akimichi, 1984). 이
책은 앞서 소개한 '세 인류학자'의 공동자원론도 논거의 하나로서도 참
조하고 있다(Berkes et al. 1989: 93; Feeny et al. 1990).

아키미치는 처음에 '세력권'론의 연장으로서 공(共)적 자원관리에
대하여 고찰하고 있었으나 1990년대 말에는 하딘의 모델과 관련된 공
동자원론을 강하게 의식하게 된다. 그 결과 편찬된 1999년의 저작은
『'공동자원의 비극'을 넘어』라는 제목으로, 하딘의 모델을 직접 언급하
는 표현을 사용하고 있다(秋島編 1999). 그는 또한 이미 수행한 자신의
현지조사 성과를 토대로 『공동자원의 인류학』(한글판 『자연은 누구의
것인가: 공유에 관한 역사·생태인류학적 연구』)이라는 저작을 펴냈다
(秋道 2004). 거기에서는 파푸아뉴기니 저지대, 인도네시아 동부도서지
역, 솔로몬 제도, 타이 남부, 중국 운남성의 사례를 통해 공동자원의 역
사적 변화와 외부 세계의 영향을 추적해서 인류학적 공동자원론을 주
장했다. 그 책의 기본 관점은 종래 인류학적 공동자원론을 정통으로
답습한 것이었다.

하지만 다른 한편, 그는 생태계의 연속성과 순환의 기능을 위해 중

시해야 할 생태적 추이대(ecotone)를 공동자원으로서 보전하는 '에코 공동자원'라는 새로운 개념을 제언하고 있다(秋道 1999; 2004). 그리고, 아키미치의 연구 이외에도 좀 더 응용적 관점에서 수산자원관리에 이바지하는 것을 목적으로 했던 기시가미 노부히로가 인류학적 공동자원론(Kishigami & Savelle 2005)을 의욕적으로 발전시키고 있다. 앞으로 일본의 인류학계에서 사회에 기여하는 이론으로서 공동자원론과 함께 (세계적인 공동자원론과 마찬가지로) 인류학의 틀을 벗어난 학제적 협업이 발전하기를 기대한다.

# 4. 인류학적 공동자원론의 과제

## 4.1 공정성·평등성

이상과 같이 인류학적 공동자원론은 1980년대 이후 애치슨, 맥케이, 버키스를 축으로 발전되어 왔다. 현재 공동자원론이 새로운 단계로 발전하는 것에 발맞추어, 단순한 "공동자원의 '희극'"적 논조가 아닌 공동자원의 보다 복잡한 상황분석 쪽으로 그 연구의 중심이 이동하고 있다. 그 결과, 이제 인류학적 공동자원론이 해결해야 할 여러 가지 과제가 명확해 지고 있다.

우선 인류학적 공동자원론이 해결해야할 첫 번째 과제로 공동자원의 '공정성', '평등성'의 문제가 있다. 종래의 인류학적 공동자원론은 기본적으로 사회적·법적으로 지위가 같은 사람들이 '평등성'을 토대로 공동자원을 유지하고 관리하는 조직을 공동으로 구축한 사례를 많이 제시했다. 이 '평등성'은 현대사회에서 지구적 차원의 불평등·불균형에 대항하기 위한 지역으로부터의 대립명제로서 인류학자에게 매력적이었다. 그러나 세계의 공동자원을 자세히 조사해보면, 공동자원이 '평등성'에 입각하지 않은 사례도 적지 않게 찾아볼 수 있다.

예를 들어, 일본의 경우 공동자원의 대표적 형태인 '입회(入会 : 이리아이)'에서 입회권을 가진 공동체 구성원들 사이에서는 평등원리가 현저하게 작용하고 있지만, 그 구성원 외에는 철저히 배제한다. 그것은 때때로 공동체로부터 새로운 이주자나 일시 체류자를 배제하고, 또 때로는 제도적인 차별 시스템에 의해 배제된 피차별민을 직접 배제하여 왔다. 즉, 입회집단 내부만을 보면 평등하게 보이지만, 지역사회 전체 속에서 보면 불평등하게 보이는 입회가 존재하는 것이다. 입회의 혜택을 받는 것은 단순히 '지역주민' 등으로 개괄적으로 묶을 수 있는 개방적 주체가 아니라, 토지의 논리로 한정된 폐쇄적 주체다. 때때로 공동자원은 불평등한 사회 시스템 위에 성립되는 경우 또한 있다.3)

인류학자도 같은 지적을 하고 있다. 정치적 생태주의자인 인류학자 토마스 파크(Thomas K. Park)는 아프리카 세네갈강 분지의 사례를 통해, 건조지대의 고위험군 토지에 대한 공동재산제도가 장기적으로 고위험 처리 기능을 해왔던 것을 밝혀냈다(Park ed. 1993). 그러나 다른 한편, 그 제도가 공동체의 평등이 아니라 계층적으로 권위주의적인 불평등한 사회 시스템을 기초로 하고 있다는 점을 발견했다. 이 때문에 파크는 공동자원을 높이 평가하는 방식에 회의적이며, 인류학의 공동자원 이론에 비판적인 입장을 취하고 있다.

확실히 공동자원 자체는 인류학적 공동자원론이 밝혀 왔듯이 '배제성'이라는, 인간을 구분하는 특질을 계속 유지해 왔다. 어떤 자원에 접근하는 집단은 참여할 수 있는 인간을 어떤 조건에 따라 한정적으로 구별한다. 조건을 만족시키지 못하는 사람들은 당연히 배제된다. 이 '배제성'은 공동자원을 유지하는 데에 있어 필수불가결의 중요한 조건

---

3) 사회학자인 미우라 고키치로는 공동자원의 차별성과 함께 그 공동자원에서 긍정적 가치를 찾아내려고 하는 공동자원론자가 무의식적으로 '구조적 차별'을 낳고 있는 것을 통렬히 비판하고 있다(三浦 2005).

이다. 다른 사람을 배제하는 능력이 공동자원의 공(共)적 관리의 실현 가능성을 높이는 것이다. 예를 들어, 공동자원의 규칙에 따르지 않는 무임승차자를 배제함으로써 공동자원은 유지된다.

이 '배제성'이 사회적으로 '공정함'을 가지고 있는 경우, 배제하는 측과 배제당하는 측 사이에 평등·불평등이라는 문제를 둘러싼 알력은 생기지 않는다. 대부분의 공동자원은 그 사회가 '정당성'을 인정하는 배제를 하기 때문에, 남들에게는 아무리 불평등하게 보여도 유지되는 공동자원이 존재하는 것이다. 인류학자는 공동자원이 지니는 내부자 입장에서의(emic) '평등성', '공정함'에만 주목해서 상대주의적 가치판단에 빠지는 것이 아니라, 그 공동자원의 유지와 떼어낼 수 없는 '배제성'이 만들어 내는 '불평등', '불공정'에도 비판적인 검토의 눈을 돌려야 할 것이다.

## 4.2 단위연계(Cross-Scale Institutional Linkage)

다음으로 인류학적 공동자원론이 연구해야 할 두 번째 과제로서 단위연계의 문제(Berkes 2002)가 있다. 단위연계란, 다른 수준과 규모의 제도 사이의 연계를 의미한다. 제도는 수평적(공간횡단적), 수직적(조직횡단적)이며 독립적으로 존재하지만, 그들이 다른 위상의 제도와 맺는 동적 연관을 고려하지 않으면 안 될 것이다.

수평적인 연관이란, 지리적으로 떨어진 공간의 상호관계이다. 이것은 지구화가 진전된 현대사회에서 당연히 무시할 수 없는 상황이다. 예를 들어, 동남아시아 등에서 공동체를 기반으로 하는 소규모 어업도 이미 단순한 자급적 생산이 아니다. 그 생산물은 지역 차원을 넘어 세계적으로 유통되고 있다. 해삼이나 새우 같은 해산물은 대표적인 소비지인 중국이나 일본과 관련 없이 지역 어업관리제도의 실상을 이해할 수 없다. 그렇게 상황을 올바로 이해하기 위해서는 개별 대상(예를 들면 생산지)만을 분석해서는 안 된다고 할 수 있다.

수직적인 연관이란, 공동체와 지방정부, 국가, 국제사회와 같이 제도적 규칙을 만들어내는 주체(actor) 간의 연관이다. 예를 들어 일본의 어업에서는 지역사회의 관습적 제도가 강고히 유지되고 있지만, 그것은 국가가 정한 어업권 제도라는 틀 안에서 운용된다. 그리고 국가의 어업제도는 국가 사이 또는 세계의 정책적 규약으로부터 큰 영향을 받고 있다. 그러한 상황에서 개별 대상의 수준에서만 분석해서는 일본의 지역 어업조차도 올바로 이해할 수 없다.

이 단위연계에 관해서는 기존의 공동자원론도 지난 수십 년간 이미 어느 정도 고려해 왔다. 예를 들어 1980년대에 이미 제시된 '공동관리' 등은 그 전형이라고 할 수 있다. 단, 그것은 다양한 단위연계의 극히 조그마한 일부이며, 현재 중요시되고 있는 단위연계는 그 밖의 연관을 검토하고 나아가 연관의 '진정한 방식' 자체를 고려하는 것이다. 또한 그것은 수평적·수직적 연계뿐 만 아니라 인간사회와 자연 등 다른 위상의 연계에도 주목한다.

지구화가 진전되고 NPO 등 새로운 주체가 출현하면서 단위연계가 더욱 얽히고설키는 상황은 앞으로 더욱 깊이 연구할 과제로 남겨져 있다. 이러한 상황에 대응하기 위해 근래에 맥케이 등은 지역의 자원이용을 파악할 때 세계규모의 정치·경제적 틀에서 파악하는 정치생태학의 가능성을 언급하고(McCay 2002), 또한 버키스는 자연 시스템과 사회 시스템의 단위연계를 이론적이며 실천적으로 다루기 위한 수단으로 '순응적 관리(adaptive management)'[4]와 그 중핵개념인 '복원능력(resilience)'[5]

---

4) '순응적 관리'란 야생생물이나 생태계 등 '불확실성(uncertainty)'을 가진 현상을 관리하기 위한 시스템이다. '순응적 관리'는 종래의 관리형과는 그 목표가 다르다. '순응적 관리'에서는 생물학적 또는 경제학적으로 보다 높은 효율을 가져오는 것이 목표가 아니라 시스템을 이해하고 그 시스템에 의해 만들어지는 '불확실성'에 대하여 학습하는 것, 그리고 그 학습결과를 피드백하여 그 관리방책을 적절하게 수정해 운용하는 것을 목표로 한다(Holling 1986;

에 주목하고 있다(Berkes 2002).

## 4.3 사회구성주의

인류학적 공동자원이 연구해야 할 세 번째 과제는 '사회구성주의 (social constructivism/social constructionism)'를 통해 공동자원론을 비판적으로 검토하는 것이다. 북대서양의 어업자원관리를 검토한 나탈리 스테인즈(Nathalie A. Steins)와 빅토리아 에드워즈(Victoria M. Edwards)는 '사회구성주의'의 관점에서 종래의 경험주의적 공동자원론(물론 인류학적 공동자원론을 포함)을 비판하고 있다(Steins & Edwards 1999).

그녀는 우선 종래의 공동자원 연구가 단일 이용자원(single-use resources) 과 단일 이해관계자(single stakeholder)의 분석에 치우쳐 있다는 점을 지적한다. 확실히 종래의 공동자원론은 대부분 단일 이용가치, 단일 이해관계자를 대상으로 해 왔다. 예를 들면, 숲에서의 목재 벌채에 관해, 그 숲에서 방목이 이루어지고 있다면, 목재라는 단일의 자원만을 논하는 것은 현실적이지 않을 것이다. 다양한 이용가치의 공동자원(multiple-use CPRs)과 복합적인 이해관계자(multiple stakeholder)를 종합적(holistic)으로 다룰 필요성이 있다.

그녀는 종래의 공동자원론이 내부적인 내부 역학관계(internal dynamics) 를 분석하는데에 치우쳐 정치생태학적인 외부 세계를 주어진 것으로 간주해 왔다고 비판한다. 이 점에 관해서는 앞서 서술한 단위 연계론의

---

Holling et al. 1998).

5) '복원능력'이란 어떤 시스템(생태계나 사회, 기술 등)이 여러 가지 변화, 위험(risk)에 대해 가진 내구능력, 회복능력이며 '순응적 관리'의 응용에 관한 중심적 아이디어가 되고 있다. 그것은 어떤 시스템이 기능·구조상 같은 제어기능을 유지하면서 견딜 수 있는 변화의 양이며, 또한 시스템이 스스로 조절할 수 있는 정도이고, 학습하고 적응하기 위한 가능성을 구축하거나 증대하는 능력이라고 정의된다(Berkes 2002).

주장과 동일하다.

　그리고 그녀는 종래의 공동자원론이 규범성의 문제(normativity problem)에 빠져있다는 점을 비판한다. 이것은 연구자가 선험적(a priori)으로 인식하고 자신의 가치를 지역에 도입하는 '성공'과 '실패'의 기준에 대한 비판이다. 이 비판이 특히 구성주의적 비판이라고 할 수 있다. 이를 위해 스테인즈와 에드워즈는 아일랜드 서해안의 북서 코네마라에서 갈등하고 있던 어민들이 공동소유권·협동조합을 창출했지만 그것이 붕괴한 사실을 예로 들었다.[6] 그 붕괴에는 이 지역의 '역사적 맥락'과 지역 주민들이 사회적으로 구축했던 '매일의 현실(everyday reality)'이 밀접하게 관련되어 있기 때문에, 그 붕괴를 단순하게 '실패'로 간주하는 방식을 스테인즈와 에드워즈는 비판하고 있다.

　종래의 공동자원론이 이론의 전제로 삼고 있던 '성공'과 '실패'의 도식, 예를 들어 협력행동이 '성공'이고 무임승차(free-ride)가 '실패'라는 선험적 도식이 항상 타당한 것은 아니다. 왜냐하면 '성공'과 '실패'라는 판단은 공동자원을 받아들이거나 거부하는 사람들이 지니는 '역사적 맥락'과 그들이 구성한 '매일의 현실'에 의해 내려지는 것이기 때문이

---

6) 코네마라에는 1970년대부터 80년대에 걸쳐 한 때 '성공'한 공익적 협동조합이 있었다. 그러나 그것도 최종적으로는 '실패'로 끝나버렸다. 그 이유로 특정 개인에 의한 조직 내의 권력투쟁과 사욕에 의한 문제들이 제시되고 있다. 그 당시 조합 위원들은 독선적으로 조합을 운영하였고, 또 어떤 사람이 반대를 무릅쓰고 위원장이 되었다. 그 후 위원회는 탐욕스러워져 이익을 추구하기 시작한다. 그 때문에 그 협동조합은 '실패'했다고 '이야기하고' 있는 것이다. 이러한 과거의 부정적 경험이 어업협동조합이라는 시스템에 대한 불신감을 가져왔다. 더욱이 90년대에 조개양식협동조합이 만들어지면서 그 때의 위원들이 거기에 깊이 관여했던 탓에 그 새 조합에 대해서는 불신감이 더욱 깊어졌다. 이러한 불신은 조합을 지탱하는 위원회의 권위에 대한 불신으로 이어져 규칙 이행의 실효성을 떨어뜨리는 결과로 바로 이어졌다. 즉, 공동소유자원의 관리에 있어 '역사적 맥락'과 사회적으로 구성된 '매일의 현실'의 교환이 사람들의 신뢰와 행동의 판단에 큰 영향을 미치고 있는 것이다(Steins & Edwards 1999: 543-553).

다. 따라서 모든 지역에 협동조합과 같은 공적 기구가 보편적으로 필요한 것은 아니다. 오히려 그러한 '성공'과 '실패'의 도식이라는 선입견에 따른 분석과 실천은 지역의 현실을 무시하는 것이라 할 수 있다.

이러한 사회구성주의에 따른 공동자원 비판은 공동자원의 '비극'과 '희극'을 밝혀내는 것조차 부정해 버릴 가능성도 있다. 앞으로 인류학적 공동자원론은 이러한 사회구성주의적 공동자원론의 시각을 받아들여 선험적인 가치기준을 현장에 가지고 들어가는 위험성을 충분히 인식해야 할 것이다. 그러나 또 한편 단순히 문화나 가치의 다양성을 무조건 인정하는 문화상대주의나 지역원리에 대한 선험적 예찬에 빠지지 않도록 신중하게 사고하는 것이 요구되고 있다.

## 맺음말

왜 우리는 '공동자원'라는 말을 사용하여 공(共)적인 자원과 그 관리제도에 초점을 맞추는 것일까? 그것은 문화·사회현상의 일부로서 새삼스럽게 주목할 필요가 없는 보잘것없는 주제가 아닐까? 공동자원론에 대한 이런 근원적인 의문(비판)에 공동자원 연구자는 흥미로운 비유를 사용하여 대답하고 있다(Dietz et al. 2002: 5).

공동자원을 연구하는 것은 초파리를 연구하는 것에 비유할 수 있다. 초파리의 연구가 근대생물학에 많은 성과를 가져 온 사실은 잘 알려져 있는데, 1세기에 걸친 초파리 연구는 초기에는 유전학의 중요소재로서, 또 현재는 발생생물학의 모델과 분자생물학의 소재로서 새로운 지식을 제공해 왔다. 동물의 발생에 관한 엄청나게 많은 새로운 사실이 초파리 연구에서 처음으로 발견됐다고 해도 과언이 아니다. 초파리 연구는 초파리만을 알기 위한 연구가 아니라 좀 더 크고 추상적인 자연의 법칙을 이해하는 연구다.

공동자원은 이러한 초파리와 같은 역할을 한다. 즉, 공동자원론은 단순히 공동자원의 문제가 아니라 사회과학의 다양한 중심과제, 열쇠가 되는 문제를 해결하기 위한 이상적 '실험장(test bed)'이 되어 줄 것이다.

예를 들면 '우리의 정체성(identity)은 환경 속의 자원과 어떻게 관련되어 있는가?', '우리는 함께 살아가기 위해 어떻게 관리할 것인가?', '사회는 어떻게 개인의 이기적·반사회적 충동을 통제할 것인가?', '어떠한 사회적 규약이 유지되는 것인가?' 라는 질문. 장대한 시간축과 광범위한 공간축 사이에 걸쳐진 이러한 인류사적 과제를 규명하는 것은 전문적으로 분화된 방법으로는 불가능할 것이다. 그런데 공동자원론은 이러한 의문을 해결하는데 도움이 되는 다루기 쉬우면서도 중요한 배경지식(context)과 실마리를 제공해 준다. 그 때문에 수학적 방법과 통계학, 실험실의 시험, 역사, 비교연구 등 다종다양한 학문영역의 사람들을 매혹시켰던 것이다.

사회과학의 전진은 큰 실천적 중요성을 지닌 중핵이론에 관계된 '방법'과 '관점(perspective)'의 '혼합물(admixture)'(Dietz et al. 2002: 5-6)로부터 만들어진다. 그러므로 공동자원 연구에서 여러 과학이 혼합되어 있는 상태는 오히려 바람직하다고 할 수 있다. 인류학적 공동자원론은 앞으로도 그 '혼합물'의 중요한 일부로서 공동자원론 안의 다양한 문제발견과 문제해결에 이바지할 것이다.

# 참고문헌

秋道智彌, 1999, 『なわばりの文化史』, 小學館ライブラリー

秋道智彌, 2004, 『コモンズの人類學－文化・歷史・生態』, 人文書院

秋道智彌編, 1999, 『自然はだれのものか－「コモンズ」の悲劇を超えて』, 講座人間と環境 1, 昭和堂

三浦耕吉郎, 2005, 「環境のヘゲモニーと構造的差別」, 『環境社會學研究』, 11 : 39-51

杉島敬志編, 1999, 『土地所有の政治史－人類學的視点』, 風響社

鳥越皓之, 1997a, 「環境社會學の理論と實踐－生活環境主義の立場から」, 有斐閣

鳥越皓之, 1997b, 「コモンズの利用權を享受する者」, 『環境社會學研究』, 11 : 5-14

Acheson, James M., 1975. "The Lobster Fiefs: Economic and Ecological Effects of Territoriality in the Maine Lobster Industry", *Human Ecology* 3(3): 183-207.

Acheson, James M., 1987, "The Lobster Fiefs Revisited: Economic and Ecological Effects of Territoriality in the Maine Lobster Industry", in: B. J. McCay & J. M. Acheson (eds.), *The Question of the Commons: The Culture and Ecology of Communal Resources,* Tucson: University of Arizona Press, 37-65.

Acheson, James M., 1988. *The Lobster Gangs of Maine*, Hanover: University Press of New England.

Acheson, James M., 2003, *Capturing the Commons: Devising Institutions to Manage the Maine Lobster Industry*, Hanover: University of New England.

Acheson, James M. (ed.), 1994, *Anthropology and Institutional Economics*, Lanham: University Press of America.

Berkes, Fikret, 1977, "Fishery Resource Use in a Sub-arctic Indian Community", *Human Ecology* 5: 289-307.

Berkes, Fikret, 1986, "Local-level Management and the Commons Problem: A Comparative Study of Turkish Coastal Fisheries", *Marine Policy* 10: 215-229.

Berkes, Fikret, 1987, "Common Property Resource Management and Cree Indian Fisheries in Subarctic Canada", in: B. J. McCay & J. M. Acheson (eds.), *The Question of the Commons: The Culture and Ecology of Communal Resources*, Tucson: University of Arizona Press, 66-91.

Berkes, Fikret, 1999, *Sacred Ecology: Traditional Ecological Knowledge and Resource Management,* Philadelphia; London: Taylor & Francis.

Berkes, Fikret, 2002, "Cross-scale Institutional Linkages: Perspectives from the Bottom Up", in: E. Ostrom et al. (eds.), *The Drama of the Commons: Committee of the Human Dimensions of Global Change*, Washington, D.C.: National Academy Press, 293-321.

Berkes, Fikret (ed.), 1989, *Common Property Resources: Ecology and Community-Based Sustainable Development,* London: Belhaven Press.

Berkes, Fikret & Folke, Carl (eds.), 1998, *Linking Social and Ecological Systems. Management Practices and Social mechanisms for Building Resilience,* Cambridge, UK: Cambridge University Press.

Berkes, Fikret, Feeny, David, McCay, Bonnie J. & Acheson, James M., 1989, "The Benefits of the Commons", *Nature* 340: 91-93.

Dietz, Thomas, Dolšak, Nives, Ostrom, Elinor, & Stern, Paul C., 2002, "The Drama of the Commons", in: E. Ostrom et al. (eds.), *The Drama of the Commons: Committee of the Human Dimensions of Global Change*, Washington, D.C.: National Academy Press, 3-35.

Feeny, David, Berkes, Fikret, McCay, Bonnie J. & Acheson, James M., 1990, "The Tragedy of the Commons: Twenty-Two Years Later", *Human Ecology* 18(1): 1-19. = 1998 田村典江譯, 「〈コモンズの悲劇〉－その22年後」, 『エコソフィア』, 1 : 76-87

Hardin, Garrett, 1968, "The Tragedy of the Commons", *Science* 162: 1243-1248.

Holling, Crawford S., 1986, "The Resilience of Terrestrial Ecosystems: Local Surprise and Global Change", in: W. C. Clark & R. E. Munn (eds.), *Sustainable Development of the Biophere*, Cambridge, UK: Cambridge University Press, 292-317.

Holling, Crawford S., Berkes, Fikret & Folke, Carl, 1998, "Science, Sustainability and Resource Management", in: F. Berkes & C. Folke (eds.), *Linking Social and Ecological Systems: Management Practices and Social Mechanisms for Building Resilience*, Cambridge, UK: Cambridge university Press, 342-362.

Kishigami, Nobuhiro & Savelle, James M (eds.), 2005, *Indigenous Use and Management of Marine Resources,* Osaka: National Museum of Ethnology.

McCay, Bonnie J., 1978, "Systems Ecology, People Ecology, and the Anthropology of Fishing Communities", *Human Ecology* 6(4): 397-422.

McCay, Bonnie J., 1980, "A Fishermen's Cooperative, Limited: Indigenous Resource Management in a Complex Society", *Anthropological Quarterly* 53: 29-38.

McCay, Bonnie J., 1981, "Optimal Foragers or Political Actors? Ecological Analyses of a

New Jersey Fishery", *American Ethnologist* 8(2): 356-382.

McCay, Bonnie J., 1987, "he Culture of the Commoners: Historical Observations on Old and New World Fisheries", in B. J. McCay & J. M. Acheson (eds.), *The Question of the Commons: The Culture and Ecology of Communal Resources*, Tucson: University of Arizona Press, 195-216.

McCay, Bonnie J., 1995, "Common and Private Concerns", *Advances in Human Ecology* 4: 89-116.

McCay, Bonnie J., 1998, *Oyster Wars and the Public Trust: Property, Law, And Ecology in New Jersey History*, Tucson: University of Arizona Press.

McCay, Bonnie J., 2002, "Emergence of Institutions for the Commons: Contexts, Situations, and Events", in E. Ostrom et al. (eds.), *The Drama of the Commons: Committee of the Human Dimensions of Global Change*, Washington, D.C.: National Academy Press, 361-402.

McCay, Bonnie J. & Acheson, James M., 1987, "Human Ecology of the Commons", in: B. J. McCay & J. M. Acheson (eds.), *The Question of the Commons: The Culture and Ecology of Communal Resources*, Tucson: University of Arizona Press, 1-34.

McCay, Bonnie J. & Acheson, James M. (eds.), 1987, *The Question of the Commons: The Culture and Ecology of Communal Resources*, Tucson: University of Arizona Press.

McCloskey, Donald N., 1975, "The Persistence of English Commons Fields", in: W. N. Parker & E. L. Jones (eds.), *European peasants and Their Markets: Essays in Agrarian Economic History*, Princeton: Princeton University Press, 73-119.

三浦耕吉郎 2005 「環境のヘゲモニーと構造的差別」 『環境社会学研究』 11：39-51

Netting, Robert McC., 1976, "What Alpine Peasants Have in Common: Observations on Communal Tenure in a Swiss Village", *Human Ecology* 4(2): 135-146.

Netting, Robert McC., 1981, *Balancing on an Alp: Ecological Change and Continuity in a Swiss Mountain Community*, Cambridge, UK; New York: Cambridge University Press.

Ostrom, Elinor, 1990, *Governing the Commons: The Evolution of Institutions for Collective Action*, Cambridge, UK; New York; Melbourne: Cambridge University Press.

Ostrom, Elinor et al. (eds.), 2002, *The Drama of the Commons: Committee of the Human Dimensions of Global Change*, Washington, D.C.: National Academy Press.

Park, Thomas K. (ed.), 1993, *Risk and Tenure in Arid Lands: The Political Ecology of Development in the Senegal River Basin*, Tucson: University of Arizona Press.

Rose, Carol, 1986, "The Comedy of the Commons", *The University of Chicago Law Review* 53(3): 711-781.

Ruddle, Kenneth R. & Akimichi, Tomoya (eds.), 1984, *Maritime Institutions in the Western Pacific*, Osaka: National Museum of Ethnology.

Smith, Estellie M., 1984, "The Triage of the Commons", Paper presented annual meeting of The Society for Applied Anthropology, March 14-18, Toronto, Canada.

Steins, Mathalie A. & Edwards, Victoria M., 1999, "Collective Action in Common-pool Resource Management: The Contribution of a Social Constructivist Perspective to Existing Theory", *Society & Natural Resources* 12: 539-557.

# 임정학적 공동자원론의 원류

## -입회임야론의 100년과 그 시대배경

미쓰이 쇼지(三井昭二)

## 머리말

1990년대 이후 일본에서도 공동자원론이 활기를 띄기 시작했다. 특히 1990년대 후반부터 중심적인 역할을 하고 있는 것은 환경사회학 분야다.

쓰치야 도시유키(土屋俊幸)는 환경사회학에서의 공동자원론에 대해 "이론적 내지는 원리적이며, 또한 (…중략…) 전통적 공동자원의 존재를 긍정적으로 평가하는 것에 반해, 임정학에서의 공동자원론은 매우 실제적·정책적이며 전통적 공동자원에 대해서는 이미 자립적 발전 가능성을 인정하지 않고 새로운 공동자원의 형성을 구상하고 있다"(土屋 1999: 13)고 하여 임정학적 공동자원론의 독자성을 강조했다. 여기에서 임정학이란 삼림정책학 혹은 임업정책학을 뜻한다.

일본에서 전통적인 공동자원의 주요 대상은 입회임야였다. 메이지(1867년) 이후의 입회임야론은 주로 법률학의 분야에서 발전해 왔다. 그것에 비하면 연륜에서는 크게 뒤쳐져 있지만 100년에 걸쳐 연면히 이어져 온 것이 임정학의 입회임야론이다. 아울러 메이지·다이쇼시대(1867~1926년) 임업정책의 중심적 과제는 입회임야를 해체하고 근대적 임야소유제도를 구축하는 것이었으며, 입회임야에 대한 대응방안은 그 후에도 계속 정책적인 과제였다. 그 때문에 메이지시대(1867~1912년)부터 쇼와시대(1926~1989년)까지 도쿄대학 농학부 임정학 연구실의 역대 교수는 각각의 시대 속에서 입회임야론을 모색했고, 그것을 주요한 연구주제로 한 경우도 많았다.

이 글에서는 초대 교수 가와세 젠타로(川瀨善太郎)부터 쓰쓰이 미치오(筒井迪夫)까지 5명의 논의를 각 시대의 정책과제와 대응시키면서 입회임야론을 검토하고 임정학적 공동자원론으로 가는 과정으로 평가함과 동시에 그 후의 과정을 추적해 보기로 한다.

## 1. 부락소유임야의 정리통일과 입회권공권론

### 1.1 부락소유임야의 정리통일사업

에도시대의 임야는 깊은 산이 막부나 번에 의하여 관리되고 있던데 반해, 마을산(里山)의 대부분은 마을에 의하여 관리되어 '마을소유산(村持山)' 등으로 불렸다. 또한 집 주변이나 기이반도(紀伊半島) 등 선진 임업지에서는 마을산의 일부가 사실상 사유지가 되어있었다.

1868년의 토지세 개정과 토지의 관민소유구분에 의하여 근대적 임야소유가 형성되기 시작했지만 이 과정에서 마을소유산의 일부가 관유지에 편입돼 국유림문제를 일으켰다(三井 2005: 112-121). 그 밖의 마을소유산은 1889년의 시제·마을제의 시행에 의해 극히 일부가 근대적인 시정촌소유림이 되었지만 나머지는 부락소유임야라고 불리게 됐다.

메이지시대가 거의 끝나가던 1910년, 러일전쟁으로 궁핍해진 정촌재정을 안정시키고 비료 등을 위해 풀을 기르던 산을 인공림으로 전환하는 것을 목적으로, 정부는 농상무성차관과 내무성차관 공동 명의의 '공유임야정리개발에 관한 건'이란 공문을 통해 여러 마을에 얽혀 있던 입회 관계를 정리함과 동시에 부락소유임야를 통일하여 시정촌소유림으로 하려했다. 이른바 부락소유임야의 정리통일사업이다.

## 1.2 정리통일사업을 지지한 가와세 젠타로(川瀬善太郞)

이 사업의 이론적 토대가 됐던 것이 초대교수 가와세 젠타로(1862~1932)의 입회권공권론이다. 입회권공권론이란 임야를 관행적으로 이용할 권리인 입회권의 주체가 시정촌 등의 '공(公)'에 속한다는 주장으로, 입회권이 주민에 속한다는 사권론과 대립하는 입장이다.

메이지 20년대 초(1888년 경)에 독일 임학을 배우기 위해 3년 반 동안 독일 유학중이던 가와세는 입회권을 배제하고 숲관리는 국가가 해야 한다는 입장을 명확히 하고 있었다. 당시에 이미 가와세에 의해 입회권공권론이 확립돼 있었다(筒井 1983: 8-9). 또한 그 즈음부터 임업·임학계에서는 나무 없는 산에 나무를 심어 인공림 경영을 진흥한다는 입장에서, 독일의 '임역권'(林役權: 소유권 없이 숲을 이용할 수 있는 권리로 일본의 地役權에 해당한다)에 대한 논의가 전개되고 있었다. 메이지 20년대 말(1890년 후반)에 그것을 매듭지은 것이 귀국 후 얼마 되지 않은 가와세였다(西川 1957:365-368).

가와세는 그 후에도 이따금 『산림(山林)』지의 전신인 『대일본산림회보(大日本山林會報)』와 임정학의 교과서에 해당하는 『임정요론(林政要論)』(1903년)에서 '공유임야정리'의 필요성을 주장했다. 그리고 부락소유임야의 정리통일사업이 시작되기 전 해(1909년)에 「공유임야의 정리 및 관리에 대하여」라는 논문을 발표했다. 여기에서 '공유임야'라는 것은 일본에서 최초의 삼림법인 1897년의 삼림법에 규정된 것인데 부현소유림, 시정촌소유림 외에 대자(大字: 일본의 말단 행정구역의 하나)·구 명의의 부락소유임야도 포함돼 있었다. 따라서 가와세는 부락소유임야의 통일을 의도하고 있었던 것이다. 그리고 현재는 토지를 소유하는 부락소유임야에 대해서도 민법 263조에 따라 공유의 성질을 지닌 입회권이 존재하는 것으로 돼 있지만, 가와세는 그것을 입회권으로 인정하지 않고 민법 294조의 지역권(地役權: 남의 땅을 이용할 수 있는 권리)의 성격을 가진 입회권만을 인정했다.

그리고 가와세는 부락소유임야의 통일에 대해 5개의 방안을 제시했다. 거기에서는 정촌 공공사업 등의 공익을 위해 무조건의 통일이 바람직하며, 결론적으로는 법률의 힘에 의한 강제적인 단행을 주장하면서도 유상의 수매나 간벌재, 떨어진 나뭇가지나 낙엽들의 양도 등의 조건도 제시하고 있다(川瀬 1909: 6-10). 이것은 가와세의 논의가 일관되게 독일 임학을 모범으로 전제하고, 강경함과 유연함을 섞어서 대처해 온 독일의 역사에서 기본적인 이념을 찾았기 때문이다.

실제의 부락소유임야의 정리통일사업을 살펴보면, 처음에는 무조건적으로 통일 방침이 실시됐지만, 지역의 반대가 강했기 때문에 1919년에 관련 부락에 의한 관행적인 이용을 인정한다는 조건을 붙인 통일도 인정하도록 방침이 변경되었고, 그에 따라 사업이 진행됐다. 그 결과 현재의 시정촌소유림에서 그 지역 마을이 지역권에 해당하는 입회권을 아직까지 가지고 있는 경우도 많이 있다.

또한 입회권의 정리방법에 대해, 가와세는 입회권의 주체는 주민 개인이 아니라 주민 전체이며 또한 주체가 주민이 아니라 부락이라며 입회권공권론을 강조했다. 그런 전제 위에서 지역권적인 입회권에 관해, 권리자 측의 풀만 자라는 산 이용의 중요성을 인정하면서도, 이용자 측에 비해 토지소유자 측의 이해관계가 중대하다고 하여 입회권의 강제적인 해제를 요구했다(川瀬 1909: 10-12). 부락소유임야의 정리통일 사업을 개시한 다음 해인 1911년에 삼림법의 일부 개정에 의해 벌판(또는 나무 없는 산)으로의 불 반입이 허가제로 전환되면서 화전 등이 쇠퇴했다(三井 1991: 126). 그리고 같은 해에 농림성에서는 산림국의 주도로 입회정리 관련 법안을 준비했지만 입회정리에 소극적인 농무국과 농업관련 단체의 반대로 포기했다.

## 1.3 가와세의 입회권공권론

가와세는 부락소유임야의 정리통일사업이 시작된 지 얼마 되지 않은 1912년에 입회임야론의 집대성으로 『공유림 및 공동임역(公有林及共同林役)』을 저술했다. 이 책은 제1편 공유림, 제2편 공동임역(즉 입회권)으로 구성돼 각각 독일과 일본의 실정에 대해 기술하고 있다.

제1편에서는 부락소유임야의 국민경제적 성격에 대하여 "정촌이 숲을 소유하고 이를 경영한다면 정촌 재정을 위해 또는 사회정책을 위해, 또 임업 그 자체를 위해 가장 합리적이고 유익한 데 반해, 각 부락이 독립적으로 숲을 소유한다면 부락 및 소속 정촌에 어떤 이익도 없고 동시에 지방의 자치행정을 해하기에 이르러 임업 그 자체에도 가장 불합리하고 비경제적이 될 것이다"라고 부락소유임야의 통일을 합리화하려는 뜻을 분명히 드러내고 있었다(川瀨 1912: 68).

제2편에서는 입회권의 해석과 관련하여, "자기 촌의 산야에 주민이 들어가 사용하고 수익을 얻은 것은 어떠한 권리인가. 이에 대해 대심원은 분명히 입회권이라고 말하는 것에 반해, 우리는 이것이 전혀 민법상의 권리가 아니라 행정법상 그 촌소유 재산에 대한 사용수익에 관계된다"라고 입회권사권론의 입장에 서있는 대심원(현재의 대법원) 판결에 반대하고 있다. 그 때 이미 소개한 입회권의 주체가 그 근거가 되었으며, 입회권은 2개 이상의 정촌·부락의 관계 안에서만 존재한다고 했다(川瀨 1912: 246-250).

메이지부터 다이쇼 초기에 전개된 가와세의 입회임야론은 독일 임학의 관행관리론(官行管理論: 정부에 의한 숲의 관리론)과 법정림적(法正林的: 법으로 정한 숲의) 임업경영을 추진하기 위해 숲 주변 주민들의 생활에 대해 배려하지 못했던 메이지 시대 일본 임정을 상징하는 이론이었다.

# 2 농촌 공황과 입회권사권론

## 2.1 소노베 이치로(園部一郎)의 입회권사권론

제2대 교수 소노베 이치로(1881~1950)는 1928년에 발행된 『현대산업총서 제1권(現代産業叢書 第1卷)』의 「임업」을 담당했고, '부락소유임야 및 입회관계'에 관해 1장을 할애했다. 거기에서는 민법을 근거로 입회권사권론을 표명함과 동시에 부락소유임야의 정리통일사업에 반드시 찬성한 것은 아니라는 점에서 스승인 가와세와의 차이를 보여주고 있다.

소노베는 입회관계의 사회경영적 의의에 대해, 국민경제적 관점에서는 산촌은 여전히 화폐경제의 세계에 들어가지 않았기 때문에 땔감이나 채초 등에 따른 입회 생산은 중요성을 잃지 않았지만, 문화의 진보와 함께 면적당 수익이 큰 인공림 경영이 늘어나서 입회가 경제적으로 불리해 질 것이라고 예측하고 있다. 한편 분배경제적 관점에서 입회는 빈곤층에게 의의가 큰 것으로 사회정책적 효용이 크다고 했다. 그리고 부락소유임야의 정리통일사업에 대해 첫째로 시정촌에 편입된 임야에 대해서는 지역적(地役的) 입회권이 남아 있기 때문에 대가를 치러 없앨 것, 둘째로 미통일의 부락소유임야에 대해서는 '소유삼림조합'으로 인정할 것, 셋째로 임야가 많은 곳에는 지상권을 각 집에 평등하게 분할하여 조림을 진행하게 할 것을 지적하고 있다(園部 1928: 103-108).

그로부터 12년 후인 1940년이 되자 소노베의 입회권사권론에 관한 주장은 명확해져 있었다. 입회권공권론의 근거가 되는 입회권의 주체를 부락으로 하는 설에 대해 정면으로 비판하고, 입회권의 주체를 주민에게서 찾아야 하며 정촌의회의 의결에 의해 그 권리가 변경·폐지되는 것은 아니라는 입장에 섰다. 입회권공권론에 대해서는 에도 시대의 입회소송 등에서 부락의 대표자가 부락의 이름으로 처리하고 있지만 부락이라는 법인의 대표자는 주민의 대표자이며 부락의 이름으로 하는 것은 주민의 이름으로 하는 것이라고 비판했다. 그리고 "민법이 입회권을 사권으로, 곧 물권으로 규정한 이유는 주민 각자가 자급자족의 경제를 행하여야 하며 예로부터의 관습에 따라 존재했던 사용수익의 권리를 보호하려하는 데에 있다"고 결론내리고 있다(園部 1940: 62-64).

## 2.2 그 시대배경

앞서 본 가와세가 메이지 중기(1890년 경)부터 다이쇼 초기(1912~6년 경)에 걸쳐 '입회권공권론'을 계속 주장한 데 반해, 소노베는 쇼와 초기(1920년대 후반)부터 전시체제하에 걸쳐 '입회권사권론'을 주장했다. 여기에서는 이러한 입회임야론의 변화를 가져온 배경에 대해 검토하려 한다.

다이쇼 시대에 접어들어 관서지방을 중심으로 소작쟁의가 빈발하고 동북지방 등에서는 고쓰나기사건(小繫事件)[1] 등 입회지를 둘러싼 분쟁이 일어나기 시작했다. 거기에 쇼와 공황에 의해 동일본을 중심으로 나타났던 소작쟁의의 심각성이 일본사회 전체를 뒤흔들었고 부락

---

1) 옮긴이 주: '고쓰나기사건'은 이와테현(岩手縣) 니노헤군(二戸郡) 이치노헤정(一戸町)의 고쓰나기산의 입회권과 관련하여, 1917년에 지역의 농민을 원고로 하여 제기된 민사소송에서부터 시작하여 형사를 포함한 일련의 재판에 이르게 된 사건을 말한다. 고쓰나기의 작은 마을에 살던 농민들은 전통적으로 2000ha의 넓이에 이르는 고쓰나기산에 자유롭게 들어가 비료나 사료 등 농업에 필수적인 물자를 획득했고 음식과 식량, 주거에 필요한 건축재나 연료 등을 구해 왔다. 그런데 지조 개정에 따라, 고쓰나기산은 공유림이나 마을소유림이 아니라 민유지로 되었고, 당시의 명의자로부터 지권을 양도받은 소유주가 경찰력 등을 동원하여 농민들의 출입을 실력으로 저지하는 사태에 이르게 되었다. 농민들이 이에 불복하여 소송을 제기했다. 1917년과 1946년의 민사소송에서는 각각 농민 측의 패소, 직권조정의 판결이 내려졌다. 1944년과 1955년에 내려진 형사소송의 판결에서는 삼림법을 어기고 무단으로 목재를 반출한 농민들에게 이미 입회권이 소멸했다는 점을 근거로 각각 유죄판결이 내려졌다. 최종적인 유죄 확정은 1966년에 내려졌다.

소유임야의 정리통일사업을 둘러싸고도 분쟁·소송이 격해졌다. 그런 가운데 농림성은 1926년의 '자작농창설유지보조규칙'을 시작으로 자작 농창설정책·소작조정정책을 개시하여 사회정책적인 방향을 제시했다. 그 때 소작쟁의가 '부락부흥운동'이라는 색채를 띠고 있던 곳도 있어 '부락'이 중시됐다. 그리고 1931년에는 농림성 산림국장의 공문으로 종 래의 입회권공권론을 수정하여 정리통일에는 공법상의 수속만이 아니 라 사법상의 수속(부락총회 등의 결의)이 필요하게 됐다. 이른바 구농 (救農)토목사업과 동시에 농촌공황대책으로 다음 해에 시작된 농산어 촌 경제경정계획에서는 부락중시라는 관점에서 정리통일사업이 사실 상 중단되었다. 거기에다 1939년의 삼림법 개정에 의해 사유림에 대해 서도 시업안이라는 이름의 경영계획을 세우는 것이 의무화됐다. 그에 따라 산림국장의 공문에 의해 정리통일사업은 종지부를 찍게 됐다(岡 村 1962: 106-113).

또한 법률학계에서도 쇼와 초기 이후의 입회권에 대한 공권론 만능 의 시대가 가고 사권론이 대두하기 시작했다(菅 2004: 243-245). 그리고 소노베의 저작(1940년)의 대표편집자 스에히로 이즈타로(末弘嚴太郎) 는 그러한 사권론의 선구자적인 위치에 있던 법학자다.

# 3. 전시체제와 입회임야의 삼림조합화론

## 3.1 삼림법 개정과 삼림조합제도

가와세, 소노베의 연구는 입회단체의 발전 방향으로 독일과 같은 삼림조합화를 제시하였는데, 특히 소노베가 미통일 부락소유임야의 '소유삼림조합'화를 제안한 것은 이미 기술한 바 있다.

일본의 삼림조합은 1907년 삼림법에 의해 비로소 설립되었는데, 쇼와 공황기에 빈농층을 포괄하며 발전하고 있던 산업조합(농업협동조합의 전신)에 비해서 정체돼 있었다. 그 때문에 1930년대 전반에 삼림조합의 제도개혁이 도마 위에 올라 있었다. 예를 들어 1932년에 제국삼림회가 발표한 삼림법 개정안에서는 시정촌소유림에서 입회권을 해소하는 것이 곤란하다는 것과 기명공유림 등을 포함하는 모든 부락소유임야를 총유권을 유지한 부락의 '시업(施業)삼림조합' 재산으로 재편하여 부락을 바탕으로 임야이용의 개선을 도모하는 내용이 제안됐다(岡村 1962: 111-112).

전시체제하에 들어선 1939년의 삼림법 개정에서 경영계획제도와 함께 주요한 개정 내용이 되었던 것이 삼림조합제도였다. 법 개정에 따라 시업(施業: 사업)을 중심으로 하는 종합적인 조합이 규정되고 사유림의 경영계획을 편성하는 역할이 의무화됨과 동시에 시업직영조합과 시업조정조합의 2가지의 형태가 규정됐다. 전자는 처음에 부락소유임야 등을 대상으로 하여 구상된 것으로 숲의 소유권은 소유자에게 남겨두지만 사용·수익권은 조합으로 넘겨 조합이 직접 경영을 하는 것이며 현행 생산삼림조합과 비슷하다. 후자는 각자의 소유·경영은 그대로 하고 조합원의 교육이나 반출설비개설 등의 공동사업을 실시하려 한 것으로 현행의 삼림조합과 유사한 것이었다. 어느 쪽이든 전쟁이 진행되는 가운데 삼림조합은 강제적인 목재 조달을 위한 기관이 됐고, 패전에 이르렀다. 그리고 전후인 1951년 삼림법에 의해 현행의 협동조합으로서의 삼림조합제도가 발족했다.

## 3.2 시마다 긴죠(島田錦藏)의 삼림조합론과 입회임야

제3대 교수 시마다 긴죠(1903~1992)는 1941년에 정교수로 승진했는데 그것을 위한 박사학위논문을 같은 해에 『삼림조합론(森林組合論)』이란 책으로 출판했다. 그 책은 제1부가 '삼림조합제도의 연구', 제2부가 '마

을 소유 입회지에 관한 성격'으로 되어 있었다. 제1부에 삼림조합의 본
질은 '대물집단성(對物集團性)'에 있다고 되어있다. 그것은 산업조합
등의 협동조합이 사람과 사람의 결합인 것에 비해 삼림조합은 토지의
결합에 따른다는 것이다. 그 근거는 부락소유림, 기명공유림만이 아니
라 개인소유림에 대해서도 "마을 사람이 주변 산림 안에서 떨어진 나
뭇가지를 채취하고 잡초를 베고 우마를 놓아먹이는 정도의 용익이 묵
인되고 있는 관행이 아직도 각지에 존재하는" 것을 예로 들고 있다(島
田 1941: 103).

그리고 제1부, 제2부의 후반에 있는 '결론'에서는 기명공유 명의(記名
共有 名義)의 부락소유임야는 1907년 삼림법에 의한 시업삼림조합이 제
도적으로 포괄할 수 있지만, 입회권이 부대된 정촌 소유임야나 부락소
유임야에 대해서도 주민의 지금까지의 용익을 인정하면서 동시에 임야
생산력의 개선증진을 마찰 없이 도모하기 위해서는 총유단체와 비슷한
삼림조합을 인정하는 것이 필요하다고 주장하고 있다(島田, 1941: 496).

시마다의 논리 전개는 제2부의 입회임야 실태분석 결과가 반영된
것이다. 그의 논리는 에도 시대의 고문서 분석과 산촌 조사 등의 생생
한 보충작업을 통해 실태로부터 끌어낸 것이었다는 점이 가와세나 소
노베의 논리와 크게 다른 것이다. 그리고 그러한 농촌사회학적 관점은
현재의 공동자원론과 통하는 데가 있었다. 곧 시마다가 대물집단성의
근거로 한 점은 마을에서는 개인 소유지도 '우리 땅'이므로 공유지(입
회지)와 밑바닥에서 연결돼 있다는 인식(鳥越 1997: 8-9)과 유사하다.

전후에 시마다는 오랫동안 이 분야에서 교과서로서 군림한 『임정학
개요(林政學槪要)』속에서 '입회권'에 1절을 할애하고 있다. 거기에서
부락소유임야의 정리통일에 대해, 농업에서 퇴비가 화학비료로 바뀐
데 따른 적절한 조치였지만 빈곤한 농민의 생활을 위협하지 않기 위해
서 사회시설이라는 토대를 마련하는 데 쓸 재산을 조성할 필요가 있다
고 주장했다(島田 1965: 118-119).

# 4. 고도경제성장과 입회임야 근대화론

## 4.1 임업경제학의 대두와 입회임야

시마다는『삼림조합론』의 '머리말'을 시작하면서 임업 고유의 지대와 이윤율의 문제를 해명하지 않으면 진정한 임업경제학은 성립할 수 없다고 했다(島田, 1941: 1-2). 전후인 1948년에『임업경제』지가 발간되고, 1955년에는 임업경제연구회(임업경제학회의 전신)가 발족하면서 임업경제학이 본격적으로 발전하게 됐다. 그 사이에 농지개혁의 실시와 관련하여 산림개방이 실시되지 않은 것을 둘러싸고 임야토지문제의 연구가 먼저 등장했고, 그 후 얼마 안 있어 임업지대론의 연구가 시작되면서 1950년대부터 60년대 초반에 걸쳐 임업경제학=임업지대론이라는 양상을 보였다.

소노베, 시마다의 제자이며 제4대 교수가 된 구라사와 히로시(1917~2006)는 취임 3년 전인 1961년에 박사학위논문「공유임야에서의 임업의 전개과정(公有林野における林業の展開過程)」을 저술했다. 주요 분석의 대상은 시정촌소유 임야지만, 그 대부분에는 부락, 소부락, 개인의 다층적인 지배가 미치고 있고(다층성), 그것에 대해 최상층에 위치한 시정촌의 법률·행정적인 소유권이 관련되어 있다는 이중성을 찾아냈다. 그들의 구조가 임업지대의 형성과 숲경영의 성립이라는 입회임야의 새로운 생산력을 기축으로 하여 단일성·단층성 구조로 변화·해체되는 과정을 분석함으로써 공유 임야의 근대화에 관한 방향성과 문제점을 지적하고 있다(倉澤, 1961: 167-174).

## 4.2 구로사와 히로시(黑澤博)의 입회임야 근대화론

구로사와는 입회채취에서 천연림경영, 육림경영으로의 기술적인 발전에 대응시켜, '할산(割山: 입회 산림을 분할해서 입회자들에게 일정 구역을 일정 기간 독점적으로 관리·이용할 수 있도록 할당하는 제도)'에 의해 노동·토지 지배의 단위가 부락연합, 촌락, 부락, 소부락, 개인에게로 '하향'해 가는 과정을 '본질적 과정'으로 파악하고 거기에서 기본적인 근대화의 길을 찾고 있다. 그 저해요인으로서 숲조성노동의 조방성을 들고, 그것의 집약화가 개인으로의 분해를 진척시키기 위한 요인이라고 지적하고 있다. 한편 '형태적 과정'의 예로서 시정촌소유림을 거론하며, 시정촌은 부락연합보다 더 위에 있고 토지의 일괄소유와 자금의 일괄투입을 통해 근대적 형태를 정비하고 있기 때문에 앞서의 '본질적 과정'과는 역방향의 '상향'근대화와 같이 보이지만 다층적 지배의 공동노동을 결합시킨 것이기 때문에 반드시 근대화라고는 할 수 없다고 주장한다. 그리고 광대한 시정촌소유림의 경우에는 과학적 기술로 숲의 생산력을 향상시키고 자금이나 지대를 독립적인 것으로 만듦으로써 다층적 지배를 해체하고 주민 개개인의 소득을 향상시킬 수 있다고 주장하고 있다(倉澤, 1961: 358-368).

1964년 임업의 산업적 발전을 목표로 한 임업기본법이 제정되고, 그에 따라 1966년에 입회임야 등 근대화법이 제정됐다. 구로사와는 그러한 과정에 『임업 기본법의 이해(林業 基本法の理解)』(1965년)의 편저자로서, 또 입회임야 근대화 법안에 관한 중의원 농림수산위원회의 자문위원으로서 관여하였다. 고도경제성장기라는 시대 속에서 구로사와의 공유임야론은 임업과 입회임야의 근대화를 추진하는 역할을 했다고 할 수 있을 것이다.

# 5 고도경제성장의 종언과 '임야공동체론'

## 5.1 쓰쓰이 미치오(筒井迪夫)의 임야공동체론

1973년은 석유 파동의 해이며 고도경제성장 최후의 해이기도 하다. 그 해에 쓰쓰이 미치오(1925~)는 그 때까지 10여 년간 집필해 온 입회임야에 관한 논문들을 모아 『임야공동체론(林野共同體論)』을 출판했다. 그리고 4년 후에 정교수가 됐다.

임정에서는 전년도인 1972년에 임야청이 숲의 공익적 기능의 평가액을 처음으로 발표했고, 1973년에는 국유림에 대한 사업방침이 천연갱신중시로 전환되는 등 그때까지의 임업생산과 인공림 사업을 중시했던 정책에서 환경을 배려하는 정책으로 방향 전환이 시작됐다.

『임야공동체론』의 '머리말'에서 쓰쓰이는 스승인 시마다의 숲조합론에 대해 "농용림의 성격을 중·소규모 임업의 특질로 간주했고, 농정의 기초가 되고 있던 소농제·자작농주의의 사고방식을 임정에도 이론적 기초로 적용했으며, 입회론을 그 이론의 기초로 했다"고 정리했다. 고도경제성장을 거쳐 '농·산촌의 붕괴와 도시화의 문제, 환경보존과 목재수급을 둘러싼 문제'가 표면화되는 가운데, 쓰쓰이는 입회임야의 해체과정 속에서 "소유와 이용이 분리된 방식, 또한 분리는 됐지만 소유·이용 모두 공동관리 하에 놓여 있는 방식"에서 이정표를 찾고 있다(筒井 1973: vi-vii).

쓰쓰이는 제1편 '임야공동체의 단체적 성격'에서 생산삼림조합, 목야농업협동조합, 재단법인 등 여러 형태를 취하는 임야단체에 대해, 또는 개별분할이용이 진행됐던 부락소유임야에 대해 개별수익·이용이 진행돼도 총유단체 내부의 평등이용이라는 공동관리의 원리가 작용함과 동시에 늘 토지소유의 공동성이라는 공동체적 성질이 남아있다고 주장한다(筒井 1973: 44-45, 118).

제2편 '임야공동체의 방향'에서는 앞에서 거론한 구라사와와는 달리, '입회권을 소멸시켜 근대적 소유권으로 정리하는'것에 반대의견을 내고 있다. 그 이유로 ①자본주의화를 의미하는 '근대화'개념과는 다른 개념을 기초로 입회권과 근대적 소유권의 동시 공존을 꾀할 수 없을까 라는 점과 ②임업의 기술적·경제적 성격으로부터 '수익이 소유에 우선하는 것'은 불가능하고 임업 생산은 '공적 관리의 필요성'이 크다는 점을 들고 있다. 그리고 개인 분할에 대해서는, 임지의 지분화를 통하여 공동 토지소유를 추진하고, 그 속에서 개별수익을 확보할 것을 요청하고 있다(筒井 1973: 191-192, 223-224).

제3편 '지역 임야공동체로의 전망'에서는 '토지 공동체', '노동 공동체', '생존 공동체'의 측면에서 '지역 임야 공동체'가 구상되고 있다. 토지 공동체에 대해서는 국유, 공유, 사유의 틀을 넘어 '출자지분단체'가 소유자를 묶어 임산물의 반출계통 또는 집하시장을 함께하는 '유역' 등을 지구의 단위로 하여 식목과 벌목의 균형을 기술적인 원리로 하는 경영계획에 근거해서 공동으로 관리·경영한다는 것이다. 노동 공동체는 국유림의 지역 조직인 '애림(愛林)조합'을 모델로 해서 노동권의 지분화를 꾀한다는 것이다. 생존 공동체는 지역주민이 생존권을 지분으로 하여 삼림의 공공적 가치를 누리고 숲관리에 관여하는 것과 함께 관리비용을 부담하게 되어있다(筒井 1973: 364-405). 이러한 쓰쓰이의 '지역 임야공동체'론은 관념론적인 색채가 짙지만 현재의 임정적 과제와 공동자원론에 시사해 주는 점도 많다.

## 5.2 쓰쓰이의 숲문화론

그 후 쓰쓰이는 입회가 제도화된 것이라고 이해하는 산림법 등의 연구를 거쳐 1980년쯤부터 '산과 나무와 인간의 융합'을 키워드로 하여 '숲문화론'의 구축으로 향했다. 그 사이에 「입회임야의 산 관리방식에

서 볼 수 있는 지력유지기구(入會林野の山仕法に見られる地力維持機構)」
(筒井 1985: 77-85),「자연에 거스르지 않는다－입회의 사상(自然に逆らわ
ず－入會の思想)」(筒井 1995: 61-63) 등의 글도 썼지만 '지역 임야공동체'
는 가나가와현의 '숲문화사회 구상'(1994년) 등의 예에서 볼 수 있듯이
20여년 후에 '새로운 숲문화사회'로 변화했다고 봐도 잘못은 아닐 것이
다(筒井 1995: 246-252).

# 맺음말

쓰쓰이의 '임야 공동체론'이 '숲문화론'으로 승화해가는 가운데 입
회임야론에 정면으로 맞서있던 것은 쓰쓰이와 동문수학한 후배인 가
사하라 로쿠로(笠原六郎, 당시 미에(三重)대학교수)였다.

가사하라는 쓰쓰이와의 숲문화정책에 관한 공동연구에서 임업경영
이 성립되기 어려운 시대를 포착하여 '숲 다기능시대와 복합소유형태
로의 회귀'를 주장하고 있다. 그 개요는 근세 등의 사용가치 이용시대
는 입회이용이 알맞고, 임산물의 상품화가 발달한 교환가치 이용시대
에는 법인·개인의 개별소유가 합리적인 소유형태였지만, 숲의 공익적
기능이라는 비시장적 가치를 이용하는 시대에는 "사용, 수익, 처분권을
모두 단일의 주체에게 부여하는 것이 아니라 국민과 지역 주민 혹은
특정의 숲기능을 보호하거나 발전시키려고 하는 사람들의 주장이 반
영되는 소유관계"가 적합하다는 것이며 종래의 논의에 비해 상큼한
(cool) 단계론을 꾀하고 있다. 그리고 구체적인 사례로 시레토코(知床)
의 100㎡ 운동을 들고, 소유권은 명목적으로는 샤리정(斜里町)에 있지
만 사용·처분의 권리는 실질적으로 운동참가자 전원으로 구성된 집단
에 있는 '새로운 입회'라고 평가하고 있다(笠原 1988: 47-49).

가사하라는 '공동자원'이라는 용어는 사용하지 않았지만 그 후 1990

년대 중엽 이후에 발전된 '임정학적 공동자원론'을 소유론적인 관점에서 앞서 발전시키고 있었던 것이다.

'임정학적 공동자원론'은 열대림 연구의 이노우에 마코토(井上, 1995)로부터 시작됐다고 할 수 있다. 이노우에는 쓰쓰이 퇴임 이전에 학부 학생이었고 쓰쓰이의 강의에서 '입회'를 알았다고 한다. 반면, 이노우에를 '추종'했던 필자(三井, 1997)와 쓰치야 도시유키(土屋, 2001)는 대학원에서도 쓰쓰이의 지도를 받았다.

그 후 임정학 분야에서 공동자원 연구가 활발해져 새로운 세대를 중심으로 다양한 형태의 연구가 이루어지게 된다. 그러한 상황에서 임정학 분야의 연구라고 하더라도, 쓰치야가 강조한 '임정학적 공동자원론'이 독자성을 지닌다고는 할 수 없는 시대가 됐다고 할 수 있다.

그런데 스가 유타카(菅豊)는 법률학과 농촌사회학에 의한 총유론(입회임야론)과 관련해서, 총유에 대한 평가, 총유론의 출발점, 총유 주체의 인식 방법의 차이 등을 치밀하게 비교·검토하고 있다(菅 2004: 264-267). 그것에 대해 '임정학적 공동자원론의 주류'는 독일 임학을 출발점으로 해서 법률학과 농촌사회학 등의 영향을 받으면서 그 시대의 임정학적 과제에 따라서 총유에 대한 평가 등을 바꿔 왔다. 그것이 '시대를 만들어 낸 것인가', '시대에 휩쓸려온 것인가'라는 역사적인 총평은 다음 기회로 미루기로 한다.

## 참고문헌

井上真, 1995,『燒畑と熱帶林』, 弘文堂

笠原六郎, 1988,「森林の多機能時代における所有形態」, 筒井迪夫編著,『森林文化政策の硏究』, 東京大學出版會：35-52

川瀨善太郎, 1909,「公有林野の整理及び管理に就て, (1)」,『大日本山林會報』, 317：1-14

川瀨善太郎 1912「公有林及共同林役」, 三浦書店

倉澤博, 1961「公有林野における林業の展開過程」, 倉澤博編,『日本林業の生産構造』, 地球出版, 167-368

三井昭二, 1991,「山村のくらし」, 日本村落史講座編集委員會編,『日本村落史講座第8卷』, 雄山閣, 121-138

三井昭二, 1997,「森林からみるコモンズと流域」,『環境社會學硏究』3：33-46

三井昭二, 2005,「近代のなかの森と國家と民衆」, 淡路剛久ほか編,『リーディング環境, 第一卷』, 有斐閣, 112-121

西川善介, 1957,『林野所有の形成と村の構造』, 御茶の水書房

岡村明達, 1962,「山林政策の展開と入會地整理過程」, 古島敏雄編,『日本林野制度の硏究』, 東京大學出版會, 1-122

島田錦藏, 1941,『森林組合論』, 岩波書店

島田錦藏, 1965,『再訂, 林政學槪要』, 地球出版, (初版, 1948)

園部一郎, 1928,「林業」, 那須皓ほか,『現代産業叢書, 第一卷』, 日本評論社, 1-117

園部一郎, 1940,「山林法」, 末弘嚴太郎編集代表,『新法學全集 第33卷』, 日本評論社, 1-87

菅豊, 2004,「平準化システムとしての新しい總有論の試み」, 寺嶋秀明編,『平等と不平等をめぐる人類學的硏究』, ナカニシヤ出版, 240-273

鳥越皓之, 1997,「コモンズの利用權を享受する者」,『環境社會學硏究』, 3：5-14

土屋俊幸, 1999,「森林における市民參加論の限界を越えて」,『林業經濟硏究』, 45(1)：9-14

土屋俊幸, 2001,「白神山地と地域住民」, 井上進・宮內泰介編,『コモンズの社會學』, 新曜社, 74-94

筒井迪夫, 1973,『林野共同體論』, 農林出版

筒井迪夫, 1983,「林業政策論(思想)と制度」, 筒井迪夫編著,『現代林學講義3 林政

　　　　　學』, 地球社, 1-40

筒井迪夫, 1985, 『綠と文明の構圖』, 東京大學出版會

筒井迪夫, 1995, 『森林文化への道』, 朝日新聞社

# 지역주의와 공동자원론의 위상

야마모토 노부유키(山本伸幸)

## 1. 지역이란 무엇인가

개인적인 이야기로부터 시작해 보고 싶다.

이미 20년 가까이 된 일로, 시즈오카현(靜岡縣) 후지에다시(藤枝市)의 산간 마을 다키노타니(瀧の谷)에 있는 '물레방아마을회(水車むら會議)'에 대학 서클을 통해 1년에 몇 번 방문했던 적이 있었다. 물레방아마을회는 물과 토지와 지역사회의 유기적인 활력이 소생하기를 기원하며 설립한 운동단체로, 이 글에서 거론하는 엔트로피학파 가운데 몇 명이 설립멤버에 포함되어 있었다. 도쿄 근교의 외딴 주택에서 자라 농산촌과 관련이 없던 필자에게는 거기에서 보고 들은 것들이 신선했다. 필자가 대학에 입학한 1986년은 체르노빌 원자력발전소 사고가 일어난 해이며, 일본에서 환경운동(ecology movement)이 기세를 더하고 있었다. 그러한 가운데 엔트로피학파 혹은 수토학파라고 불리는 그룹은 완만한 연계를 유지하면서도 각자가 있는 곳에서 여러 가지 활동을 하고 있었으며 당시 일본 환경운동의 핵심 중 하나였다고 생각한다.

엔트로피학파에게 '지역'은 중요한 개념이다. 엔트로피학파는 개방정상계인 지구상에서 사람들이 살아가기 위한 논리와 구조를 지역에서 발견하려 했고, 또 그러한 논리와 구조야말로 근대사회를 뛰어넘는 적용범위를 갖는다고 주장했다.

그 주장은 학생인 필자에게 매우 매혹적이었다. 그러나 대학에서 임학과에 진학하여 농산촌에 대해서 보고 듣고 공부해가면서, 그러한 주장과 지금 일본의 농산어촌 같은 지역의 실제 사이의 거리 속에서 점차 괴리감을 느끼게 됐다. 현대 산업화사회의 지역은 요즘 글로벌리즘이라고 일컬어지는 폭력적인 화폐경제시스템을 견뎌낼 만한 논리를 정말 가지고 있는 것일까? 그러한 의사결정을 하는 지역의 주체는 어디에 있는 것일까?

공동체적인(communal) 것에도 갇히지 않고 국가에도 모든 것을 넘기지 않으면서, 지역을 사회의 초석으로 삼는 논리를 구축하는 것은 가능한가? 몇 가지 떠오르는 의문에 해답을 찾지 못한 채, 태만한 자신과 마주하는 것이 싫어서 물레방아 마을로부터도 멀어졌다. 많은 의문을 내버려 둔 채였다.

이번에 공동자원을 주제로 하는 이 책에 글을 실을 기회를 얻어, 예전에 방치하고 회피했던 과제를 비켜나갈 수 없게 되었다. 처음부터 이 작은 논문에서 어떤 결론이라도 내릴 수 있으리라 생각한 것은 아니지만, 무모하다는 비난을 받더라도 조금이나마 그러한 결론에 접근하기 위해서 접근방법(approach)에 매달려볼 생각이다. 그 실마리로 어쨌든 필자의 출발점인 엔프로피학파의 지역주의를 논의의 중심으로 해서 약간의 사고를 전개하는 것이 이 글의 의도다. 이 글의 주제는 '지역이란 무엇인가?', '현대 일본에서 그것은 어떤 모습을 하고 있는 것인가?'다.


## 2. 엔트로피학파의 지역주의

### 2.1 다마노이 요시로(玉野井芳郎)의 지역주의

엔트로피학회의 설립에 관여하고 대표 간사 역할도 맡았던 경제학자 다마노이 요시로는 그 설립 전에 마스다 시로(增田四郎), 후루시마 도시오(高島敏雄), 가와노 겐지(河野健二)와 함께 '지역주의연구 집담회'를 조직했다. 엔트로피학파의 지역주의는 이 집담회의 활동에 의해 사상적 기조가 마련되었다고 보아도 무방할 것이다.

다마노이는 몇 권의 책에서 지역주의를 정의하고 있는데, 예를 들어 1977년에 출판된 『지역분권의 사상(地域分權の思想)』에서는 다음과 같이 정의하고 있다.

> '지역주의'란, 일정 지역의 주민이 그 지역의 풍토적 특성을 배경으로 그 지역의 공동체에 대해 일체감을 가지고 지역의 행정적·경제적 자립과 문화적 독립을 추구하는 것을 말한다(玉野井 1977: 7).

이 '풍토적 특성'의 중요성을 보여주기 위한 이론적 근거를 마련하기 위해, 나중에 엔트로피학파의 활동을 통하여 조제스쿠-뢰겐(Nicholas Georgescu-Roegen), 무로타 다케시(室田武), 쓰치다 아쓰시(槌田敦)의 엔트로피론과 경제학의 접합을 시도했다는 견해가 가능하다(ジョージェスク=レーゲン, 1993; 室田 1979; 槌田 1982).

'지역주의'라는 개념은 유럽연합 등 국민국가를 뛰어넘는 넓은 것에서부터 마을을 단위로 하는 매우 작은 것까지 논자에 따라 다른 규모(scale)로 사용된다. 다마노이 자신은 위의 정의를 적어도 국민국가보다는 작은 규모를 염두에 두고 사용했다고 추측되지만, 다마노이의 정의는 '일정지역', '풍토적 특성'의 해석 방식에 따라 크고 작은 여러 규모의 '지역주의'에 대해서 적용할 수 있다. 도대체 '일정 지역'이란 어떤 규모를 가진 것인가?

이 점은 오랫동안 남아시아를 중심으로 지역연구에 관여한 나카무라 히사시(中村尚司)가 다마노이의 추도논문에서 다마노이에게서 '지역주의연구 집담회'를 조직한다는 말을 들었을 때 처음 보인 반응으로,

"지역 개념은 골칫거리다. 지역이라는 개념은 사람들의 생활에서 너무나도 자명하다"(中村, 1986: 255)라고 걱정했던 것을 솔직하게 적고 있는 것에서도 나타난다. 같은 글에서 나카무라는 인류학자인 이와타 게지(岩田慶治)가 사실은 지리학과 출신으로 '지역주의연구 집담회'의 첫 준비모임에서 "얼마나 지역 개념으로 고민했던가? 그 때문에 어떻게 지리학을 버리게 되었는가?"(中村, 1986: 255)라고 말했던 것을 언급하고 있는데, 이것은 나카무라나 이와타와 같은 전문적 연구자에게도 '지역' 또는 '지역주의'라는 개념이 얼마나 매혹적이면서 동시에 얼마나 다루기 어려운 것인지를 보여주는 사례다.

## 2.2 지역주의 개념의 발전

이 글에서는 간단하게 언급하겠지만 엔트로피학회에 속한 몇 명의 논자가 이 '지역주의' 개념에 대하여 고민을 거듭했다. 그 중 대표적 논자로서 오사키 마사하루(大崎正治), 나카무라 히사시(中村尙司), 다베타 마사히로(多變田政弘), 무로타 다케시(室田武)를 거론할 수 있다.

오사키의 '소국의 논리' 혹은 '쇄국의 논리'(大崎 1981)는 오사키 스스로가 가스미가우라(霞ヶ浦)의 다카하마이리(高浜入)간척반대운동 등 주민운동에 관여하는 가운데 나온 사상이다. 오사키는 '지역'을 "주민운동이 열어젖힌 새로운 세계관적 지평"(大崎 1981: 3)으로 평가하려 한다.

나카무라는 시장에 의한 자원배분의 경제시스템과 계획에 의한 자원배분의 경제시스템에 대해 제3의 시스템으로서 폴 에킨스(Paul Ekins)의 '생명계의 이코노미'(エキンズ編, 1987)의 개념을 바탕으로 하는 '협의에 의한 자원배분의 경제시스템'(中村 1993: 10)을 제창하고 그것을 실현하는 장이 지역이라고 주장했다.

다베타는 지역을 지탱하는 인간관계와 사회제도에 주목하여 '지역의 자치력'을 '공동자원의 힘'이라 칭하고 '공동자원의 경제학'을 논했다(多變田 1990: iv). 그리고 다베타는 무로타의 일본 근대화과정에서의 "'공(共)'의 세계"(室田 1979: 193)에 관한 논의를 처음으로 '공(共)'적 영역을 이론적으로 규명한 것으로 평가한다(多變田 1990: 261). 이러한 다베타의 주장은 이 글의 주제인 엔트로피학파로부터 발전해 나온 '공동자원론'이지만, 이에 대해서는 다음 절에서 서술한다.

## 3. 엔트로피학파의 공동자원론

### 3.1 다베타의 공동자원론

미쓰마타 가쿠(三俣学)는 무로타와 함께 쓴 저서에서 엔트로피학파의 공동자원론을 일본 공동자원론의 출발점으로 평가하며 정리를 시도하고 있다(室田·三俣 2004). 그 책의 보론을 쓴 다베타는 엔트로피학파의 입장에서 공동자원론을 가장 정력적으로 전개했던 논자다. 그 출발점에는 다마노이의 사상과 다마노이와 다베타가 공통적으로 조사지(field)로 택했던 오키나와가 있다.

다베타는 다마노이의 만년 구술을 기록한 「공동자원인 바다」(玉野井, 1995)[1]에서 처음으로 적극적 의미를 담은 공동자원라는 말을 만났다고 회고하며 이 논문이 다마노이의 '학문이 도달한 최고봉 중 하나'(多變田 1990: ii)라고 평가한다. 그 중에서 다마노이가 주목한 것은 '앞바다(地先の海)', 오키나와에서 '이노(イノー)' 등으로 불리는 산호초 위에 펼쳐진 생활공간이다.

마을 사람들은 암초와 해변 사이에 펼쳐진 공간에서 해초를 채취하고

---

1) 이 논문은 처음에 다마노이(玉野井 1985)로 발표됐다.

그것을 식탁에 올리고 농업용 비료로 하기도 했다. (중략) 본토 쪽에서 볼 때는 '산호초 바다'라고 하면 산호초만이 문제인 것처럼 보이지만 그것만 이 아니라는 것을 알았다'(玉野井, 1995: 3).

나는 '앞바다'를 '공동자원인 바다'로 보아야 한다고 생각한다. 이것은 마을이 공동으로 이용하는 바다를 따라서 만들어진 곳이다.(玉野井, 1995: 6)

다마노이가 오키나와의 바다와 거기에서 전개되는 생활 속에서 발 견한 공동자원을 다베타는 유기농업운동의 현지조사(fieldwork)라는 다 른 경로를 통해 농민과 도시주민과의 연대운동 속에서 찾아냈다. 그 이론적 귀결이 헤이젤 헨더슨(Hazel Henderson)의 "산업사회의 생산적 구조"(ヘンダーソンほか 1987: 41) 도식에서 힌트를 얻어 제시한 '건전한 생태 (ecology)가 지탱하는 경제'(多變田 1990: 52)라는 모델이다(〈그림3-1〉 참조).

## 3.2 '공(共)'적 영역

헨더슨의 구조도가 원기둥 모양인 것에 비해 다베타의 모델은 밑변 이 넓은 삼각형 모양을 하고 있다. 넓은 삼각형 모양의 하부에는 비화 폐부문 경제인 '자연의 층이 가진 자급력/건전한 생태계(ecosystem)가 만들어내는 부', '개인적인(personal) 상호부조적 사회관계가 만들어내는 부'의 2개 층이 떠받치고 있는데, 이 부분이 '공(共: 공동자원)'의 영역 이다. 사람들은 가장 아래 있는 자연층의 자원(stock)으로부터 직접 혜 택을 받으며, 또한 호혜, 교환, 분배, 자급과 같은 화폐를 매개로 하지 않는 사회적 교환을 통해서 필요한 것을 얻는다.

이 2개의 비화폐적 층 위에 '공(公)'적 영역인 '공적 재정을 통하여 제공되는 재화와 서비스'가 위치하고 가장 위에 '사(私)'적 영역인 '화 폐를 매개로 하는 재화와 서비스(상품)'의 층이 위치한다. 위 2개의 층

‘공(公)’적 영역과 ‘사(私)’적 영역은 화폐부문 경영에 의해 운영된다. 다베타는 근대사회에서는 화폐경제 속에서만 우리들의 생활이 영위되고 있다고 착각하기 쉽지만 사실은 그것을 지탱하는 비화폐부문에 의존하고 있다고 주장했다. 그리고 그것을 ‘공(公)’으로도 ‘사(私)’로도 분해되지 않는 ‘공(共)’의 영역으로 인식하고 그 영역을 ‘공동자원’이라고 불렀다. 그것은 앞에서 지역주의를 논할 때 언급한 오사키의 ‘소국의 논리’나 나카무라의 ‘협의에 의한 자원배분의 경제 시스템’과 공통된 관점이다.

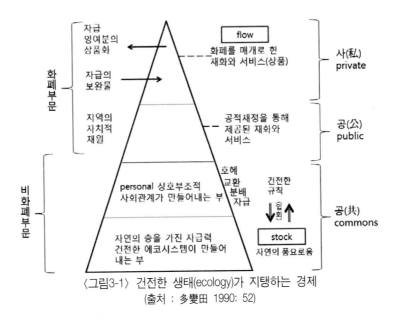

〈그림3-1〉 건전한 생태(ecology)가 지탱하는 경제
(출처 : 多變田 1990: 52)

지금까지 다베타의 논의를 중심으로 살펴봤듯이 엔트로피학파의 공동자원론은 생활공간과 밀착된 지역공간의 확대 속에서 사람과 자연의 상호의존 관계, 또 사람과 사람의 상호부조적 관계를 찾아낸다. 그리고 그것을 유지해 나가면서, 국가로 대표되는 ‘공(公)’적 영역으로

도 시장을 매개로 하는 '사(私)'적 영역으로도 해소되지 않는 '공(共)'적 영역으로, 근대사회를 뛰어넘는 새로운 사회를 구상한다. 이 '공(共)'적 영역에 대한 신뢰야말로 다베타가 우자와 히로후미(宇澤弘文)의 '사회적 공통자본'을 축으로 한 공동자원론을 비판하는 출발점이다.

# 4. 사회적 공통자본론과 공동자원론

## 4.1 사회적 공통자본

우선 우자와 히로후미(宇澤弘文)의 '사회적 공통자본론'에 대한 다베타의 비판에 들어가기 전에 우자와의 논의를 살펴보도록 하자.

우자와는 사회적 공통자본을 다음과 같이 정의하고 있다. "사회적 공통자본이란, 사람들의 생활, 생존에서 중요한 역할을 하는 서비스를 만들어 내는 희소자원으로 사적 소유나 사적 관리를 인정하지 않고 사회의 공유재산으로 관리되고 어떤 사회적 기준에 따라 그 사용이 결정되는 것이다"(宇澤 1993: 29). 그리고 이러한 정의에 꼭 들어맞는 자본을 '자연자본, 사회간접자본(infrastructure), 제도자본의 3개의 범주로 분류'(宇澤 1994: 15)한다. 이 중 자연자본은 물, 하천, 숲, 흙, 바다 등 자연환경 전반을 포함하고 있으며 자연자원의 지속적 이용·관리라는 측면에서 공동자원의 논의와 접점을 가진다.

우자와가 자주 언급하고 있듯이 사회적 공통자본론은 새뮤얼슨(Paul Anthony Samuelson: 1915~2009)의 공공재 개념에 대한 비판적 검토에서 나왔다. 새뮤얼슨의 공공재는 비배제성, 등량소비, 비경합성을 그 요건으로 하지만 그러한 요건을 전부 충족하는 재화·서비스는 국방과 외교 등 약간의 서비스에 한정돼 있고 현실에서는 거의 존재하지 않는다는 것이 우자와의 비판이다. 새뮤얼슨의 가정 중에서도 특히 우자와가 문제시하는 것이 '비경합성이'라는 가정이다. 비경합성의 가정이란, 사용할 때에 사람들의 사이에서 경합이 일어나지 않는다는 가정인데, 도로 서비스라든지 의료 서비스라든지 우리들이 통상 공공재로 떠올리는 서비스는 모두 이 요건에서 벗어난다.

이렇게 현실에서 적용가능성이 극히 한정된 새뮤얼슨의 공공재 개념을 비판하면서 우자와는 사회적 공통자본 개념을 내세웠다. 새뮤얼슨의 공공재 개념과 같이 우자와의 사회적 공통자본 개념도 소비, 생산, 효용 등의 경제학의 토대 위에서 만들어진 것이지만, '사람들의 생활·생존'을 직접 문제시하면서 희소자원의 구체적인 관리를 꾀하고 현실에 적용할 수 있는 가능성이 크다는 점이 다르다.

사회적 공통자본으로서의 공동자원을 검토한 글에서 마미야 요스케(間宮陽介)는 "공공재에 비해 사회적 공통자본은 장소성·공간성을 지니며, 그 때문에 인간의 여러 활동이 사회적 공통자본의 본체를 이루고 있다"(間宮 2002: 203)고 사회적 공통자본개념이 지니는 '장소성·공간성'에 주목하고 있다. 그것은 단순한 시설이나 장소, 공간 그 자체만을 가리키는 것이 아니라 거기에서 영위되는 사람들의 활동이나 생활을 포괄하고 있다. 이것에 비해 새뮤얼슨의 공공재 개념은 주류 경제학의 선례에 따라 이 '장소성·공간성'을 가지지 않기 때문에 사람들의 생활과 유리될 수밖에 없다.

## 4.2 관리지향에 대한 비판

이러한 내용을 가진 우자와의 사회적 공통자본 개념에 대한 다베타의 비판은 오로지 우자와의 논의가 가진 관리지향의 측면에 맞춰진다. 즉, 우자와의 '사회'는 '국가에 수렴되기 십상'이고, '사회적 공통자본의 국유화나 지자체소유화 같은 방향으로의 관리를 구상하기 십상'(多變田 1990: 66)이라는 것이다. 의사결정 주체가 규정되어 있지 않은 '공통'

이라는 말로 표현된 개념은 현실의 국면에서 국가를 불러들이거나 '지구적(global)' 세계시민(이에 대해서도 또한 다베타는 우려하고 있다)에게 의지할 수밖에 없다. 이것이야말로 다베타가 말하는 "'(실체를 알 수 없는) 추상화된 '공(公)'적 부문'에 의존하기 쉬운 '글로벌 공동자원론'과 '사회적 공통자본론'의 '위험성'"(多變田 2004: 225)이다.

바꾸어 말하면 우자와의 논의에는 마미야가 말했던 대로 '장소', '공간'은 존재하지만, '지역'이 결핍되어 있다고 할 수 있다. 우자와의 '장소성·공간성'은 사람들의 생활을 배제한 주류 경제학의 개념에 살을 붙이는 것에 확실하게 성공했을지 모른다. 그러나 거기에 나타난 '장소'는 '지금 여기'밖에 없는 지역성과 역사성을 겸비한 고유의 '장소'가 아니라 모든 곳에 존재할 수 있는 보편적인 '장소'다. '지금 여기'밖에 존재할 수 없는 '지역'의 사람들이 우자와의 '장소'에서 지내는 것은 있을 수 없다. 의사결정은 보편적인 법의 파수꾼인 국민국가나 보편적인 합의형성이 가능한 세계시민에게 맡겨지게 된다.

이러한 결론은 '공(共)'적 세계에 전폭적인 신뢰를 보내는 다베타가 도저히 용인할 수 없는 것이다. 왜냐하면 '공(共)'적 세계의 주인은 우자와의 '장소'에 살 수는 없기 때문이다. 의사결정을 국민국가에게도 시장에도 넘겨주지 않는 길을 찾는 사람에게는 우자와의 논의는 도움이 되지 않는다.

그러나 '공(共)'적 세계는 다베타가 말하듯이 정말로 신뢰할 수 있는 것인가? '공(共)'적 세계가 우선 '지역'을 근거로 한다면 그 '지역'이란 도대체 무엇인가? 여기에서 우리는 처음에 했던 물음에 겨우 다시 도달했다.

# 5. '지역'의 범위

## 5.1 나카무라의 '마을(村)'과 마에다의 '마을(里)'

이제까지 이 글에서 자주 인용한 나카무라는 엔트로피학파가 주최한 강연회의 질의응답 시간에 마을(=이 글의 문맥에서는 지역)의 적정 규모는 어느 정도인가라는 물음에 스리랑카의 현장 경험을 가지고 다음과 같이 답하고 있다. "그 범위는 비교적 명료합니다. (중략) 목소리가 닿아 인간이 서로 도울 수 있는 범위가 마을입니다"(中村, 2001: 243).

그렇다면 이 나카무라의 응답을 탁주 재판으로 유명한 마에다 도시히코(前田俊彦)의 다음의 말과 비교해보기 바란다. 마에다는 다카기 진타로(高木仁三郎)와의 대담을 통해 예전에 다마노이가 기획한 연구회에서 "지역은 '축제(祭り 마쓰리)'에 의해서 결정된다. 예를 들어 교토에는 기온마쓰리가 있는데 그 기온마쓰리를 우리들의 축제라고 생각하는 사람들이 살고 있다. 그 범위가 마을(里)로서의 지역이다"(前田 1986: 107)라고 말했다고 회상하고 있다. 마에다가 바로 부연하고 있듯이 여기에서 '마을(里)'이란 행정구획과는 달리 "권력구조를 부정하는"(前田 1986: 110) 것이고, 그런 의미에서 나카무라의 '마을(村)'의 이미지와 많은 부분을 공유하는 것으로 생각한다.

그러나 얼핏 닮아 보이는 이 나카무라와 마에다의 '지역'은 '마을(村)'의 범위라는 관점에서 보면 상당히 큰 차이를 가지고 있다. 나카무라의 '마을(村)'의 범위는 본인도 말하고 있듯이 극히 명료하다. 그것은 살아있는 사람들끼리 목소리가 닿아 서로 도울 수 있는 넓이, 땅에 묶여 있는 지역이다. 그것에 대해 마에다의 '마을(里)'은 각자가 '축제라고 생각하고' 있다면 그 사람들이 있는 범위가 지역이며, 나카무라가 들었던 스리랑카 마을의 예처럼 "논에서 와~하고 지른"(中村, 2001: 243) '목소리'가 들리지 않아도 괜찮다. 실제로 이 발언을 한 후 마에다는

"좀 더 커지면 지구가 마을(里)이 될 것이다."(前田 1986: 110)라고 말했다는 사실에서도 이것을 확인할 수 있다.

마에다의 마을(里)이 각자의 '생각'에 의하여 어떠한 범위로도 커질 수 있는 것에 비해 나카무라의 '마을(村)'은 '목소리'가 들리는 범위에 의해 저절로 한계를 갖는다. 그렇다면 나카무라의 경우 분리된 각각의 '마을(村)'은 어떻게 해서 서로 연결되는 것이 가능할까? 그와 관련해서 나카무라가 마을 사이에서 매개 역할을 하는 것으로 제시한 것이 '광의의 상업'이다.

"상품교환을 통하여 인간생활의 직접적 집단성이라는 한계를 뛰어넘은 '세계'를 형성할 단서가 주어진다"(中村, 1995: 29). 나카무라는 상업 활동이 인간끼리의 "인격적인 교류를 파괴"하기도 하고 촉진하기도 하는 양 측면을 가지고 있다는 것을 인정하고, '바람직한 상업의 모습'을 모색하면서 그것을 '광의의 상업'이라 부른다(中村, 1995: 30). 마에다가 분명히 보여주지 못했던 '지역'이라는 개념의 곤란함과 대결하고 있다.

## 5.2 이노우에의 '공동자원'

나카무라의 '마을(村)'과 마에다의 '마을(里)'의 차이를 한층 더 명료하게 하기 위해 이노우에 마코토(井上真)의 '공동자원의 사상'을 참조하자. 이노우에가 '공동자원의 사상'에서 보여준 생각은 마에다의 '마을(里)'과 매우 가깝다.

"'모두의 것'은 우리들이 가진 '안과 밖'의 감각, 즉 '자신의 것'과 '타인의 것'에 대한 태도의 차이를 매개로 하여 대상으로 하는 것에 따라 중층적인 '정합적 상태(入れ子狀)'로 존재하는 경우가 있다. (중략) '모두의 것=자신들의 것'이라는 인식을 강하게 하기 위해서는 '안과 밖'의 울타리를 낮게 하거나 혹은 '안과 밖'의 중층의 정합적 구조를 해체해 가는 것이 필요하다고

생각한다"(井上, 2004: 6-7).

　그리고 마에다의 '마을(里)의 사상'은 이노우에의 '공동자원의 사상'에서는 보다 구체성을 띠고 "이해관계자에 의한 협동이 중층의 정합적 구조에서 규모(행정촌·군·현·시·주·국가)의 틀을 넘어 성립하는"(井上, 2004: 150) 것을 구상하기에 이른다.

　이노우에 구상의 논리는 앞 절에서 말했던 우자와의 '사회적 공통자본'과 친화적이다. 차이는 우자와에 의해 지나치게 일반화됐던 '장소성·공간성'이 이노우에의 구상에서는 '모두의 것=자신들의 것이라는 인식'과 결합되어 '공(共)'적 영역의 사람들에게도 거처를 제공하고 있다는 점이다. 이노우에의 논의에서 이러한 인식을 담보하는 것은 '이해관계자에 의한 협동'이다. 이 '이해관계자에 의한 협동'을 어떻게 평가할지가 문제다.

　앞 절에서 언급한 다베타의 우자와에 대한 비판은 '공(共)'적 영역을 인정하고 있다는 점에서 이노우에에게는 들어맞지 않는다. 그러나 다베타가 상정한 '공동자원'이 나카무라가 말한 '마을(村)'과 가깝다고 한다면 다베타는 아마 이노우에의 '이해관계자에 의한 협동'을 쉽게 받아들일 수 없을 것이다. 왜냐하면 나카무라의 '마을(村)'은 '목소리'가 닿는 범위에 한정돼 있기 때문이다. 각각의 '마을(村)'은 '인격적인 교류를 파괴'하기만 하는 '광의의 상업'을 통해 겨우 '세계'와 연결되는 것을 제외하면 이노우에가 말하는 것과 같은 "중층의 정합적 구조 속에서 규모(scale)의 틀을 넘"는 기술을 어디도 갖지 못했기 때문이다.[2]

---

2) 이노우에가 공동자원의 성원과 비성원 사이의 "이질성"(半田 2005: 24)에 주목한 점에서 이러한 평가는 조금 난폭한 것일지도 모른다. 그 점은 산리즈카(三里塚)에 일생을 바친 마에다에 대한 언급 방식에 대해서도 똑같을 것이다. 그러나 이 후의 논의에서도 말하고 있듯이 이 '이질성'을 향한 관심이야말로 앞으로 논의를 진전시키는 데에 도움이 될 것이라고 하는 것이 이 글의 의도이다.

# 6. '우리'와 '그들'의 경계

우자와는 '사회적 공통자본'이 구축된 사회를 전망하고 있고, 마에다는 '마을의 사상'이 뒷받침하는 생활을 앞장서 주장하고 있다. 그리고 보다 실천적으로 이노우에는 '이해관계자의 협동'에 의해 '규모의 제약을 받지 않는 협동형 협치(協治)의 실천'을 실현함으로써 '지역(local) 공동자원의 사상'과 '공공성의 사상'을 '지양'하고 싶어 한다(井上 2004: 146-151). 그러나 다베타와 나카무라의 입장을 인정한다면 이러한 시도는 큰 어려움을 안고 있다. 왜냐하면 '지역'과 보다 넓은 '세계'(예를 들면 '국가')와의 연결은 '인격적인 교류'에 대해 긍정과 부정의 양면성을 함께 가진 나카무라의 '광의의 상업'에 간신히 의지할 수밖에 없기 때문이다.

그러나 돌이켜 생각해보면 다베타를 비롯한 엔트로피학파가 큰 믿음을 가지는 '공(共)'적 세계의 의사결정은 그렇게 견고한 기초를 지닌 것일까? 생산이나 생활에 뒷받침된 '목소리'가 들리는 범위의 마을(村)을 지금의 일본에 세우는 것은 상당히 어려운 것 같다. 또한 '광의의 상업'이 지니는 양면성은 현대의 지구화라는 파도 속에서 이미 균형을 잃어 그 역할에 기대를 걸만한 근거를 찾기가 그리 쉽지 않다.

이 문제들은 근래 다방면에서 활발히 논의가 전개되고 있는 자유주의와 공동체주의, 그리고 자유지상주의에 관한 논의를 상기시킨다. 그것은 우리들 개인과 사회의 관계를 어떻게 파악할 것인가라는 장구한 철학적 논의의 계보를 가진 문제다. 이들을 체계적으로 파악하는 것은 현재 필자에게 너무나도 무거운 부담이지만 금후 논의의 발전을 위해 작은 실마리를 언급하며 이 글을 마치려고 한다.

당초의 문제로 되돌아간다면 이 글의 주제는 '지역이란 무엇인가?'였다. 그 주제에 대해 이 글에서는 '지역'의 범위에 관한 논의, 그리고 '지역'과 그 밖의 '세계'와의 관계에 관한 논의 2가지로 나누어 논했다.

관점을 바꾼다면 그것은 '지역'과 '세계'와의 경계에 관한 논의라고도 할 수 있다.

정치학자인 스기타 아쓰시(杉田敦)는 '9.11'을 결정적인 기점으로 하여 근대의 정치가 의지해 온 경계선이 무너진 것이 아닌가라고 묻고 있다. 많은 사람에게 너무나도 자명한 국경선조차 흔들리고 있는 것처럼 보인다. "어떤 닫힌 전체성(토탈리티)이 성립된다고는 믿을 수 없게 됐다"(杉田, 2005: vii).

이 책에서 스기타는 마이너리티 문화와 정전론(正戰論)을 둘러싸고 전개된 자유주의자(liberal), 공동체론자(communitarian), 다문화주의자(multiculturalist)들의 논쟁을 '경계선'을 열쇠로 해석하지만 그 마지막 장에서 독일의 법철학자 칼 슈미트의 논점을 언급하며 다음과 같이 말했다.

> "칼 슈미트는 정치적인 것을 친구/적 사이의 경계선의 존재에서 찾으려 했는데, 그 때 경계선은 국경선이라 한정하지 않고 모든 곳에 그어질 수 있다고 생각하고 있었다. 아무리 자발적으로 더욱이 기존의 틀에서 벗어나 무언가를 시작하려 해도 일종의 선 긋기를 동반할 수밖에 없다는 주장은 우리들을 당혹스럽게 한다. 그것은 폭력이나 자의성과는 전혀 관계없는 형태로 세계와 관계하려 하는 의욕(그것을 '탈권력에 대한 의지'라고 하자)을 좌절시키기 때문이다"(杉田, 2005: 176-177).

스기타가 '탈권력에 대한 의지'라고 부른 것은 바로 다베타가 신뢰한 '공(共)'적 세계를 지탱하는 원천이라 할 수 있을 것이다. 그러나 여기에서 스기타가 말하듯이 '공(共)'적 세계를 성립시키는 '경계'를 긋는 행위는 폭력이나 자의성과 무관할 수 없다. '경계'를 긋자마자 '공(共)'적 세계의 안을 향해서도 밖을 향해서도 폭력이 발생할 위험으로부터 우리들은 자유롭지 않다.

이러한 '경계'에 관한 논의는 현대사회의 여러 국면에 나타난다. 예를 들면 생명윤리가 있다. 다테이와 신야(立岩眞也)는 『사적 소유론』에서 '〈나의 것〉이란 무엇인가?'라고 묻고 있다. 생명윤리를 주제로 하여 소유와 다른 사람에 대하여 생각을 거듭했던 다테이와의 논의도 '나'와 '타자'를 나누는 '경계'의 존재에 초점을 맞추고 있다.

생식기술과 장기이식기술의 발전에 의해 현실화된 생명윤리의 문제에 대해 다테이와는 모두가 타자이고, 타자의 존재를 중시해야 한다는 대답을 내놓은 직후, 그러나 거기에 '나'와 '타자'와의 "성가신 '선긋기'의 문제"(立岩 1997: 8)가 나타난다고 말하고 있다. "어떠한 존재를 빼앗아서는 안 되는가? 침해해서는 안 되는가?"(立岩 1997: 174) 다테이와가 멈춰 선 곳은 스기타 그리고 우리와 마찬가지로 '경계'의 문제에서다.

'지역'과 '세계' 사이에도 '경계'는 분명 있다. 그러나 국가나 생명을 이야기할 때와 마찬가지로 그 '경계'는 우리들에게 안주를 허용할 만큼 자명한 것은 아니다. '공(共)'적 영역에 머무르지 않고 '성가신 선긋기의 문제'에 싫증내지 않으며, 계속해서 우리들은 '경계'를 다시 그어 나가지 않으면 안 된다. '공(共)' 그리고 '협(協)'이라는 말에 따라 감히 이 세상을 바로잡겠다는 각오는 '우리들'과 '그들' 사이에 분명히 그어진 '경계'를 극복하기 위한 어려움에 맞서려는 정신을 요구한다. 우리들은 그 강인함을 어떻게 마련하면 좋을까?

# 참고문헌

エキンズ, ポール編, 石見尚ほか譯, 1987,『生命系の經濟學』, 御茶の水書房

ジョージェスク＝レーゲン, N.高橋正立・神里公ほか譯, 1993,『エントロピー法則と
　　　經濟過程』, みすず書房

半田良一2005,「『入會とコモンズ』への補正」,『國民と森林』, 94：24

ヘンダーソン, ヘーゼルほか, 丸山茂樹譯, 1987,「實質的意味のない諸指標」, ポー
　　　ル。エキンズ編, 1987,『生命系の經濟學』, 御茶の水書房, 39-48

井上真, 2004,『コモンズの思想を求めて一カリマンタンの森で考える』, 岩波書店

前田俊彦・高木仁三朗, 1986,『森と里の思想一大地に根ざした文化へ』, 七つ森書館

間宮陽介, 2002,「コモンズと資源・環境問題」, 佐和隆光・植田和弘編,『環境の經濟
　　　理論』, 岩波書店, 181-208

室田武, 1979,『エネルギーとエントロピーの經濟學』, 東洋經濟新報社

室田武・三俣學, 2004,『入會林野とコモンズ一持續可能な共有の森』, 日本評論社

中村尚司, 1986,「玉野井先生がめざした地域主義」,『エントロピー読本Ⅲ, エコロ
　　　ジーとエントロピー』, 日本評論社, 253-259

中村尚司, 1995,「海のコモンズと広義の商業」, 中村尚司・鶴見良行編著,『コモン
　　　ズの海一交流の道, 共有の力』, 學陽書房, 11-37

中村尚司, 2001,「循環と多様から關係へ一男と女の火遊び」, エントロピー學會編,
　　　『「循環型社會」を問う一生命・技術・經濟』, 藤原書店, 219-243

大崎正治, 1981,『「鎖國」の經濟學』, JICC出版局

杉田敦, 2005,『境界線の政治學』, 岩波書店

多變田政弘, 1990,『コモンズの經濟學』, 學陽書房

多變田政弘, 2001,「コモンズ論一沖繩で玉野井芳郎が見たもの」, エントロピー學
　　　會編,『「循環型社會」を問う一生命・技術・經濟』, 藤原書店, 244-268

多變田政弘, 2004,「なぜ今〈コモンズ〉なのか」, 室田武・三俣學, 2004,『入會林野と
　　　コモンズ一持續可能な共有の森』, 日本評論社, 215-226

玉野井芳郎, 1977,『地域分權の思想』, 東洋經濟新報社

玉野井芳郎, 1985,「コモンズとしての海一沖繩における入浜權の根據」,『南島文化
　　　研究所所報』, 27：233-235

玉野井芳郎, 1995,「コモンズとしての海」, 中村尚司・鶴見良行編著,『コモンズの
　　　海一交流の道, 共有の力』, 學陽書房, 1-10

立岩眞也, 1997, 『私的所有論』, 勁草書房

槌田敦, 1982, 『資源物理學入門』, NHK, ブックス

宇沢弘文, 1993, 「地球溫暖化の經濟分析」, 宇沢弘文・國則守生編, 『地球溫暖化の
經濟分析』, 東京大學出版會, 13-36

宇沢弘文, 1994, 「社會的共通資本の槪念」, 宇沢弘文・茂木愛一郎編, 『社會的共通
資本ーコモンズと都市』, 東京大學出版會, 15-45

# 공동자원론의 재론

### -공동자원의 원천과 그 유역으로의 여행

미쓰마타 가쿠(三俣学)

공동자원론의 발전을 크게 국내외로 나누어 볼 때 그 원천은 분명하게 다르다. 그런데도 그 차이는 간과되기 쉽다. 원천에서 흘러나온 생각은 때로는 합류하기도 하고 또 어떤 때는 눈물의 이별을 하기도 하면서 현재의 공동자원론을 형성해 왔다. 이 장에서는 일본의 공동자원론과 특히 북미를 중심으로 발전하고 있는 공동자원론의 발상지를 찾아가 보자. 그 양쪽 원천에서 볼 수 있는 차이뿐만이 아니라 상통하는 흐름을 확인하고 몇 가지의 과제에 초점을 맞추면서 공동자원론의 유역을 천천히 훑어 내려가 보기로 한다.

## 1. 북미를 중심으로 하는 공동자원론의 발상지

어떤 연구에 입각한 이론이나 개념은 때때로 국가의 틀을 뛰어넘어 사회나 경제를 움직인다. 개발도상국에서는 미국의 공동자원론에 영향을 받아 주민 공동의 자원관리정책이 서서히 도입되어 시행착오를 통해 발전하고 있다. 그러나 역사를 지금으로부터 30년 정도 거슬러 올라가보면 개발도상국에서 채택한 것은 주민기반형의 자원관리정책이

아니라 천연자원의 국공유화·사유화 정책이었다. 북미의 공동자원론
은 이러한 정책에 강한 영향을 미쳤다고 하는 생물학자 개릿 하딘
(Garrett Hardin)의 「공동자원의 비극(Tragedy of the commons)」이란 논문
(1968)에서 비롯되었다.

그는 W. F. 로이드가 1833년에 한 강연에서 사용한 공동방목지
(commons)의 예를 다시 고쳐서 다음과 같은 논리를 세웠다. 공동방목지
(공동자원)의 경우, 소 1마리를 방목해서 발생하는 비용을 구성원
(member) 전원이 부담한다. 그것은 가축주가 소 1마리를 목초지에 추가
투입할 때 발생하는 수입이 비용보다 항상 크다는 잘못된 판단을 하도
록 만든다. 그 때문에 각 가축주는 1마리라도 더 자신의 소를 목초지에
풀어놓으려 하게 되고, 그 결과 목초지는 그 재생산을 넘어 고갈된다
는 단순명쾌한 것으로, 직관적으로 이해하기 쉬운 논리였다.

이 논문이 공표되기 전에 이미 공동자원론으로 이어지는 자원관리의
논의는 태동하고 있었다. 예를 들면 고든(Gordon 1954), 스콧(Scott 1955),
뎀세츠(Demsetz 1967) 등은 자원경제학의 기초를 이루는 천연자원의 지
속가능한 최대수확량에 대한 논의나 천연자원의 소유제도에 관한 논
의 등 나중에 공동자원론으로 이어지는 선구적 연구를 했다. 현재 공
동자원 연구자로서 유명한 엘리너 오스트롬은 이에 대해 언급하면서,
홉스의 자연상태에서의 '만인의 만인에 대한 투쟁'과 "여러 사람에게
공통적인 것에 기울이는 관심은 거의 없다. 모두 주로 자기 자신의 것
에 관심을 기울이고 공동의 이익에 관해서는 거의 관심을 기울이지 않
는다"(Politics, Book Ⅱ, ch. 3)는 아리스토텔레스의 고대철학사상에서 공
동자원론의 기원을 찾고 있다.[1]

---

1) 아리스토텔레스는 분명히 그렇게 이야기하고 있지만, 일률적으로 공유제를
   부정하고 있는 것은 아니다. 오스트롬은 아리스토텔레스가 사유제와 공유
   제 양쪽의 좋은 면을 살리는 관습이나 법의 정비가 중요하다고 이야기한 것
   (アリストテレス, 1969: 46-53)은 전혀 언급하지 않았다.

그렇다고 하더라도 하딘 논문이 공동자원론의 선풍을 일으키는 데에 결정적 역할을 했다는 것에는 의문의 여지가 없다. 그는 경제학의 기초개념을 원용하고 은유를 섞어 가며 개발도상국에서 인구증가를 공적으로 억제하는 것이 필요하다는 주장을 펴서 많은 사람들의 관심을 끌었다.[2] 그 주장의 확산을 뒷받침하게 된 게임이론의 죄수의 딜레마, 집합행위이론 등의 학문영역의 융성 조짐도 이미 있었고, 또 공동자원의 비극이 은유로서 정치·경제적인 여러 문제에 대한 논의로까지 확장될 수 있는 여지가 컸던 것도 그 배경이 됐다.

「공동자원의 비극」이란 논문이 공표된 이후 그것에 찬동하는 방향으로 특히 미국을 중심으로 하여 천연자원의 사유화와 공유화를 둘러싼 논의가 확산됐다. 한편 하딘이 영국 공동자원의 역사에 관해 사실을 잘못 알고 있었다는 비판과 개발도상국에 대해 공사 양자택일식의 자원관리정책을 적용했다는 비판이 잇따라 제기되었다. 시리아시-원트룹과 비숍(Ciriacy-Wantrup &, Bishop 1975)은 영국에서 공동자원이 해체된 것은 가축주의 과방목으로 인해 필연적으로 발생한 것은 아니라는 역사적 사실을 제시했다. 또한 다스굽타(Dasgupta 1982)는 방목을 늘리면 각 가축주의 사적 비용이 체증하는 것이 불가피하다는 사실, 또 우유나 식육을 둘러싼 시장상황의 변화도 방목제한의 요인이 된다는 사실을 제시하여 하딘의 이론틀을 논박했다.

이렇게 하딘 예찬·비판의 여러 의견이 있는 가운데 맥케이와 애치슨(McCay &, Acheson 1987)에 이어 인류학과 해양생태학의 관점을 융합한 버크스의 공동체의 자원관리 성공과 실패의 요인에 관한 연구(Berkes 1989)나 경제학자 브롬리의 소유권제도 연구(Bromley(ed.) 1992) 등 공동자원 재검토의 흐름이 1980년대부터 갑자기 세졌다. 그 흐름은

---

2) 이 논문에서 하딘은 사적 관리를 부정은 하지 않지만 "상속제도와 결부된 사유재산제도는 유전학적으로 장래에 최적 이용을 보장하지 않는다"고 주장하며 공적관리에 비하여 부정적으로 평가하고 있다.

현재 정력적으로 세계를 향해 발언하고 있는 오스트롬과 매킨의 학술
적 공동연구로 대표되는 북미 공동자원론의 흐름을 형성해 왔다.

발원지로부터 다음에 서술할 오늘날의 공동자원론에 이르기까지
북미 공동자원론의 한 가지 특징은 세계은행 등의 거대조직으로부터
자금원조를 받아 진행되는 개발도상국의 자원관리정책과 연계하여 그
실시과정에서 생기는 새로운 과제와 지식을 흡수하여 공동자원 연구
를 진행해 온 점에 있다. 하나의 예로 관개프로젝트의 연구성과(Ostrom
1992), 숲프로젝트 IFRI(International Forestry Resources and Institutions)가 있
다(Gibson, McKean&, Ostrom (eds.) 2000).

한편 반대로 미국 자신의 공적 자원관리제도의 역사와 현대적 의의,
또 그 재생 및 창조에 관한 연구는 상대적으로 많지 않다. 정리된 성과
는 버거와 오스트롬 등이 편집한 책(Burger, Ostrom, Norgaard, Policansky
&, Goldstein (eds.) 2001)이 있는 정도다. 예를 들면 보스톤 커먼(Boston
Common)[3]에 대해서도 그 역사와 현대적 의의를 공동자원론에서 구하
려는 연구는 찾을 수 없을 뿐만 아니라 자국의 공동자원적 자원관리
현장에 관한 지식을 미래를 위해 활용하는 것처럼 보이는 논의도 결코
많지 않다. 하딘의 논문 이후 타국적응형의 논의 전개는 변하지 않는
노선처럼 보인다.

## 2. 일본 공동자원론의 발원지

일본의 공동자원론은 1970년대 후반에 엔트로피 학파라고 불리던

---

3) 보스턴 커먼은 17세기에 이민자가 영국에서 가지고 온 공동자원 제도에 역
   사적 기원을 두고 있는데, 격동하는 미국의 사회정세에 대응하면서 열린 공
   간(open space)으로 현재까지 존속하고 있다. 1640년에 자치적 조직인 주민대
   회(town meeting)에서 사적 분할 금지를 결정한 후 거듭되는 개발압력에 저항
   하면서 그 정신이 계승되고 있다(三俣·泉 2005).

사람들의 활발한 논의로부터 발전됐다. 그들은 지구의 지속가능성에 관해, 물질·에너지 순환이라는 자연과학적 분석을 진행하는 한편 그것을 실현하기 위한 사회경제적 분석·고찰을 진행했다. 전자와 관련된 위대한 발견으로는 물리학자 쓰치다 아쓰시(槌田敦)에 의한 개방정상계 이론이 있으며, 후자와 관련된 결과물로는 주로 다마노이 요시로(玉野井芳郎), 무로타 다케시(室田武), 나카무라 히사시(中村尙司), 다베타 마사히로(多變田政弘)의 공동자원론이라는 성과가 있다.

개방정상계 이론이란, 지구의 갱신성이 물이나 대기의 여러 순환을 통하여 증대하는 엔트로피를 시스템 밖으로 파기하는 것에 의해 보장되고 있다는 것을 정량적으로 명시한 것이다(槌田 1982). 뒤집어 말하면 이 순환에 따른 엔트로피 파기능력을 상실한 미래에서는 지속가능한 인간사회는커녕 그 기반인 지구의 생명과 환경도 계속해서 존립할 수 없다는 것을 의미한다. 그것을 피하기 위해 엔트로피 학파는 지구 전체를 하나의 공동체로 보는 '우주선 지구호'의 발상이 아니라, 지구를 구성하는 각 지역공동체의 갱신 시스템을 보장하는 경제사회 본연의 모습을 모색했던 것이다.[4] 일본의 공동자원론이 발원지의 수맥을 형성하기 시작하는 모습을 무로타와 다마노이의 글에서 살펴보자.

"어떤 지역의 갱신성이란, 그 지역이 식량이나 연료를 자급함과 동시에 물의 자급을 통하여 폐물·폐열을 정화하여 다음에 쓸 에너지원으로 바꾸는, 에너지와 엔트로피의 자급자족적인 재순환기능을 유지하는 것으로 우선 정의할 수 있을 것이다. 그리고 그것만이 지구전체의 갱신성을 보증할 수 있을 것이다. 또 갱신 에너지를 최대한 활용하고, 엔트로피를 지나치게

---

4) 그 이유는 "지구 전체를 단일의 공동체로 간주하는 '우주선 지구호'의 이론을 추진하면 그렇게 하는 사람의 좋은 의도와는 정반대로 그것이 이상적인 열기관의 갱신성 그 자체의 파괴를 정당화하게 돼버리기"(室田, 1979: 169) 때문이라고 한다.

늘리지 않으려면 이 갱신적 지역의 공간범위는 일정한 수준 안에서 작으면 작을수록 좋다. 공동체의 수는 많으면 많을수록 좋다"(室田 1979: 170).

그리고 경제학자 다마노이 요시로도 다음의 글을 1979년에 남겼다.[5]

"지역주의의 이론에서 지역이란, 문제가 되는 대상에 따라 다르지만 항상 일정한 수준 안에서 작으면 작을수록 좋다는 명제가 인간과 자연의 공생의 원리에서 도출된다"(玉野井 1979: 183).

도쿄대학 퇴임 후 다마노이는 오키나와의 공동가게와 이노(イノー) 등의 연구를 통하여 공동자원 연구를 심화시켰다. 다마노이가 말하는 '공동자원'을 '공(公)적 세계'라고 표현한 무로타는 경제사회를 '공(公)'·'공(共)'·'사(私)' 3부문으로 구성된 것으로 파악하여 경제학이 공(公)적 부문을 연구해야 할 필요성을 분명히 했다.[6] 나카무라(中村 1993)도 이 점을 지적함과 동시에 '생활에 본거지를 두는 지역주민의 공동체'야말로 사적부문(사기업)과 공적부문(공권력)에 의한 자연환경의 교란에 대항할 수 있는 것이라고 생각하여 '지역자립의 경제학'을 예측했다. 가

---

5) 다마노이는 무로타와는 조금 분석의 시각을 달리 하고 있는데, 그의 접근은 공업과 농업의 차이를 고찰하고, '공생의 원리'가 지역을 기반으로 하는 농사 안에만 있다고 지적했다. 다마노이, 쓰치다, 나카무라, 무로타가 논의를 계속한 덴도(天動)연구회(엔트로피 학회의 모체)에서 일본 공동자원론의 큰 줄기를 이루는 사상이 영글고 있었다. 이 연구회에서 엔트로피론을 만난 것은 다마노이의 공동자원론이 공동체론과 지역주의로부터 비상하는 데 결정적인 역할을 했다(多變田 2001: 247).

6) 경제학이 공(公)적부문을 다뤄야 할 필요성에 대해서는 무로타(室田, 1979; 2004: 54-56)와 이노키(猪木 2000)를 참조하기 바란다. 경제사회가 3부문으로 이루어졌다고 파악하는 관점, 특히 '공(公)'과 '공(共)'을 나누어 인식하는 관점에 대한 비판이 법학자로부터 제기되었는데, 그것에 대한 상세한 내용은 스즈키·도미노편(鈴木·富野編 2006)을 참조하기 바란다.

령 상술한 엔트로피 학파의 논의를 일본 공동자원론의 제1기로 한다면, 1990년 이후 오늘날까지의 발전을 제2기로 볼 수 있을 것이다.[7]

결과적으로 그 두 시기의 다리 역할을 했다고 할 수 있는 다베타는 이상의 엔트로피 학파의 논의를 바탕으로 국내외의 현지조사(fieldwork)에서 얻은 지식을 통합하여 『공동자원론의 경제학(コモンズの経済学)』(1990)을 저술하여 "일본에서 공동자원론의 발전에 불을 붙였다"(井上, 2004: 157). 다베타는 토지의 사유화와 노동력의 상품화를 무비판적으로 또는 극단적으로 추진하여, 생태계에 뿌리박고 있는 본래의 지역사회의 자급·자치영역, 즉 '지역의 용량'을 현저히 좁힌 전후 일본의 '발전'의 실상을 비판적으로 그려냈다. 그 책에서는 일관되게 비상품화경제 부문이 지닌 비대체적 성격의 중요성을 강조하고 있다. 이 점이 북미 공동자원론과 다른 점인데, 여기에 주목해야 할 것이다.

비상품화경제 부문에 대한 연구는 슈마허의 사상에 영향을 받은 영국의 에킨스(Ekins(ed.) 1986)에 의해 이루어졌는데, 공동자원론의 관점에서 이 연구의 재조명을 적극적으로 추진했던 것은 미국이 아니라 일본의 공동자원론이었다. 이상을 토대로 다베타는 시장지상주의로부터의 탈출을 꾀하고, 구체적인 사회관계를 통한 자치를 통해 자연과의 공생관계를 형성한 사회야말로 진정한 의미에서의 지속가능한 사회이며, 그런 사회로 이행해가는 것이야말로 이 시대가 풀어야 할 '과제'라는 인식에 이르렀던 것이다(多變田 1990; 2004).

자국에서가 아니라 개발도상국에서의 자원관리 정책과 학문상의 과제가 우선이라고 보는 경향이 강한 미국의 공동자원론과는 달리 엔트로피 학파의 공동자원론은 '당사자'로서 몸을 둔 자기 나라의 경제사회·환경문제를 도출해내는 방식으로 발전해 왔다는 점에 그 특징이 있

---

7) 북미의 공동자원론의 발전 과정도 오스트롬이 책을 출판한 1990년 이전과 이후로 나눌 수 있는데, 1990년을 기점으로 논의의 폭이 확대됐다는 점에서 북미와 일본의 공동자원론의 발전과정은 공통된 부분이 많다.

다고 할 수 있다.

이상의 엔트로피 학파의 경제학과는 접근방식(approach)은 다르지만 일본 국내의 공동자원론의 발전에 중요한 출발점을 제공한 것이 경제학자 우자와 히로후미(宇澤弘文)의 사회적 공통자본(social common capital)론이다(宇澤編, 1994; 宇澤 2000). 우자와는 모든 사람이 인간답게 생활을 해나가는 데 필수불가결한 사회적 공통자본을 구성하는 하나로서 자연자본을 경제학상의 논의에 도입하고, 그 관리를 맡아 왔던 공동자원의 역사·현대적 의의를 설명했다. 현실문제에 공동자원을 어떻게 활용해 갈지를 생각하는 데 불가결한 법학영역에서의 논의를 적극적으로 추진해 왔다(우자와의 사회적 공통자본론에 관한 상세한 내용은 본서의 제3장 참조).

이상 2개의 발상지 탐방을 간단하게 정리하면 북미의 공동자원론에는 개발도상국의 자원관리정책에 대한 요청, 집합행위 문제, 죄수의 딜레마게임 등 학문적 과제에 대한 대응이라는 배경이 있었다. 이에 비해 일본의 공동자원론의 배경에는 엔트로피론의 지구 갱신시스템에 대한 이해와 그 연장인 물과 바람에 의지하는 지역(저엔트로피 유지장치를 내재화한)에 대한 주목, 그리고 그것을 상실해 온 근대화에 대한 반성이 있었다.

# 3. 공동자원론을 조감한다
## -'안'에서 '밖'으로의 논의 발전을 중심으로

수원지에서 흘러나온 물은 학문분야에서 말하는 집수구역을 지나고, 또 포괄하는 학문적 과제도 다양해지면서 쑥쑥 그 저변을 넓혀 오늘날에 이르렀다. 이 장에서 모든 흐름을 뒤쫓는 것은 지면의 제약으로 불가능하기 때문에 (1) 공동자원론의 대상영역, (2) 사회자본론과 협치(governance)론과의 대화, (3) 공동자원과 시장의 관계 3가지에 초점을 맞춰보기로 한다.

이들 3가지는 일본과 다른 나라들의 공동자원론이 서로 영향을 주고받으며 또 모두가 공동자원 내부만 분석하는 것이 아니라 그 존재방식을 결정짓는 공동자원 외부의 여러 요인(조직과 법환경 등)을 분석의 시야에 넣으려고 하기 때문에 다양한 공동자원론에서 공통적으로 중요하다(공동자원연구의 성과를 개관한 것으로 三俣·嶋田·大野(2006) 참조).

## 3.1 공동자원론의 대상영역

〈그림4-1〉은 근래의 공동자원론의 대상영역을 소묘한 것이다.

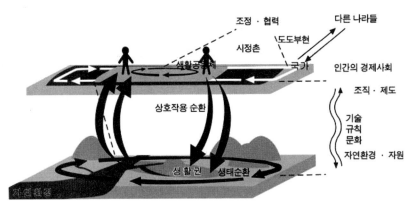

〈그림4-1〉 공동자원론의 포괄범위 개념도
(출처: 三俣·嶋田·大野(2006: 26), 그림 橋本和也)

이 그림에는 사회경제의 토대를 이루는 부분인 (1) 자연환경(생태계), 그 위에 (2) 인간의 경제제도가 있다. 일본뿐만 아니라 다른 나라의 공동자원론도 근래에는 정도의 차이는 있지만 이 두 판 사이에 순

환하는 화살표로 그려진 '자연과 인간의 상호작용'에 초점을 맞추는 경
향이 있다. 이것은 주요논자의 공동자원 정의가 (1) 공유·공용의 자원
그 자체, (2) 그 자원의 이용과 관리를 둘러싸고 생성된 제도·조직인 것
으로도 알 수 있다. 천연자원(환경)과 인간사회 사이의 상호규정적인
관계성을 문제로 하여 그 양자를 논의의 장으로 불러들인다는 점에 공
동자원론의 특징이 있다고 할 수 있을 것이다.[8]

　　이러한 느슨한 정의 위에서 발전된 공동자원 연구의 구체적인 분석
대상을 살펴보면 일본의 전통적인 지역공동체의 입회제도를 비롯해
이것과 비슷한 해외 여러 지역의 제도·조직을 예로 들 수 있다(室田·
三俣, 2004: 152). 여기에서 '비슷한'이라고 쓴 것을 파고들어 자세히 들
여다보면 각각의 조직이나 제도는 서로 상당히 다르다. 예를 들면 일
본의 입회임야와 같이 엄격한 멤버십 제도에 따라 이용·관리되는 '폐
쇄형'이 있는가하면 영국의 오픈스페이스(open space)나 북유럽을 중심
으로 하는 만인권 등 '개방형'도 있다. 또 한편 산림과 들판이나 입회어
장처럼 넓은 면적을 차지하고 있는 것에서부터 시골길과 수로, 영국의
읍면녹지(Town and village green)와 같이 좁은 면적을 차지하고 있는 것

---

8) 예를 들면 환경경제학의 표준적인 교재인 植田(1996)에서도 오스트롬 연구
　를 반영한 해켓(Hackett 2001)에서도 이 (1)과 (2)의 총체로 공동자원을 정의하
　는 입장을 받아들이고 있다. 그렇지만 당연히 (1)과 (2) 어느 쪽에 중점을 두
　고 논의를 전개하느냐에 따라 얻어지는 연구 성과는 상당히 달라진다. (1)에
　중점을 두는 경우 공동체 안의 자원관리 제도와 규칙 거기에다 후술하는 사
　회자본론과 협치론 등과 같은 제도·조직론적인 분석이나 주장이 되고, 반면
　에 (2)에 중점을 두는 경우에는 인류학, 생물학, 생태학적인 연구가 되는 경
　향을 볼 수 있다. 그러나 근래의 공동자원론은 (1)과 (2) 어느 한 쪽만이 아니
　라 그것들의 총체로 하여 인식하는 것에 중요한 특징이 있다. 이것은 (1)과
　(2) 양자의 지속가능성이 서로 규정되는 관계에 있다는 인식이 논자들 사이
　에서 비교적 광범위하게 공유되고 있기 때문이라 생각한다. 덧붙여 이 글의
　'주요논자'란 室田·三俣(2004: 158-162)의 정의 모음에 실린 인물을 나타내는
　것으로 해 둔다.

까지 다양하다고 말해야 할 것이다(三俣·森元·室田編, 2008).

하지만 그것들에는 근래 공동자원 연구자가 찾는 중요한 공통점이 존재한다. 그것은 현장에 들어가 지역사회를 관찰할 때 비로소 나타나는, '공(公)'과 '사(私)'와는 다른 성질을 가진 것으로서 '공(共, common: 이 책에서 이노우에가 말하는 '관(官)'·'공(共)'·'개(個)'라는 의미에서의 '공(共)')'이라는 개념이다.9) 이 개념은 (a) 무제한적인 사적 소유권의 행사에 대해 제동을 걸고, (b) 몇몇 사람들의 사적 동기에 의해 조종 (control)될 위험에 부단히 노출되고 있는 공권력이 지역의 자원환경과 그것을 토대로 하는 지역주민의 생활공간을 파괴하는 사태에 제동을 거는 제어장치가 될 가능성이다.10)

지금까지 공동자원의 정의 및 공동자원론의 대상영역에 관해 서술했다. 다음으로 일본과 다른 나라들의 입회 및 공동자원 연구의 발전을 간결하게 살펴보려 한다. 공동자원 연구에서 일본과 다른 나라들의 상호작용을 만들어낸 계기는 일본의 입회제도의 역사적 변화를 소개한 마가렛 맥킨의 연구(McKean 1986)였다.11) 한편 다른 나라 연구자가

---

9) 굳이 '공(共)'을 '공(公)'과 분리(대치)하여 논의를 전개해온 데에는 그 나름의 이유가 있다(室田 1979; 多變田 1990). 스즈키·도미노 편(鈴木·富野編 2006)에서는 그 이유에 일정한 정당성을 부여하면서(예를 들면 같은 책: 248) 진정한 공공성의 재구축을 지향하는 쪽으로 공동자원론을 진전시켜야 한다는 강력한 비판을 제시하고 있다. 이 문제는 3.1에도 깊이 관련되는 것이고 지금부터 더욱 논의를 깊이 해 나가야 할 과제다.

10) 여기에서 공권력이라는 말은 스즈키가 '최근 공동자원론자의 이의제기'로 간결하게 정리하고 있듯이 "'공(公)'유가 실질적으로는 '관(官)'의 사유의 윤리로 전환하고 있는 상황"(鈴木·富野, 2006: 248)에서 개발 등을 통해 지역자원뿐만 아니라 지역의 자치력까지도 훼손하는 힘으로 작용한다는 의미에서 사용하고 있다.

11) 필자와 맥킨의 연구교류는 2003년부터 시작됐다(2003년 3월: 도시샤대학 월드와이드 비즈니스연구센터 주최의 세미나 및 환경경제·정책학회 주최의 심포지엄. 2007년 10월: 도시샤대학 사회적 공통자본연구센터 주최의 세미나). 2008년 7월 18일에는 맥킨을 좌장으로 하는 일본의 입회를 주제로 한 세

발표한 연구 성과와 비교를 통해 일본에서도 공동자원 연구 성과가 많이 발표되고, 국제적인 상호교류의 흐름이 형성됐다. 그렇게 축적해온 공동자원 연구는 상대적으로 공동체의 내부에 초점을 맞춘 분석(관리 규칙과 제도의 구축)이 많았다. 그것들을 기초로 최근의 공동자원론은 지역주민을 핵으로 하면서도 공동체 내부뿐만 아니라 외부의 사람과 조직과의 관계도 포함한 공동관리(협치)에 기대를 거는 경향을 보여준 다(三井, 1997; 井上, 2004). 이러한 경향은 "공유자원이나 커뮤니티를 독립된 또는 절대적인 것으로 보는 것은 시대에 뒤떨어진 발상이 될 것이다"(Dolsak & Ostrom 2003: 17)라는 오스트롬의 견해와도 부합한다.

오스트롬은 공동체가 자원관리를 지속하기 위해 갖춰야 할 요건인 디자인원리(design principle) 중 제7원리로 '(외부의 권력이나 조직의 개입에 무력하지 않고) 공동자원을 조직하는 권리를 주체적으로 유지하는 것'을, 제8원리로 '중층의 정합적 구조'를 갖추는 것을 제시해왔다. 이 두 가지 원칙은 공동체와 그 외부의 관계에 주목하는 것이 중요하다는 점과 직간접적으로 깊은 관련을 가진다. 그녀가 후에 논의가 이렇게 전개될 것을 정확하게 내다보고 있었는지는 모르겠지만 이 제7원리 및 제8원리는 현재 공동자원론이 사회자본론이나 협치론과 강하게 결합하게 만드는 중요한 이론적 매개가 되고 있다.

## 3.2 공동자원론과 사회자본론·협치론의 대화

기술한 것과 같이, 공동자원론은 주로 공동체 내부에서 성원들의 집합행위를 형성하고 공통목표를 달성(예를 들면 장기적인 자원관리)하기 위한 제도를 디자인하는데 힘써왔다. 그러나 어떤 공동체의 외부

---

선이 제 12회 IASC(International Association for the Study of the Commons) 국제학회에 마련되었다. (http://iasc2008.glos.ac.uk/iasc08.html)

에는 또 다른 공동체가 있고 행정과 관계없이 존립하는 공동자원은 적어도 근현대 사회에서는 흔하지 않을 것이다. 이런 사실을 이해한다면 각 주체 사이의 관계 분석과 조정에 주목해온 협치론과 합류할 수밖에 없다. 그렇다고 행정이나 다른 공동체와 충분히 조정(governance)한다면 모든 것이 잘 되느냐하면 꼭 그렇지도 않다. 공동체 내외의 협치를 거쳐 더 잘 디자인된 제도를 가진 공동자원도 그 성원이 규칙을 준수하고 또 사회가 직면한 상황에 따라 제도를 개량하는 기지를 발휘하거나 실행력을 구비하지 않으면 제대로 기능하지 않고 지속성은 보장되지 않는다. 그렇다면 도대체 제도가 잘 작동하게 하는 원천은 도대체 어디에서 오는 것일까라는 의문이 생긴다. 그에 따라 등장한 것이 인간 간·조직간 연결망(network)의 중요성에 주목하는 사회자본(social capital)론이다.[12]

　그 정의를 둘러싼 많은 주장을 전부 검토한 후 저자가 가장 모순이 적다고 생각하는 다스굽타(Dasgupta 2003)의 정의에 따라 말한다면 그것은 연결망(network)이다.[13] 이 논의에 불을 붙인 로버트 퍼트남은 오스트롬의 연구에 대해 일정한 의미를 부여하면서도 자신의 저서 *Making*

---

12) 모로토미(諸富2003)와 같은 생각에서 이 글에서는 social capital의 번역어로 '사회관계자본'을 채용한다. 그리고 공동자원·협치·사회자본론의 관계성을 자원관리론에서 고찰한 사람으로 미쓰마타·시마다·오노(三俣·嶋田·大野2006)가 있고, 이 글에서 사회자본을 네트워크로 한정한 입장도 이들의 논의에 근거하고 있다(옮긴이 주: 이 글을 쓴 미쓰마타는 모로토미를 따라 social capital의 번역어로 '사회관계자본'을 채용하고 있지만, 여기서는 우리 학계에서 일반적으로 통용되는 '사회자본'이라는 용어를 사용했다).

13) 퍼트남과 오스트롬은 1993년쯤부터 자주 의견을 주고받았던 것 같다. Ostrom(1990), Ostrom(1992)에서 사회자본의 중요성을 시사했던 오스트롬이 1995년에 공동편집해서 출판한 책 *Local Commons and Global Interdependence*의 제6장으로 수록한 글 "Constituting Social Capital and Collective Action"의 각주에서 1993~94년에 개최된 3번의 학술토론회에 참석했던 대표적 논자 7명에게 고맙다는 인사를 전하고 있다. 그 안에 퍼트남의 이름도 있다. 이렇게 오스트롬이 사회자본에 주목한 것은 상당히 일찍부터였다.

*Democracy Work*(한글판 제목『사회적 자본과 민주주의』)에서 이 "신제도
학파"에 의한 설명은 매우 중요한 의문에 대답하고 있지 않다. 그 의문
이란 집합행위문제의 극복을 돕는 제도가 실제로는 어떻게 또는 어떠
한 이유로 공급되는가라는 의문이다"(Putnam, 1993: 166)라고 지적했다.
즉 그는 사회자본을 제기함으로써 오스트롬이 무임승차자(free rider) 문
제의 한 가지로 분류한 제도 공급의 문제를 타파하려 한 것이다.[14]

확실히 여러 나라의 공동자원 연구는 함께 성공적으로 유지되는 공
동자원의 제도 설계원리(design)를 여러 차례 밝혀 왔지만 그런 제도가
어떻게 공급되는지에 대해서는 명확한 설명을 하지 못해왔다.[15] 퍼트
남이 보기엔 공동자원이든 협치든 그것을 성공적으로 이끈 성원들 사
이에 또 조직들 사이에 네트워크가 얼마나 형성·축적되어 있는가가 중
요하다.[16] 과연 두터운 사회자본이 존재하는 곳에서는 성원끼리 의논
할 기회도 많을 것이고 지속적인 자원관리로 향해야 할 규칙이나 제도
는 보다 공급되기 쉬울 것이라고 짐작할 수 있다. 그러나 그러한 사회
자본을 창출하기 위해서는 다시 '다른 무엇인가'(예를 들면 리더십을
가진 인재 등)가 그 전에 필요하지 않을까라는 의문이 생기고 한편으
로 자본개념에서 파악할 수 있는 이상 그곳으로의 바람직한 투자나 정

14) 오스트롬은 자원이용자가 자원관리에 성공하는 데에 딜레마가 되는 무임승
    차자 문제를 제도공급의 문제, 신뢰할 수 있는 참여(commitment)인지 아닌지
    의 문제, 상호 감시(monitering)의 문제로 분류하여 각각에 관해 상술하고 있
    다(Ostrom 1990: 42-43).
15) 그러나 오스트롬은 "규칙(rule)은 그것 자체로는 기능하지 않는다. 규칙이 잘
    지켜지게 하기 위해서 참자가는 규칙을 이해해야 하며, 또 그것이 작동하게
    하는 요령을 알아야 한다. 그러한 지식은 그것을 이루기 위한 자치의 권리
    를 가진 개개인이 오랜 세월에 걸쳐 키워 온 사회자본의 일부다. 모든 형태
    의 자본이 그러하듯이 사회자본은 만들어 내는 데 오랜 시간이 걸리지만,
    순식간에 무너질 수도 있다" (Ostrom, Gardner & Walker(eds.) 1994: 323)
16) 퍼트남은 두터운 사회자본의 형성은 경로의존적이라는 결론을 일단 준비했
    다. 그렇다면 신흥단지나 식민지 등 새로운 커뮤니티의 제도는 어떻게 생겨
    나는가라는 의문이 생긴다.

부의 역할은 어떠해야 하는가라는 논의로도 확장해 갈 것이다(사회자
본이 경제학에서 다루는 자본인지 아닌지에 관한 분석도 모로토미 도
루(諸富徹 2003)에서 전개되고 있다).

　종래의 환경정책이나 자원관리에 대한 논의에서는 대체로 경시됐
던 인간상호의 관계의 역할과 중요성이 사회자본론을 통하여 주목받
기 시작한 것이다. 이는 매우 환영해야 할 일이라고 생각한다. 그러나
정의에 따라서는 사회자본 안에 인간끼리의 신뢰관계와 같은 본래 시
장에 어울리지 않는 성질을 가진 것까지 포함되어 있다. 그렇게 되면
일상생활의 대화나 교류를 통해 생기는 것까지가 상품화되는 것에 정
당성을 부여하는 결과가 되기도 한다. 앞에서 언급했던 엔트로피학파
의 주장(비상품화 경제부문의 중요성)으로 돌아가 이 점을 잘 인식해
둘 필요가 있는 것 같다.

## 3.3 공동자원과 시장의 관계

　그 중요성에 관한 인식은 함께 하고 있지만 세계적으로 공동자원
연구에서 충분히 진척되지 못한 과제로 '공동자원과 시장의 관계'에 관
한 논의가 있다. 공동자원론은 제어장치를 잃어버린 채 폭주하는 자연
의 상품화에 경종을 울리는 형태로 발전하여 시장에 '대항·대립하는
것'으로 간주돼온 경향이 있다. 그러나 시장과 공동자원은 시종일관 서
로 용납하지 못하는 관계로 존재해야 하는 것일까? 그렇게 생각하기보
다 오히려 시장과 공동자원이 가져야 할 균형(balance)을 모색하는 것이
화폐경제가 침투한 현대일본 사회에 몸을 두고 생활하는 당사자로서
중요한 과제가 아닐까? 이것은 삐져나오는 경향을 가진 시장경제를 다
시 사회로 집어넣을 필요성을 주장한 경제인류학자 폴라니(Karl Polanyi)
의 학문적 과제와 통하는 질문이기도 하다(ポランニー 1980; 2003).

　공동자원을 시장과 대항관계에 놓고서 그 중요성을 명확하게 제시

해 온 다베타 마사히로도,

> "기존의 경제학이 빠뜨리고 있는 관점을 경제학에 채워넣는 작업이 요
> 청되고 있다. (중략) 그것은 반드시 '탈시장'만은 아니다. 정상계(stationary
> system)를 가진 분권적 시장경제를 재구축하고, 그것과 결합되고 그것을 떠
> 받치는 비시장영역을 활성화하는 지역순환경제를 구상하는 데로 나아가야
> 한다"(多變田 1995: 141).

는 견해를 가지고 있고 비상품화 부문을 활성화하는 방향으로 시장과
공동자원의 균형을 모색하고 있다.

또 다베타와는 다른 관점에서 경제학자 마미야 요스케(間宮陽介)도

> "공동자원의 원리는 시장의 원리와 성격을 달리하지만 공동자원이 공동
> 자원 안팎의 사람들에게 경제적 성격을 가지지 않는다는 것이 아니라, 공
> 동자원을 유지하며 지속적으로 이용하는 것은 '경제'를 인간과 자연의 물
> 질 과정이라고 이해하는 한, '경제'적 합리성과 반드시 모순적이지 않다.
> (중략) 공동자원의 원리는 역사적 공동자원에서 추상된 것이지만 그 원리
> 는 시장경제 하의 생활공간에도 적용가능하지 않을까"(間宮 2002: 201).

라고 시장과 공동자원을 대치시키는 견해를 물리치고, 시장과 공동자
원의 관련성을 논의하는 것이 필요하다고 밝히고 있다.

한편 해외의 공동자원 연구자나 현지조사를 일본이 아닌 나라에서
한 일본 연구자 가운데에서도 똑같은 관심이 생겨나고 있다. 오스트롬
은 "공동자원의 상업화와 시장화에 대한 견해는 통일되어있지 않
다"(Dolsak & Ostrom 2003: 18)고 한 후, 상업화가 역으로 공동자원을 지
킨다고 보는 견해가 있는데, 어떠한 조건에서 상업화를 진행하면 공유
자원의 유지관리에 도움이 되는지를 제시할 필요가 있다고 말하고 있

다. 또한 생태인류학자 아키미치 도모야(秋道智彌 2004)도 사시관행(サ
シ慣行: 자원과 환경을 지키기 위해 일정기간 금어하는 관행)이란 사례
를 들면서 같은 과제를 규명할 필요성을 시사하고 있다.

이러한 시장과 공동자원을 시야에 두었던 실증적 연구로는 다마노
이의 오키나와현 공동가게에 관한 연구가 있다. 본토의 자본에 오키나
와의 경제가 농락당하는 것을 피하기 위해 마을 사람들이 공동 출자해
설립한 공동가게가 마을 사람들에게 필요한 물건을 공급할 수 있었을
뿐 아니라 그 수익이 지역의 복지와 교육환경을 개선하는 데에 사용되
는 내부순환을 만들어온 것의 의의를 분석하고 있다(玉野井·金城, 1978).

또한 목재매각수입을 사적으로 분할하는 것이 아니라 공익증진을
위해 사용하고 지역의 사회자본과 제도자본만이 아니라 숲 그 자체의
보존에 기여해서, 그 결과 복지뿐만 아니라 지역고유의 전통과 문화까
지 육성해온 일본의 입회임야의 현대적 의의도 재검토되고 있다(室田·
三俣 2004). 숲자원이 상품화돼도 그것을 공적으로 이용·관리하고, 지
역내부에서 순환시킴으로써 얻을 수 있는 편익을 공적으로 쓸 동기가
일찍이 어디에 있었으며 또한 현재는 어디에 있는가? 그 해명은 시장
과 공동자원의 균형을 모색하는 데 중요한 과제가 될 것이다.

시장경제의 진전이 공동자원을 해체하지 않고, 생태에도 지역경제
에도 좋을 뿐만 아니라 지속가능한 방향으로 나아가게 하는 여러 조건
을 검토해 가는 것은 앞으로 공동자원론이 국내적·국제적으로 상호작
용하면서 수행해야 할 큰 과제 중 하나이다. 이것은 도시형 사회 속에
서 전통적 공동자원이 담당했던 역할을 현대적으로 재생하기 위해서
어떠한 관리제도를 구상해야 할까라는 경제학자 우에타 가즈히로(植田
和弘)가 던진 공동자원 연구의 과제(植田 1996: 167)와도 통하는 것이다.

# 참고문헌

間宮陽介, 2002, 「コモンズと資源·環境問題」, 佐和隆光·植田和弘編, 『環境の經濟理論』, 岩波書店, 181-208

多變田政弘, 1990, 『コモンズの經濟學』, 學陽書房

多變田政弘, 1995, 「自由則と禁止則の經濟學一市場·政府·そしてコモンズ」, 室田武·多變田政弘·槌田敦編, 『循環の經濟學一持續可能な社會の條件』, 學陽書房, 49-146

多變田政弘, 2001, 「コモンズ論一沖繩で玉野井が見たもの」, エントロピー學會編, 『「循環型社會」を問う一生命·技術·經濟』, 藤原書店, 244-268

多變田政弘, 2004, 「なぜ今〈コモンズ〉か」, 室田武·三俣學, 『入會林野とコモンズ一持續可能な共有の森』, 日本評論社, 215-226

鈴木龍也·富野暉一郎編, 2006, 『コモンズ論再考』, 晃洋書房

三俣學·嶋田大作·大野智彦, 2006, 「資源管理問題へのコモンズ論, ガバナンス論, 社會關係資本論からの接近」, 『商大論集』, 57(3)：19-62

三俣學·森元早苗·室田武編, 2008, 『コモンズ研究のフロンティア』, 東京大學出版會

三俣學·室田武, 2005, 「環境資源の入會利用·管理に關する日英比較」, 『國立歷史民俗博物館研究報告』, 123:253-323

三俣學·泉留維, 2005, 「ボストン·コモンの歷史的變遷と制度分析」, 『商大論集』, 56(3)：207-242

三井昭二, 1997, 「森林からみるコモンズと流域一その歷史と現代的展望」, 『環境社會學研究』, 3:, 33-45

植田和弘, 1996, 『環境經濟學』, 岩波書店

室田武, 1979, 『エネルギーとエントロピーの經濟學』, 東洋經濟新報社

室田武, 2004, 『地域·並行通貨の經濟學一一國の一通貨制を超えて』, 東洋經濟新報社

室田武·三俣學, 2004, 『入會林野とコモンズ一持續可能な共有の森』, 日本評論社

玉野井芳郎, 1979, 『地域主義の思想』, 農山村漁村文化協會

玉野井芳郎·金城一雄, 1978, 「共同體の經濟組織に關する一考察一沖繩縣國頭村字奧區, '共同店'を事例として」, 『沖繩國際大學商經論集』, 7(1)：1-24

宇澤弘文, 2000, 『社會的共通資本』, 岩波書店, (岩波新書)

宇澤弘文·茂木愛一朗編, 1994, 『社會的共通資本一コモンズと都市』, 東京大學出

版會

猪木武德, 2000, 「市場經濟と中間的な自發的組織」, 下河邊淳監修・香西泰編, 『ボ
　　ランタリー經濟學への招待』, 實業之日本社, 103-126

井上眞, 2004, 『コモンズの思想を求めて一カリマンタンの森で考える』, 岩波書店

諸富徹, 2003, 『環境』, 思考のフロンティア, 岩波書店

中村尙司, 1993, 『地域自立の經濟學』, 日本評論社

秋道智彌, 2004, 『コモンズの人類學一文化・歷史・生態』, 人文書院

槌田敦, 1982, 『資源物理學入門』, 日本放送出版協會

アリストテレス, 山本光雄・村川堅太郎譯, 1969, 『アリストテレス全集15, 政治學,
　　經濟學』, 岩波書店

ボランニ-, K.玉野井芳郎・栗本愼一郎譯, 1980, 『人間の經濟』, 1-2, 岩波書店（岩
　　波現代選書）

ボランニ-, K.玉野井芳郎・平野健一郎編譯, 2003, 『經濟の文明史』, ちくま學芸文庫

Berkes, F., 1989, *Common Property Resources: Ecology and Community-Based Sustainable*
　　*Development*, New York:: Belhaven Press.

Bromley, D. W. (ed.), 1992, *Making the Commons Work-Theory: Practice, and Policy*, San
　　Francisco: ICS Press.

Burger, J., E. Ostrom, R. Noggard, D. Policansky & B. Goldstein (eds.), 2001, *Protecting*
　　*the Commons: A Framework for Resource Management in the Americas*,
　　Washington, D. C.: Island Press.

Ciriacy-Wantrup, S. V. & R. C. Bishop, 1975, "'Common Property' as a Concept in Natural
　　Resources Policy", *Natural Resources Journal* 15(4): 713-727.

Dasgupta, P., 1982, *The Control of Resources*, Oxford: Basil Blackwell.

Dasgupta, P., 2003, "Social Capital and Economic Performance: Analytics", E. Ostrom & T.
　　K. Ahn (eds.), *Foundations of Social Capital*, Cheltenham, UK: Edgar Elgar,
　　309-339.

Demsetz, H., 1967, "Toward a Theory of Property Rights", *American Economic Review* 62:
　　347-359.

Dolšak, N. & E. Ostrom, 2003, *The Commons in the New Millemmium: Challenges and*
　　*Adaptations*, Cambridge, massachusetts, USA: The MIT press.

Ekins, P. (ed.), 1986, *The Living Economy: A New Economics in the Making*, london; New
　　York: Routledge & Kegan Paul. = エキンズ, ポール編 石見尙・中村尙司・丸山
　　茂樹・森田邦彦訳 1987 『生命系の経済学』 御茶の水書房.

Gibson, C. C., M. A. McKean & E. Ostrom (eds.), 2000, *People and Forests: Communities, Institutions, and Governance*, Cambridge, Massachusetts, USA: The MIT Press.

Gordon, H. S., 1954, "The Economic Theory of a Common-Property Resource: The Fishery", *Journal of Political Economy* 62: 124-142.

Hackett, S. C., 2001, *Environmental and natural Resources Economics: Theory, Policy and the Sustainable Society*, New York: M. E. Sharpe, 374-381.

Johnson, O. E. G., 1972, "Economic Analysis, the Legal Framework and Land Tenure Systems", *Journal of Law and Economics* 15: 259-276.

McCay, B. J. & J. M. Acheson, 1987, *The Question of the Commons: The Culture and Ecology of Communal Resources*, Tucson: university of Arizona press.

McKean, M. A., 1986, "Management of Traditional Common Lands (Iriaichi) in Japan", *Proceedings of the Conference on Common Property Resource Management*, Washington, D.C.: National Research Council.

Ostrom, E. & T. K. Ahn,, 2003, "Introduction", in: E. Ostrom & T. K. Ahn (eds.), *Foundations of Social Capital,* Cheltenham, UK: Edgar Elgar, xi-xxxix.

Ostrom, E., 1990, *Governing the Commons*, Cambridge, UK; New York; Melbourne: Cambridge University Press.

Ostrom, E., 1992, *Crafting Institutions for Self0Governing Irrigation System*, San Francisco: ICS Press.

Ostrom, E., 1995, "Constituting Social Capital and Collective Action", in: R. Keohane & E. Ostrom (eds), *Local Commons and Global Interdependence: Heterogeneity and Cooperation*, london: Sage, 125-160.

Ostrom, E., Gardner, R. & Walker, J. (eds.), 1994, *Rules, Games, and Common-pool Resources*, Ann Arbor: The university of Michigan Press.

Putnam, R. D., 1993, *Making Democracy Work: Civic Traditions in Modern Italy*, Princeton: Princeton University Press. = パットナム、R.D. 河田潤一訳 2001 『哲学する民主主義―――伝統と改革の市民的構造』NTT出版

Scott, A. D., 1955, "The Fishery: The Objectives of Sole Ownership", *Journal of Political Economy* 63: 116-124.

Smith, R. J., 1981, "Resolving the Tragedy of the Commons by Creating Private property Rights in Wildlife", *CATO Journal* 1: 439-468.

# 제2부
# 공동자원의 변천과정과 현실

# 근대 일본의 청년조직에 의한 공동조림

## ─사이타마현(埼玉縣) 치치부군(秩父郡) 나구리촌(名栗村) '코난치도쿠회(甲南智德會)'의 사례

카토 모리히로(加藤衛拡)

## 1. 근대의 산과 마을을 바라보는 관점

### 1.1 공동자원으로서의 입회임야

근세[1] 농촌은 근대와 비교하면 구성원이 평등한 사회였으며, 이른바 자작농 중심의 사회였다. 백성의 집은 밭을 개별로 소유·경작하고, 이것을 보완하는 마을(ムラ: 근세 촌(村) 또는 그 내부의 조직)은 중층적으로(渡變 1998; 神谷 2000 등), 입회(산, 강, 호수, 바다)나 수리(논 개발에 따라 창출)를 직접 공동으로 관리·이용해 왔다. 이러한 근세의 입회나 수리는 일본의 역사적 공동자원으로 이해되고 입회임야(부락소유임야)는 그 중에서도 가장 일반적인 형태일 것이다. 근세는 지역사회에 있어서 지역자원관리의 제1단계였다.

1850년대부터 1912년까지(막부말기와 메이지기)의 일본의 근대화는

---

1) 옮긴이 주 : 근세라는 개념을 일본의 역사에서 놓고 보면, 후기 봉건제 시대인 아츠치모모야마(安土桃山)시대와 에도(江戸)시대를 가리키는 경우가 많다.

농촌을 사적 소유권의 강화를 동반한 계층의 차이가 큰 사회로 만들었다. 1900년부터 10년 동안 자본주의가 성립되면서 농촌에는 기생지주제가 확립되었다. 지주소작관계로 상징되는 전쟁 전 시기의 농촌이 형성되었던 것이다. 이러한 근대의 마을(촌락)은 지주나 국가에 의한 지배·통합이 아니라 그 자치기능에 주목하여 생활의 장으로서 재평가 되고 있다(川本 1983; 齋藤 1989; 沼田 2001 등).

이 글들은 마을의 토지가(입회지뿐만 아니라 경지도) 사유적 측면과 함께 근세 이후의 총유(總有)적 성격을 가지고 있음을 확인하고, 그 영역이 스즈키 에이타로(鈴木榮太郎)가 제시한 '자연촌'(鈴木 1940, 1968)과 같은 것임을 밝히고 있다. 이 장은 이러한 연구를 바탕으로 입회임야를 새롭게 주목하고, 근대의 마을이나 그 구성원이 입회임야를 적극적으로 활용했다는 사실을 살펴보고자 한다.

## 1.2 입회임야의 활용

입회임야를 활용하는 계기 중 하나는 메이지 정부의 지역정책이었다. 지역사회의 근대적 제도와 설비는 메이지 정부가 기관위임사무의 강화를 꾀하는 과정에서 정비되었다. 그 재정을 확립하기 위해, 1889년에 시제(市制)·정촌제(町村制)가 시행되고 정촌 합병이 추진되었다(大島 1994). 새로운 정촌의 재정부담 대부분은 학교와 정·촌사무소 등의 운영비와 건설비용이 차지하고 있었다(大石·西田編著 1991; 大鎌 1994 등). 그 중에서도 학제의 발표 이래 전국적으로 설립된 학교관련 비용, 즉 교육비가 지역재정에서 차지하는 비중은 매우 컸다(谷 1994). 행정 정촌이 재정부담을 하는 것이 원칙이었지만 실태는 다양했다. 산간지역에서는 입회임야에서 얻어진 수입으로 대자(大字)2)가 할당된 부담을

---

2) 옮긴이 주 : 정촌 아래의 행정구획

지는 경우도 있었던 것이다.

입회임야는 조세개정 시 관소유 임야에 편입되기 시작해서, 근대의 지역재정부담의 비용각출 등을 위해 상당한 부분이 매각되어 지주층에게 집적되었다. 또한 정책적으로는 행정정촌을 이러한 재정 부담을 견딜 수 있는 단체로 만들기 위해, 그 기본재산에 통일되도록 유도하였다(부락소유임야의 정리통일사업)3). 근대를 거치면서 입회임야는 해체의 방향으로 나아갔던 것이다. 이에 대항하여 전술한 바와 같이 입회입야의 자원을 마을의 자원으로서 유효하게 이용하고, 게다가 그 자산 가치를 높이는 마을도 있었다. 해체와는 별개의 자리매김을 한 경우도 있었던 것이다.

전형적인 예로서, 요시노(吉野) 임업지대의 일부인 나라현(奈良縣) 요시노군(吉野郡) 시고우촌(四鄕村)(현재 히가시요시노촌(東吉野村))의 대자 미오(三尾)와 마메오(大豆生)의 사례를 들 수 있다(外木 1975). 메이지 중·후기에 대자가 가진 입회임야를 해체하고 사유지화가 시작되었을 때, 사유화한 임야의 기부도 포함한 대자소유임야의 재구축, 재단법인화가 추진되었다. 또한 입회임야에 대한 조림이 각지에서 있었다4).

---

3) 정리되고 통일되어 제도적으로는 공유림이 되도, 그 관리와 이용은 원래대로 촌락(마을)에 맡겨진 경우가 많았다.

4) 근대의 입회임야연구에 대해서는 그 통일사업에 관련된 제도론이 중심이었지만, 그 중에서 마을(ムラ)이나 학구에 의한 적극적인 이용이 있었던 조림(造林)에 대한 연구도 찾을 수 있었다. 후지타(1988=1992 所收)는 아이치현(愛知縣)을 사례로 사토야마의 무립목지(無立木地) 조림에서 깊은 산의 러일전쟁기념에 의한 조림의 전개, 부락소유임야의 통일은 깊은 산 지역에 있어서 시정촌 소유림·학교림으로서 전개되고 있는 것을 밝혔다. 이시모토(1996)는 시가현(滋賀縣)을 사례로 마을들의 입회 임야에 대해서 상층농을 지도자로 하는 자치조직이 전개된 적극적인 조림활동을 밝혔다. 다케모토(2004)는 행정사료나 지방지를 이용하여 입회임야를 이용한 학교기본재산으로서의 학교림 설치에 대해서 전국적으로 조사하였고, 그 주체에 대해서도 근세 마을에서 학구나 행정촌으로 다양한 전개를 밝혀내었다. 공동자원론을 의식한 연구에 대해서는 무로타·미츠마타(2004)가 이에 대해 지적하고 있다.

### 1.3 지역의 담당자

여기에서는 지역산업과 지역사회의 근대적 담당자의 모습에 대해서도 언급해 두고자 한다. 농촌사회의 담당자에 대해서 메이지 시대까지는 재촌지주층, 다이쇼 시대에는 자작농층과 소작농층으로도 확대되고, 또한 가족과 마을의 구속 속에서 개인이 자립을 시작함과 동시에 청년층이 대두하여, 이들을 구성원으로 하는 새로운 편성원리의 집단이 형성된 것으로 보인다(大門 1994). 그러나 이러한 담당자론도 전술한 근대의 마을론도 수도작 농촌을 중심으로 고찰한 경우가 많다. 다음 절에서 서술하는 바와 같이, 밭농사 지대나 산촌에서는 근대의 도래와 함께 양잠이나 제사·직물업, 또한 메이지 후기부터는 숯 제조·목재업 등의 생산·유통구조가 크게 전환되고, 기술혁신이 이루어졌다. 벼농사 지대의 농촌과는 다른 생산의 비약적 혁신이 일어났던 것이다. 이 혁신의 담당자와 마을의 역할을 드러낸다는 것은 중요한 의의가 있을 것이다.

이 장에서는 입회를 해체하지 않고 마을이 입회이용을 적극화·고도화하는 사례를 대상으로 삼고, 그 실태를 담당자의 모습과 함께 밝혀보고자 한다.

## 2. 사이타마현 치치부군 나구리촌의 역사적 특징

### 2.1 사이타마현의 밭작물 지역의 변혁과 나구리촌

사례를 살펴보고자 하는 곳은 에도·도쿄 부근에 위치하고, 근세부터 육성임업이 발전된 니시가와(西川)임업지대에 있는 치치부군(秩父郡) 나구리촌(名栗村: 현재 한노우시飯能市)이다(〈그림 5-1〉 및 〈그림 5-2〉 참조). 나구리촌을 고찰하기 위한 전제로서 이 마을이 포함된 사이타마현 서부의 밭농사지대의 근대적 특징을 살펴보고자 한다.

사이타마현에서는 1870년대 중반(메이지 초기)부터 1920년대 초(다이쇼기)에 걸친 반세기 동안에 인구가 1.56배로 증가했다(〈표 5-1〉 참조). 군별로 살펴보면 치치부군을 필두로 코다마(兒玉)·오오사토(大里)·이루마군(入間郡)이 뒤를 이어 평균 이상의 증가율을 보이고 있다. 치치부군에 속한 나구리촌도 인구증가 지역에 자리잡고 있다. 한편으로 미나미사이타마(南埼玉)·기타사이타마(北埼玉)·기타카츠시카군(北葛飾郡)에서는 증가율이 낮다. 즉 근대 사이타마현의 인구 증가는 서부의 밭작물 지대의 농촌·산촌에서 두드러지고 있으며, 동부의 벼농사 지대의 농촌에서는 정체되고 있었다.

그 이유는 첫째로 메이지·다이쇼기에 전개된 공업의 대부분이 지역자원(농산물·임산물)이용형이며, 지역자원의 생산지나 그 부근에 위치한 것이다. 이러한 공업은 제사, 직물, 제다, 제재 등 전형적인 재래 산업(中村 1985; 中村編 1997; 谷本 1998 등)이 중심이었다. 두 번째 이유는 용재임업(用材林業)은 원래 밭농사 지대의 농업도 양잠을 비롯한 공업원료공급형으로 전환하고,[5] 또한 근대도시의 형성에 대응한 직접 소비형의 농림산물의 생산 증대를 지적할 수 있다. 이러한 변화는 밭농사 지대의 농촌·산촌에서 현저하게 드러나고, 벼농사 지대에서는 적었던 것이다(加藤 2005).

## 2.2 나구리촌의 역사적 특징

나구리촌은 1898년 4월, 근세촌인 카미나구리촌(上名栗村)과 시모나구리촌(下名栗村)이 합병하여 성립되었다. 니시카와 임업지대에서는

---

5) 한편으로 목화나 쪽(물감의 원료)은 감소하지만, 이에 여유가 있는 원료작물의 생산 확대가 있었다.

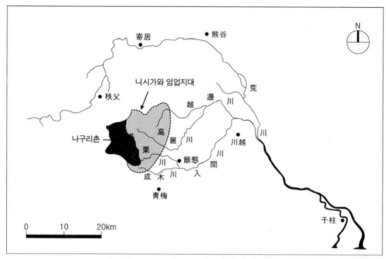

〈그림 5-1〉 니시카와 임업지대 약도

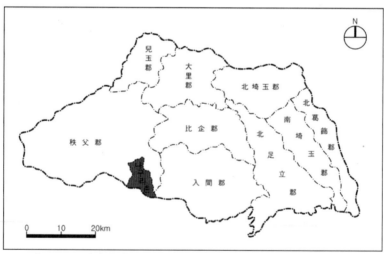

〈그림 5-2〉 군제시행 후 사이타마현의 군 지역과 나구리촌의 위치(1896년)

일반적으로 입회지가 거의 보이지 않는다. 그 이유는 근세촌락 확립기인 칸분(寬文)[6] 시대의 검지(檢地)[7]에서 산지에 화전이 확대되는 것을 확인하고, 산의 소유를 확립했기 때문이다. 그러나 나구리 지역만은 산세가 깊어, 같은 지역을 원류로 하는 이루마천(入間川) 우측(서부)의 산속에 마을이 공동으로 이용하는 입회임야가 형성되어, 근대까지 이어졌다. 산업은 18세기 전반까지는 숯과 목재의 생산이 중심이었고, 화전에서 임업의 마을로 전환되었다. 평지에 있는 농촌 이상으로 상품경제가 발전한 것이다.

나구리 지역 속에서도 임지의 개별 소유의 비율이 높은 카미나구리 촌에서는 위와 같은 조림지의 집적이 진전되었고, 대규모 목재상인을 비롯한 부유층과 소유했던 임지를 빼앗기고 고용되어 하루하루를 살아가는 일용직 고용층으로 양극화되었다. 한편 시모나구리 촌은 입회임야가 마을의 3분의 2를 차지할 정도로 광대하며, 거기에 대량의 땔감용 숲이 존재하였다. 이를 이용하는 다수의 소경영적 숯 제조업의 존속이 가능했으며, 평준화된 계층구조를 보이고 있었다(加藤 2007).

근대에 들어서면 소규모 구어림[8]이 관림으로 편입되고, 입회임야는 시모나구리촌의 경우 일부 국유임야가 되었지만, 대부분은 마을소유의 산이 되고, 양촌이 합병된 후에는 2대자(구)의 구소유림이 되었다. 따라서 행정촌 나구리촌에서는 성립 당초에 기본 재산이 없었고, 안정된 촌 운영은 곤란하였다.

1911년 반드시 국유지로 유지하지 않아도 될 국유임야(구어림)의 불하를 요청하여 최초의 기본재산이 형성되었다(名栗村史編纂委員會編 1960: 294-295). 촌 재정의 세입은 촌세(村稅)가 대부분을 차지하고, 임시지출이 있을 때 카미·시모나구리구에서 기부를 받아 이를 보전하였다. 세출 가운데 경영적인 지출(1910년대 초반에는 1,500~2,000엔)은 촌사무

6) 옮긴이 주 : 에도시대인 1661년부터 1673년까지 고사이(後西)천황, 레이겐(靈元)천황 대의 연호
7) 옮긴이 주 : 봉건영주가 자기 봉토를 파악하기 위해 실시하는 토지 및 인구 조사
8) 옮긴이 주 : 왕실의 직영림

〈표 5-1〉 메이지·다이쇼기의 사이타마현 군별 인구의 추이와
민유지 지목 비율(1909년)

| 군 이름 | 인구변동(단위:명) | | | 민유지 지목별 비율(단위:%) | | | |
|---|---|---|---|---|---|---|---|
| | 1876년 | 1921년 | 변동률(%) | 농경지 및 택지비율 | | | 임야 비율 |
| | | | | 논비율 | 밭비율 | 택지비율 | |
| 기타아다치군 (北足立郡) | 170,005 | 273,813 | 161* | 38* | 53 | 9 | 18 |
| 이루마군 (入間郡) | 146,103 | 250,297 | 171* | 24 | 70 | 7 | 39* |
| 히키군 (比企郡) | 69,189 | 103,131 | 149 | 42* | 49 | 9 | 41* |
| 치치부군 (秩父郡) | 60,775 | 113,382 | 187* | 6 | 88* | 6 | 71* |
| 코다마군 (兒玉郡) | 46,262 | 81,936 | 177* | 24 | 67* | 9 | 35* |
| 오오사토군 (大里郡) | 105,659 | 172,708 | 163* | 29 | 61* | 10 | 32* |
| 미나미사이타마군(南埼玉郡) | 110,521 | 162,992 | 147 | 48* | 42 | 9 | 3 |
| 기타사이타마 (北埼玉郡) | 110,990 | 144,645 | 130 | 51* | 40 | 9 | 7 |
| 기타카츠시카군 (北葛飾郡) | 74,459 | 94,383 | 127 | 61* | 32 | 8 | 4 |
| 합 계 | 893,999 | 1,397,287 | 156 | 37 | 54 | 9 | 32 |

(자료) 인구변동 : 1876년 = '시정촌별 인구추이'(埼玉縣 1981 『新編埼玉縣史別編5 統計付錄
町村編成區域表他』同縣, 81-87p)에 의해 작성. 「시정촌별 인구추이」는 사이타마현 역사
편찬실이 『武藏國郡村誌』 『國勢調査』의 데이터를 1981년 시점의 시군·정촌으로 재집
계한 것이다. 나구리촌·아가노촌(吾野村)은 1920년에 치치부군에서 이루마군으로 군의
지역이 바뀌게 되어 그 부분의 데이터를 수정하였다.
　1921년 = 동년 『埼玉縣統計書』에 의해 작성.
　민유지의 지목별 비율 : 1909년 『埼玉縣統計書』에 의해 작성. 논비율, 밭비율, 택지비율
: 농경지 및 택지비율의 합계를 100으로 했을 때의 값, 임야비율 : 총 토지면적을 100으
로 했을 때의 값.
(주) 군 이름은 1896년 군제 시행 이후의 9군이며, 그 이전의 데이터는 군 합병 경위를 살펴
보면서 9군으로 집계하였다. 군제 시행 후의 시는 시의 영역에 주로 포함된 군으로 집
계하였다. *는 평균 이상의 비율을 나타낸 값.

소 비용으로 대부분이 충당되었고,[9] 교육비는 2개의 구〈표 5-3〉에게 맡
겨져 있었다. 행정촌과 대자가 행정적으로도 병립하고 있었던 상황이

라는 것을 알 수 있다.

근대의 산업은 메이지 초기부터 양잠·제사업이 발전하기 시작했다. 1910년대 초반(메이지 말기·다이쇼 초기)에는 목탄·목재도 생산·유통이 대량공급체제가 확립되었고, 특히 근세부터 조림됐던 삼나무 자원을 대량으로 벌목했던 시대에 들어섰다. 1915년(다이쇼4년)에 이케부쿠로(池袋)에서 근처 한노우정까지 무사시노 철도(지금의 세이부 이케부쿠로선)가 개통되고, 이에 맞춰 1907년 경(메이지40년대)부터 치치부-나구리-한노우 간 도로정비 공사가 급속하게 추진되었다.

이 시기, 메이지 후기부터 다이쇼기에 목재생산에서는 근대적 기술 즉 반출과정에서 수레와 썰매의 도입, 숯제조는 백탄에 더해 흑탄 제조기술의 습득, 운송은 뗏목과 말에서 손수레·마차로 전환되었고, 한노우정이 목재의 집산지로서 대부되었다(加藤 2005). 조림도 사유림에 대해서만 조림을 한 것이 아니라 입회임야에 대해서도 관리단체인 대자(구)가 직접 또는 다양한 단체가 분수에 따라 조림을 광범위하게 전개했다(秦 1957). 다음 절에서는 그 발단이 된 청년단체 '코난치도쿠회(甲南智德會)' 의한 공동조림의 성립과정을 설명하고자 한다.

## 3 '코난치도쿠회(甲南智德會)'의 설립과 활동

### 3.1 성립과 통합

나구리촌에는 메이지 중기, 청소년을 지역사회나 지역산업의 변혁을

---

9) 1910년(메이지43년) '(메이지43년~다이쇼5년도 나구리 촌 예산서·결산서·규정 등 묶음)'·다이쇼 4(1915)년 '다이쇼4년도 사이타마현 치치부군 나구리촌 세입출결산' 사이타마현 한노우시(이하 같음) 시모나구리 오자와(小澤) 집안 문서.

담당할 후계자로 육성하고, 지역 전체를 향상시키기 위해 사회적·경제적
활동을 하는 '코난치도쿠회'라는 단체가 형성되었다(安藤 2004; 2007).[10]
1907년(메이지40년) 1월 간행된 「코난치도쿠회 회보」(이하 「40년 회보」)
는 그 설립의 경위에 대해서 아래와 같이 정리하고있다.

유신이래 서구문물의 수입이 빈번해서, 과거의 미몽(迷夢)에서 드디어
깨어나, 사회의 추세가 날마다 앞으로 나가는 것을 저지할 장소가 없다. 그
렇다면 국민은 부질없이 안일(安逸)에 욕심부리고 있다는 것을 믿어 의심
치 않는다. 이를 밝혀내어 낮과 밤을 정려(日夜勵精)하는 모습으로 상하의
배움으로 마음을 이용하고, 사물의 연구에 여념없이 임하여, 본 마을의 유
지(有志)와 여기에 기하는 바가 있으니, 오로지 후계자의 교양지도에 노력
하고, 과거의 인습을 교정하고, 선량한 국민을 양서하기 위해 지난 23년 7
월 대자 시모나구리에서 코준회(交詢会)를 만들고, 25년 12월 대자 카미나
구리에 도소회(同窓会)를 조직한다. 이에 토론연설 등을 하며 평소에는 청
년책들, 신문, 잡지 등의 강설을 하고, 또는 야학회를 개설하여 오로지 지혜
의 연마를 위해 노력한다. 따라서 회원들은 서로 면학을 장려하고 보아야
할 것은 얼마 되지 않는다면, 점차 호운(好運)으로 향하여 드디어 단결하여
크게 되기 위하여, 30년 1월 양회 합동으로 의를 일으키고, 다음해 코준·도
소연합회를 조직하고, 같은해 11월 23일에 총회를 열고, 모두 무르익어 하
나의 의의(意義)를 부르는 자 없이 해산하여 새로운 코난치도쿠회를 조직
한다.[11]

---

10) 안도 코키(安藤 2004; 2007)는 동회의 조직·활동·의의에 대해서 해명하고 있
다. 안도도 지적하는 바와 같이 청년모임의 관제 청년단화의 연구는 존재하
지만 이 시기의 구체적인 활동에 관한 분석은 적은 편이다. 또한 청년집단
에는 연령 급제 집단으로서 청년모임이 있으며, 「코난치도쿠회」는 이것과는
별도로 편성된 조직이다. 청년은 이중으로 조직되었던 것이 된다.
11) 메이지 40년 1월 「코난치도쿠회 회보」 시모나구리 토요즈미(豊住) 집안 문서
(2004 『名栗村史研究那栗郷』 4: 134-170).

즉, 나구리촌 성립 직후인 1890년(메이지23년) 7월, 촌의 유지에 의해 대자 시모나구리에 '코준회(交詢會)'가, 1892년(메이지25년) 12월에는 대자 카미나구리에 같은 방식으로 '도소회(同窓會)'가 결성되었다. 어느 것이든 청소년을 회원으로 하고, 지역사회의 후계자 육성과 전시대적 인습의 개선, 근대국가 건설에 봉사하는 국민양성을 목적으로 토론연설회를 개최하며, 청년용 서적·신문·잡지를 강독하고, 보습적인 야학회를 개설하며, 회원 서로 노력하여 지덕(知德 : 학식과 덕행)의 향상에 노력을 기울였다. 이러한 활동을 지속적으로 하던 가운데 1897년(메이지30년) 11월, 2개의 모임을 합쳐 '코난치도쿠회'가 설립되었다. 대자 단위에서 형성된 단체가 행정촌을 단위로 통합된 것이다.

이후 이 모임은 보습교육·도덕교육·사회교육의 보급, 체육의 장려, 자금의 저축, 출정자 가족 원조와 함께 조림사업의 실시와 농림업 개혁에 지도적 역할을 수행했다.[12]

## 3.2 지역을 개혁하는 청년의 육성

### 3.2.1 활동의 전개

계속해서, 「40년 회보」는 통합 후의 활동 내용을 정리하고 있다. 회보에 따르면, 1901~04년에 걸쳐서 특히 농림업의 개혁에 열정을 기울였다. 새로운 곡물과 채소 등의 종자를 구입해서 마을에 나눠주고, 시험재배 연구를 통해 치치부군립 농업학교의 교사를 초대하여 작물이나 가공품[13]에 관한 강연과 영농지도를 받았다. 그 사이 모임은 또 하나

---

12) 메이지 43년 3월 「코난치도쿠회 회칙」시모나구리 가토(加藤) 집안 문서(2004 『名栗村史研究那栗郷』 4: 171-178) 제4조.

13) 가공품인 쿄우기 사나다(經木眞田)는 목재를 종이와 같이 얇게 민 쿄우기(經木)를 날실과 씨실을 교차하여 편평하게 짜는 방식으로 만든 사나다히모 처럼 짠 것. 여름용 모자 등의 재료로 사용된다.

의 목적인 국민교화를 솔선하여 진행시켰으며, '병사의 송영(送迎)', '충군애국의 사기를 발양(發揚)'하여, 근대국가 건설의 한 축을 담당해야 할 '식민의 고무장려(鼓舞獎勵)'를 수행해 왔다. 이러한 2가지 역할이 선명하게 드러난 결과 입회자는 증가하고, 회가(會歌)까지 만들어지기에 이르렀다[14]

코난치구회는 보다 구체적인 활동을 펼치기 위해 메이지 37년 1월, 3개의 학교구를 단위로 각각의 부회를 설치하였다. 대자 시모나구리가 제1부회(下名栗尋常小學校區·東地區), 대자 카미나구리는 2개로 나뉘어 제2부회(上名栗第一尋常小學校區·中央地區)와 제3부회(上名栗第二尋常小學校區·西地區)이며, 각 부회의 사무소는 각각의 진죠소학교(尋常小學校)[15]에 두었다. 이 부회에 해당하는 지역이 마을에 상응하는 영역이다.[16] 부회의 설치는 근세 이후 이 영역에 사회적 집단이 중층적으로 존재했기 때문에 실태에 대응시킨 조치라 할 것이다.

회원은 17~39세[17]의 남자 청년이며, 각 부회 약 50명의 회원이 있다 (安藤 2004; 2007). 1912년 나구리 촌의 호수는 478호[18]였기에, 각 지구에서는 150호 전후의 집이 있었다. 이 연령층의 남자가 있는 집의 수가 4분의 3이라고 예측한다면, 적어도 해당 연령자의 40% 정도가 이 부회에 가입되어 있었다고 추정된다.

---

14) 일본 국학자인 헨미 나카사부로(逸見仲三郎)의 시, '철도창가'의 작곡자 오오노 우메와카(多梅稚)에게 작곡을 의뢰.
15) 옮긴이 주 : 메이지유신부터 제2차세계대전 발발 전까지의 시기에 존재한 초등교육기관의 명칭
16) 카미나구리구는 범위가 크고, 구내에 복잡한 사회구조가 보이며 마을의 영역의 확정에는 과제가 남겨져 있다.
17) 메이지 43년 3월 「코난치도쿠회 회칙」 시모나구리 가토(加藤) 집안 문서 (2004, 『名栗村史硏究那栗郷』 4: 171-178) 제5조.
18) 埼玉縣內務部編, 1914, 『明治四十五·大正元年埼玉縣統計書』 1 (土地戶口及雜部), 埼玉縣廳: 30.

### 3.2.2 러일전쟁에 의한 모임의 고양(高揚)

삼부회제(三部會制)를 취한 코난치도쿠회는 1904~05년 러일전쟁이 일어남에 따라 '국본배양(國本培養)의 절박한 필요'를 느끼고, 즉 지역자원·지역산업의 충실을 통감하며 농림업의 기술혁신과 공동조림에 진력을 다했다.

공동조림에 대해서는 1904년 4월 우선 제1부회가 '러일개전기념림'을 창설, 같은 해 7월 제3부회가 이를 배우고, 제2부회도 준비하고 있었다. 회원에게 러일개전에 있어서 국민적 고양과 공동조림 열기가 성숙되고 있는 상황에서, 1905년 1월 제18회 총집회 중 '여순함락(旅順陷落)'의 보고가 들어왔다. 「40년 회보」는 그 당시의 분위기를 다음과 같이 전하고 있다.

> 적의 요새 여순을 함락했다는 소실을 접하고, 회장(會場)도 마침 끓어오르는 것과 같이 회원의 의기충전을 세력으로 하여, 생각지도 못한 제국의 만세 삼창으로, 그리고 실업의 발전을 꾀하고 국력증진을 기획하는 것은 군국의 오늘날 특히 긴급하게 느끼고, 즉시 만장일치의 동의로 올해 8월을 기하여 중요 농산물 품평회 개성의 건을 가결하고, 양잠업에 노력하며, 촌내에 분배하여 양잠업종을 권고, 장려에 노력한다.[19]

지역산업의 발전을 꾀하는 것은 국력을 증진하며 군사국가의 형성에도 중요하다는 이유로, 같은 해 8월에 중요 농산물 품평회의 개설이 만장일치로 채택되었다. 이를 성공시키기 위해 마을 내에 양잠업종을 나눠서 품평회에 출품 할 것을 장려하였다.

날씨가 여러 날 좋지 않아 품평회는 11월로 연기되었지만, 그 성공

---

19) 메이지 40년 1월 「코난치도쿠회 회보」 시모나구리 토요즈미(豊住) 집안 문서 (2004, 『名栗村史研究那栗鄕』 4: 135-136).

의 모습이 「40년 회보」에 드러나 있다. 사실 「40년 회보」는 그 보고서로 출판된 것이다. 이에 따르면 품평회는 11월 16일에서 19일 동안에 카미나구리에 있던 검도장 '메이신관(明新館)'을 품평회장으로 해서 개최하고, 누에고치 58점, 생사 40점, 보리 64점, 대두 41점, 소두 8점, 목탄 20점이 출품되었다. 4일간 1,425명의 견학자가 모였으며, 표창식에는 300명 이상이 출석하여 대성황을 이뤘다. 동 회의 에너지는 최고조에 달하고 있었다.

나구리촌은 1910년 경까지는 양잠과 제사업이 발전했으며, 그 이후부터 목재와 목탄 생산의 근대적인 시스템이 도입되었다. 위에서 설명한 바와 같이 메이지 20년대부터 청소년 교육 가운데 국가주의적 요소도 강했지만 도래하는 새로운 시대를 담당할 기개를 가진 청년층이 성장하고, 지역사회의 구심으로서 자각적으로 활동을 개시한 것이다. 이러한 사례는 메이지 시대에 지역 산업이 큰 발전을 이룬 밭작물 중심의 농촌·산촌 지역에서 개혁을 담당할 주체인 청년들이 성공적으로 육성된 하나의 사례라 할 것이다.

## 4. 공동조림의 역사와 의의

### 4.1 제1부회(시모나구리구)로 보는 의욕과 전개

'코난치도쿠회'의 각 부회 활동의 중심은 입회임야를 이용한 공동조림에 있었다. 여기에서는 공동조림을 중심으로 각 부회의 특징적 활동을 밝히고자 한다.

#### 4.1.1 제1부회의 공동조림 활동

제1부회의 활동과 관련해서는1910년(메이지43년) 부회의 「회보 제1호」

에 한 회원의 「우리들의 각오」라는 원고가 게재되었는데, 그 글에서 산촌 청년의 의욕과 결의를 느낄 수 있다. 근대 문명 시설이 산간벽지의 이 마을에도 차차 들어오는 것을 설명하면서 다음과 같이 적고 있다.

> 삼나무도 심어야 하고, 뽕밭도 경작해야 하며, 나무도 벌채하거나 풀도 자르지 않으면 안된다. 이 뿐만 아니라 신문도 읽어야 하며, 세상의 사정을 모르고 잡지나 서적도 읽지 않는다면 사회에서 뒤쳐진다. 오늘날은 무슨 모임, 내일은 어떤 모임에 결석을 하면 의리가 사라지며, 어떻든 바쁜 것이 아니겠는가. 그것도 인간의 일이기 때문에 어쩔 수 없다고 크게 각오하길 바란다. 여러분들의 용진(勇進)은 우리들의 본령이다.[20]

조림, 뽕밭 조성, 벌목, 풀뽑기라는 생업과 함께 시대를 알기 위한 신문, 잡지, 서적 읽기, 새로운 지역만들기와 관련된 각종 회의와 모임이 증가하고 있었다. 이들 회의와 모임은 최후의 전진은 우리들의 성질·재능에 달렸다면서 새로운 시대를 담당할 자신들 청년의 자부심을 나타내며 마치고 있다.

이러한 청년들이 실시한 공동조림에 대해서는 1910년(메이지43년) 가을 총회의 기록이 있다.[21] 이에 따르면 이러한 제1부회가 메이지 37년에 러일전쟁기념림으로 25,000그루, 학교림으로 28,000그루의 조림을 시작한 이래, 나구리 촌의 조림은 급속하게 진행되어 6년 동안에 약 10만그루의 신규 식재가 있었다고 기록되어 있다.

이 중 '학림' 즉 학교림의 조림 실적에 대해서 시모나구리 진죠소학교의 「학교연혁지」를 요약하면 〈표 5-2〉와 같다.[22] 메이지 37(1904)년 이

---

20) 1910년(메이지43년) 시모나구리 가토(加藤) 집안 문서.
21) 위의 사료.
22) 나구리동소학교편 「학교연혁지」 동교, 한노우시향토관소장문서(2003, 『名栗村史研究名栗郷』 4: 19-131).

후 학교림을 충실하게 만든 것만큼은 확실하다. 학교림은 시모나구리 구유림으로 거기에서 생기는 수입을 학교기본재산으로 하고, 관리를 코난치도쿠회 제1부회가 담당하였다.

〈표 5-2〉 시모나구리구 학교림의 조림실적(메이지 말기~다이쇼 초기)

| 연도 | 실적 |
|---|---|
| 1904년(메이지 37년) | 기원절(紀元節) 축하식 종료 후, 학교직원·마을 내 유지들이 러일개전 기념림 창설에 대한 협의.<br>아리마계곡부근(有間字ヨケ),<br>삼나무와 편백나무1,500본을 식재〈제1학교림〉 |
| 1905년(메이지 38년) | 아리마폭포 입구부근<br>약 6정(町) 6반(反) 삼나무를 식재〈제2학교림〉<br>제1학교림에도 추가 식재 |
| 1906년(메이지 39년) | 식재, 추가 식재 등 전년부터 누계 28,315본 |
| 1913년(다이쇼 2년) | 전 나구리고등소학교 기념 학교림·아리마폭포 입구부근 1.7 정(町) 삼나무와 편백나무 6,565본을 식재<br>본 학교림으로 편입〈제3학교림〉 |
| 1915년(다이쇼 4년) | 有間志於知久保 즉위대전기념림<br>삼나무와 편백나무 15,000본을 식재 |

(자료) 名栗東小學校編, 「學校沿革誌」 『名栗村史研究那栗郷』 3, 2003.

### 4.1.2 조림조합의 전개

제1부회는 대자 시모나구리(시모나구리구)와 일치하고 있다. 이 구 재정은 다이쇼 4(1915)년도의 결산이 되는 〈표5-3〉과 같다. 세입은 구유 재산인 구유림에서 잡목(숯제조용) 판매(34%)와 촌세인 호수할부가세 (戶數割付加稅, 57%)가 중심이다. 구유재산에서 나온 수입이 큰 비중을 차지함과 동시에, 구는 촌세를 행정촌과 분할하여 징수했다. 세출은 대 부분 교육비(87%)다. 이 연도에는 계상되지 않았지만, 다이쇼 초기에 신축하는 학교건설비도 포함되었다. 임시로 아주 적지만 조림비가 조 성되었다. 구의 직영림 조림 비용으로 구민이 노동을 제공해서 잡목림 벌채 후 적지에 조림했다. 그 중심은 제1부회의 회원이었던 것으로 추 정된다.

시모나구리구는 쇼와 공황 후, 외떨어진 숲을 촌유림으로 제공하여 촌유재산의 형성을 꾀하고, 남은 것은 시모나구리 구민이 평등하게 나무를 가지는 현재의 '시모나구리 공영 조림조합'을 형성하였다. 동 조합은 쇼와 49(1974)년에 출판한 조합개설서의 권두 「시모나구리 공영 조림조합의 우리들」에서, '코난치도쿠회'에 다음과 같은 평가를 내리고 있다.

동조합과 나구리촌 임업이 지속적으로 유지되어 온 주요한 요인으로 '코난치도쿠회의 클럽활동'을 첫째로 들 수 있다. 메이지 30년 경, 마을의 식견있는 분이 청소년에게 건전한 오락을 제공하기 위해 도덕교육을 중심으로 모임을 결성하였다. 이것이 코난치도쿠회의 시작이었다. 회원 구성은 당초 14세부터 30세까지 촌내 청소년 약 150명이었다. 러일전쟁 후 사회정세가 크게 변화하고 목재·수요가 증대하여 목재 가격이 상승한 시대가 왔지만, 당시 구유림은 활엽수로 뒤덮여 있었다. 치도쿠회에서는 장래 목재자원 부족을 걱정하여 활동의 일환으로 대규모 조림사업을 전개하였다. 이러한 활동을 지켜본 것은 사이타마현 기사 아키야마 마사오(秋山賢夫, 현청에서 파견한 현지 조림담당자)였다. 아키야마는 지역 청소년들이 조림에 임하는 모습에 감동하여 철저한 조림(육묘, 식재, 기술, 간벌)의 기술지도를 실시했다. 이러한 아키야마의 지도가 당시 청소년에게 임업에 대한 관심을 한층 더 높였다. 70년 후 당 조합은 임도도 없는 깊은 산에 인력만으로 조림사업을 진행한 선대·선선대의 노력에 깊게 감복하였다.[23]

이러한 평가는 전전·전후 그리고 고도성장기에 벌채가 가능한 광대한 삼나무 자원을 가짐으로써 나구리 주민(조합원) 모두가 크나큰 혜택을 받은 결과로부터 나온 것임에 틀림없다.

---

23) 1974년(쇼와 49년) 「시모나구리공영조림조합(개요)」 시모구리공영조림조합 문서.

〈표 5-3〉 시모나구리구·카미나구리구 결산(1915년도, 다이쇼 4년)

단위:엔

| 항 목 | | 시모나구리구 | 카미나구리구 |
|---|---|---|---|
| 세입 | 기본재산수입 | 538 | 1,860 |
| | 현보조금 | 56 | 91 |
| | 군보조금 | 5 | - |
| | 사용료 및 수수료 | - | 133 |
| | 조성금 | 76 | 168 |
| | 잡수입 | 3 | 10 |
| | 촌세 | 888 | 1,406 |
| | 합계 | 1,566 | 3,668 |
| 세출 | 경상부 회의비 | 20 | 18 |
| | 경상부 교육비 | 1,227 | 2,954 |
| | 경상부 재산비 | 24 | 62 |
| | 경상부 제세 및 부담 | 76 | 22 |
| | 경상부 기부금 | 66 | 158 |
| | 경상부 예비비 | 0 | 0 |
| | 경상부 계 | 1,413 | 3,214 |
| | 임시부 기념사업조림비 | 152 | 356 |
| | 임시부 계 | 152 | 356 |
| | 합계 | 1,566 | 3,570 |
| 잔금·다음해 조성금 | | 0 | 98 |

(자료) 1915년(다이쇼 4년) 「다이쇼 4년도 나구리촌 시모나구리구 경상비 및 임시비 세입출결산서」 시모나구리 오자와(小澤)집안 문서, 1913년(다이쇼 2년) 「다이쇼 2~9년도 가미나구리구 세출입 결산서綴」 카미나구리 마키타(槇田) 집안 문서에 의해 작성.

(주) 시모나구리구 : 194호, 카미나구리구 : 298호. 금액 : 10전 단위로 사사오입.

## 4.2 제2부회·제3부회(카미나구리구)로 보는 다양한 활동 과 담당자

카미나구리구의 재정은 앞에서 나온 표 5-3과 같다. 시모나구리구와 같은 재정구조이지만, 호수도 많기 때문에 재정규모는 2배를 넘으며, 나구리촌의 안정적인재정을 유지하고 있다. 구 내부는 2개의 영역, 2부회로 구분된다.

### 4.2.1 제2부회의 공동조림 활동

제2부회에 대해서는 1904년 1월 ~ 1918년 10월의 「코난치도쿠회제2부회기록」[24](이하 「제2부회기록」)에서 공동조림의 전개 상황을 알 수 있다.

1906년 2월 15일 임원회의에서 러일전쟁 시작을 기념해서 조림, 카미나구리 구유림에 조림하기로 결정했다. 구유림의 관리자인 나구리촌 촌장과 구의회 의원 등과 교섭하고, 같은 해 4월 11일에는 구체적으로 2개의 조림 예정지가 제시되었다. 이를 수용하여 4월 14일에 제5총회를 개최하고 기념림의 위치와 함께 그 관리 담당자를 결정하였다. 「제2부회기록」에는 "러일전쟁 시작을 기념한 조림의 협의에서 이를 실행할 것이냐 말 것이냐에 대해 의견을 토로하고, 만장의 동의를 얻었다"고 돼있다.

러일개전기념림의 식재는 1구좌 100그루로 2년에 걸쳐 나무 심기를 계획하고, 마을의 정회원은 각 1구좌를 받는 것을 의무로 했다. 같은 해 7월에는 식재 수 1,190그루의 조림비 합계 9엔 42전 8린을 45명에게 배분하고 1구좌당 21전씩 징수, 실제로 '정지(整地)'·'식재'·'간벌'이 실시되었다.

이후 매년 새로운 '정지(整地)'·'식재'·'간벌', 2년째 이후는 '보식(補植)'·'간벌'을 계속하고, 1911년 4월에 "전역기념림 식재완료에 정비담당자모임을 열고, 쿠마자와(熊澤)·아사미(浅見) 및 아사미 명예회원이 출석·결산하였다"고, 완료·결산이 보고되었다. 이후에도 새로운 임야지를 빌려 더욱 조림사업을 전개하였다. 조림의 실무에 대해서는 1910년 3월 이후 "청부신청자", "회원 중 신청자에게 청부를 시킨다"는 기록이 남아있고, 제2부회의 회원 중에서 조림청부인을 모집하고 징수한 조림

---

24) 1904년(메이지37년) 1월 「코난치도쿠회제2부회기록」 카미나구리촌 다신(田晋) 집안 문서(2004, 『名栗村史研究名栗郷』, 4: 19-131).

비를 지불하여 조림을 실시해 온 것을 알 수 있다.

1915년에는 다이쇼 천황의 "즉위대전기념림"의 조성이 시작되었다. 삼나무 15,000본을 같은 해에 식재하고 묘목대는 차입하여 5개월에 걸쳐 변제하고, 식재인부는 "임원의 지휘에 따라 각 회원이 돌아가며 담당한다"고 되어있다.

### 4.2.2 제2부회의 권업활동과 청년 교육

또한 「제2부회기록」은 공동조림 이외에도 다양한 활동을 기록하고 있다. 예를 들어 1906년 9월에 '제6총회'에서 '5분연설'의 주제는 다음과 같다. 생업을 권장하는 논의가 많았다.

> 회원의 책임에 따르는 의무/ 뽕나무 식부 방법 개량의 필요/ 양잠업을 활성화 시킬 것/ 종군중의 소감/ 사회의 개선을 위한 노력/ 임업상의 지식을 습득하는 법/ 가을 양잠 실험 이야기/ 누에병 예방의 필요/ 견인불발(堅忍不拔)의 기상을 양성하기/ 전염병 예방에 주의하기/ 풍속개량을 위한 노력/ 근검하기/ 본 부회 발전을 위한 노력[25]

이후 출석자도 증가하고 각종 사업을 전개한다. 1907년 11월의 제8총회에서는 야학회를 창설할 것을 결정하고, 그 후 매년 11월부터 다음해 3월까지 주5일 일정으로 야학을 개최했다. 1908년 7월에는 부회로서 표고버섯 재배법을 습득하기 위해 현 농회강연회에 대표자를 보내어 같은 해 가을에 시험재배를 시작하였다.

1909년 2월의 임시 임원회의는 중요하다. ① 채소(가지·덩굴강남콩·우엉·여름 무·당근·파) 신품종의 종묘 공동구매, ② 그 '시험재배장'의 설치, ③ 표고버섯의 재료 거래 방법, ④ 통속도서관의 설치를 결정했

---

25) 위의 자료(상동 : 39-40).

다. 채소 종묘는 2·3월에는 봄 파종용, 7·8월에는 가을파종용이 부회를 통해서 공동으로 구입되었다. 보리에 대해서는 그 해 흉작을 이유로 새로운 품종을 '이루마군(入間郡) 스이후촌(水府村) 부근의 경험 많은 농부'의 '밭보리'를 구하게 되어, 10월에 부회 내 지구별로 공동구입을 모집하고 종자를 배포하였다. 또한 같은 달에는 사이타마현 순회문고의 인수가 시작되었다.

1910년 4월의 총회에서는 봄·가을 2회의 '농산물 종묘 공동구입 권유'가 결정되었다. 같은 해 8월의 칸토(關東) 지방 전역에 걸친 대수해에 대해서는 마을복구사업에 노동력을 제공하고 의연금을 모집하였다. 채소종묘의 공동구입, 시험재배의 성과를 거쳐 1911년 12월에는 처음으로 채소품평회를 개최하였다. 코난치도쿠회의 본회 품평회와 함께 부회 단위에서도 이러한 품평회를 개최해 나갔다.

제2부회는 공동조림과 함께 농림업 개혁이나 청년보습교육을 전개하고 지역산업이나 지역사회의 변혁을 담당해 왔다.

### 4.2.3 제3부회의 담당자

제3부회에 대해서 살펴봄으로써 공동조림의 모습을 구체적으로 그려보고자 한다.

이 부회가 실시한 1904(메이지 37)년에서 시작된 '메이지 37, 8년 전쟁기념림'에 대해서 그 규정이 남아있다. 요약해서 보면 다음과 같다.

제1조 임업의 발전을 위해 당 부회기본재산의 조정을 위한 조림
제2조 조림지는 대자 카미나구리 字新田 구유지를 분수법식(分收法式, 목재판매에 따른 수익을 토지소유자와 조림자가 나눠가지는 방식)으로 계약
제3조 1주 30전, 회원은 1주이상 의무, 주수는 매년 연명부를 조사, 주의 증가분은 5전 증금
제4조 조림의 부역비용은 소유 주수에 따라 부담

제5조 25년이상 키운 나무를 벌채

제6조 벌채 시 수익금은 땅 소유자인 카미나구리 구에 계약분을 지불하고 또
모든 비용을 뺀 잔액의 5/100을 부회의 기본 재산으로 한다

제7조 순수익금은 가진 주수에 따라 배분한다

제11조 3년간 이 기념림의 의무를 수행하지 않는 경우는 기득권을 일부 또는
전부 몰수[26]

합계 주수를 493주로 하고, 50명의 회원이 희망에 따라 각자 1~65주
를 소유하는 것이 된다. 식재 및 그 후 정비는 회원(주주)이 돌아가며
담당했고, 일당은 45전 또는 50전이었다. 필요 경비는 주수에 곱한 금
액을 징수하고 있다. 이후 조림작업 종료 후에 경비를 계산하고 부족
분을 소유하고 있는 주수에 따라 모금했다. 거의 같은 방법으로 1913년
(다이쇼2년) 4월부터 '연호변경기념림', 1915년 3월부터 '천왕즉위식기념
림'도 조성되었다.[27][28]

제3부회의 공동조림은 계층 차이가 있는 지역의 공동조림의 한 방
법을 보여주고 있다. 재산이나 의욕에 따라 주를 모집하고 조림자금을
모아, 회원은 가진것이 적더라도 그 조림작업에 출역하는 것으로 임금
이 지불되었다. 여기에서 주의해야 할 점은 대주주가 반드시 근세 이
래 대농층은 아니었다는 것이다. 최대 주주는 이 부회의 중심 마키타
(槇田) 집안으로 숯제조업·양잠업·여인숙업 등 다양한 사업을 했으며,
당주는 벌목 노동에도 고용됐었다(加藤 2005). 근대 산촌의 전형적인
소경영으로 간주해도 될 것이다. 이후에도 마을에서 중요한 역할을 맡

---

26) 1904년(메이지37년) 「参捨七, 8년전역기념림서류」 등, 카미나구리 마키타(槇
田) 집안 문서.

27) 1913년(다이쇼2년) 4월 8일 「연호변경기념림식부장(改元記念林植付帳)」 등,
상동.

28) 1915년(다이쇼4년) 3월 9일 「천왕즉위식전기념림장(大典記念林帳)」 상동.

앗으며, 사회적으로도 높은 위치를 차지하게 된다. 이들 공동조림에 의해 조성된 산림자원은 쇼와 전전기부터 벌채되어 소유주에 따라 배당되었다.

## 5. 근대 산촌의 변혁 주체와 공동조림의 의의

나구리촌은 사이타마현의 서부 밭농사 지역에 위치하고, 근세부터 이어져온 임업에 더해 메이지기에는 잠사업이 발전했고, 메이지 말기부터는 임업이나 밭작물의 변혁이 시작되었다. 이 변혁의 중요한 담당자는 청년층이었다. 신시대를 이끌어갈 의욕과 교양이 있는 청년층의 육성은 행정촌의 성립과 함께 시작되었고, 청년단체 '코난치도쿠회'로 결실을 맺어, 메이지 말기에는 자율적인 활동을 개시하였다. '코난치도쿠회'의 본회는 행정촌 나구리촌 전역을 조직화하여 지도적 역할을 맡았으나, 동 촌의 마을 영역에 해당하는 학교구를 단위로 3개의 부회가 편성되어, 이것이 각 마을의 실태에 따라 구체적 활동을 전개하였다. 공동조림, 농림업 기술의 개량, 청년보습교육 등이었다.

입회임야를 이용한 공동조림을 통하여 계층차가 작은 시모나구리구(제1부회)에서는 구성원이 평등하게 경비·노동력을 부담하고 마을이나 학교의 기본재산을 조성하였다. 계층차가 큰 카미나구리구(제2·제3부회)에서는 각각의 기획·행동력에 따라 경비 내지는 노동력을 부담하고 부회 구성원의 기본재산을 조성함과 동시에 조림비용을 통하여 부를 재분배하였다. 마을의 후계자인 개혁의지가 높은 청년들의 활동은 한편으로는 국가주의가 지역사회에 침투하는 데에 협력하는 역할도 했지만, 다른 한편으로는 산업이나 지역사회를 변혁하고 계층차이를 줄이는 역할도 하였던 것이다.

농·산촌에도 시장경제가 침투하고, 토지의 사유권이 강화되며, 계층

간 격차가 확대·정착하던 시대에 입회임야의 사유림화나 공유림화만 진전되었던 것은 아니다. 마을의 청년들이 공동으로 입회임야(공유림화한 구입회임야도 포함)를 적극적으로 활용하고, 그 근대적 전환을 추구하는 노력을 통해 마을이 지역자원을 관리하는 제2단계를 맞이한 것이다. 이것은 우여곡절을 겪으면서도 전후 고도성장기까지 계속 된다.

현재 전국 각지에서 임야이용이 쇠퇴하고, 이에 따라 산촌의 인구가 줄고 고령화되면서 산촌의 지역사회가 임야를 유지·관리하기 어려워지고 있다. 이에 따라 산촌의 지역사회에 도시주민이 참가·협력하는 경향이 두드러지게 나타나고 있다. 그러나 지역사회가 소멸할 수는 없으며 새로운 사회정세에 대응하여 재편되면서 계승되고 있다고 보는 것이 정당할 것이다. 한편으로는 고령자 복지를 핵으로 개성 있는 생활협동을 재건하거나 마을영농으로 대표되는 생산협동을 새롭게 구축하고 있으며, 다른 한편으로는 청년, 중년층의 회귀(U-턴), 도시이주가족의 귀향(정년귀농), 신가족의 유입(I-턴) 등 새로운 담당자가 출현하고 있다. 앞에서 보았던 지역자원관리의 제2단계와는 달리, 지역사회가 재편됨에 따라 새로운 지역자원의 관리방식으로 제3단계가 모색되고 있다. 도시주민의 참가라는 문제도 산에만 초점을 맞출 때는 의미를 찾기 힘들고 지역자원관리 주체가 재편되고 있다는 사실을 고려해서 도시주민이 어떠한 형태로 연계·협력할 수 있는가, 또한 새로운 담당자의 일원이 될 수 있는가를 고찰해야 의미가 있으며, 이때 현실적 대응이 가능할 것이다.

# 참고문헌

安藤耕己, 2004, 「甲南智德會關係史料解說」『名栗村史硏究那栗鄕』 4 : 3-18.
安藤耕己, 2004, 「近代日本における靑年集團の二重構造に關する一考察」『日本
　　社會敎育學會紀要』 43 : 1-10.
岩本純一, 1996, 「明治期における村落連合による造林の展開過程」『愛媛大學農
　　學部演習林報告』 34 : 1-92.
大石嘉一郞·西田美昭編著, 1991, 『近代日本の行政史町村-長野縣埴科郡五加村
　　の硏究』, 日本經濟評論社.
大鎌邦雄, 1994, 『行政村の執行體制と集落-秋田縣由利郡西目村の「形成」過程』,
　　日本經濟評論社.
大島美津子, 1994, 『明治國家と地域社會』, 岩波書店.
籠谷次郞, 1994, 「國民敎育の展開」井口和起編著, 1994, 『近代日本の軌跡3日淸·
　　日露戰爭』, 吉川弘文館, 170-195.
加藤衛拡, 2005, 「首都近郊山村確立期における來訪者とその役割-埼玉縣秩父郡
　　名栗村槇田屋宿帳の分析を中心に」『德川林政史硏究所硏究紀要』 39 :
　　79-98.
加藤衛拡, 2007, 『近世山村史の硏究-江戶地廻り山村の成立と展開』, 吉川弘文館.
神谷智, 2000, 『近世における百姓の土地所有-中世から近代への展開』, 校倉書房.
川本彰, 1983, 『むらの領域と農業』, 家の光協會.
齋藤仁, 1989, 『農業問題の展開と自治村落』, 日本經濟評論社.
鈴木榮太郞, 1940, 『日本農村社會學原理』, 時潮社.,(同 1968, 『鈴木榮太郞著作集
　　Ⅰ·Ⅱ』, 未來社所收)
外木典夫, 1975, 「借地林業地帶における村持山の解體とその再編-奈良縣吉野郡鄕
　　村の自治會(財團法人)の成立とその社會的性格」『社會學年誌』16 : 53- 85.
大門正克, 1994, 『近代日本と農村社會-農民世界の變容と國家』, 日本經濟評論社.
竹本太郞, 2004, 「明治期における學校林の設置」『東京大學農學部演習林報告』 111 :
　　106-177.
谷本雅之, 1998, 『日本における再來的經濟發展と織物業-市場形成と家族經濟』,
　　名古屋大學出版會.
中村隆英, 1985, 『明治大正期の經濟』, 東京大學出版會.
中村隆英編, 1997, 『日本の經濟發展と在來産業』, 山川出版社.

名栗村史編纂委員會編, 1960, 『名栗村史』, 名栗村.

沼田誠, 2001, 『家と村の歴史的位相』, 日本經濟評論社.

秦玄龍, 1957, 「西川林業發達史」 林業發達史調査會編, 『林業發達史資料』 68.

藤田佳久, 1988, 「愛知縣系における明治30年代における『共有林整理』と造林運動」 『愛知大學綜合鄕土硏究所紀要』 33 : 1-17. (同 1992, 『奧三河山村の形成と林野』, 名著出版社所收).

室田武·三俣學, 2004, 『入會林野とコモンズ-持續可能な共有の森』, 日本評論社.

渡邊尙志, 1998, 『近世村落の特質と展開』, 校倉書房.

# '모두의 것'으로서의 산림의 현재

## −시민과 지자체가 만드는 '모두'의 영역

이시자키 료코(石崎涼子)

## 들어가며

오늘날 일본의 산림과 사람과의 관계 속에서, 과연 무엇을 '공동자원'라고 할 수 있을 것인가? 산림을 둘러싼 '모두'의 세계에 관심을 가진 필자가 이러한 의문을 품은 지 10년이 지났지만, 이에 대한 대답은 보이지 않고 있다. 오히려 생각하면 할수록 점점 알지 못하게 된다는 것을 실감하고 있다.

일본의 과거에 있었던 입회는 '공동자원'이라 불리고 있다. 그리고 '공동자원'론의 번성은 과거의 입회가 재평가 되고 있다는 것을 보이고 있다. 그렇지만 근대화를 거친 현재에 이르기 까지 입회가 이용되고 있는 모습이 점점 사라지고 있는 것도 사실이다. 또한 과거의 입회를 만들어 온 마을의 사회적인 힘도 점차 약해지고 있다. 현재 다양한 연구자들이 각자의 '공동자원'론을 제기하고 있다. 다양한 연구들이 모두 정답인 것처럼 있지만, 그렇지 않을 수도 있다는 것을 느끼고 있다.

이에 이 장에서는 누가 어디까지 '공동자원'의 범주에 넣고 있는가는 차치하고, 현재 산림과 사람, 사람과 사람이 어떠한 관계를 구축하고 있는가를 묘사하는 것으로, 산림을 둘러싼 '모두'의 영역에 대해서 생각해 보고자 한다.

# 1. '공동자원'론과의 접점

## 1.1 지방자치체와 시민

여기에서 다루고 싶은 것은 지방자치체에 의한 정책 형성과 산림에 관련된 시민운동이다.

지방자치체는 각 행정구역내의 '모두'와 관련된 일들에 대해 일정의 책임을 가진 주체라 할 수 있다. '공동자원'이 정부에 해당하는 '공(公)'과는 다른 '공(共)'이라고 한다면,[1] 지방자치체가 만드는 '모두'의 영역은 '공동자원'론의 범주에는 들어가지 않을 것이다. 그러나 지방자치체 등의 정부는 현재 어떠한 형태로든 '모두'의 영역을 만들어 나가지 않으면 안 되는 주체이며, 현재 산림을 둘러싼 '모두'의 세계를 고려한다면 무시할 수 없는 존재라 할 수 있다. 특히 '공동자원'에 해당하는 '공(共)'이 상호부조, 평등, 비집권적, 내발적, 비권력적이라는 성질을 가진 것으로 본다면, 지방자치체에 있어서 주민자치의 구체적인 본연의 모습에 주목해야 한다.

한편 스스로 '모두의 것'인 산림을 소중하게 생각하는 마음을 가지고 행동하는 시민도 늘어나고 있다. 산림 자원봉사자로 불리는 사람들이다. 산림 자원봉사자는 산림을 둘러싼 '새로운 공동자원'(三井 1998 등), 또는 '새로운 공동자원'을 만들어 내는 중요한 존재(北尾 2002 등)로 '공동자원'론 속에서도 논의되고 있다.

정부의 정책에서 '모두의 것'이라는 인식이 구체적으로 어떠한 성질을 가지고 있으며, 여기에서 '모두'를 구성하는 사람들과는 어떻게 연결되고 있는가? 자발적으로 산림과의 관계를 맺기 시작한 시민은 산림

---

1) 다베타 마사히로(多變田政弘), 미쓰이 쇼우지(三井昭二), 이노우에 마고토(井上真) 등 많은 연구자들이 정부에 해당하는 '공(公)', 시장 등의 '사(私)'와는 별개의 섹터로서 '공(共)'(=공동자원)을 설정하고 있다.

과 어떻게 관계를 맺고 있으며, 여기에서 어떠한 사람과 사람과의 관계가 탄생하고 있는가? 이러한 것들은 '공동자원'을 고려하면서 현재 산림을 둘러싼 '모두'의 세계를 생각할 때 중요한 논점이 될 것이다.

## 1.2 '당연함'을 잃어버린 '모두'의 세계

입회지에 관련된 '모두의 것'으로서의 감각을 후지무라(藤村)는 다음과 같이 설명하고 있다(藤村 2001). 마을에서 태어난 사람들은 마을의 공간은 어디든지 특정의 주체로 환원할 수 없는 '모두의 것'이라는 감각이 몸에 베어있는, '당연한' 것이라고 느끼고 있다. 게다가 다양한 농담(濃淡)을 가진 '사유(私有)'의 의미(=이용할 때에는 특정한 자의 자유가 보장되는 정도)가 존재하는 가운데, 입회지라는 것은 이러한 '사(私)'가 드러나 있지 않기 때문에 '모두의 것'을 위한다는 구속으로 보일 수 있다.

일단 현재 지방자치체나 시민이 만드는 '모두'의 세계라는 것은 이러한 '당연함'의 구속을 잃어버린 세계라고도 말할 수 있다. 여기서는 사람과 사람이 새롭게 어떠한 관계를 만들어 낼 수 있을까. 그리고 산림은 어떠한 형태로 '모두의 것'이 될 수 있을까를 살펴보고자 한다.

# 2. 지자체 정책이 만드는 '모두'의 영역

## 2.1 산림정비에 주목하는 지사들

2000년대 들어서부터 산림정비에 관련된 정책이 각광을 받고 있는 사례가 증가하고 있다. 2001년에는 당시 나가노현 지사가 '탈-댐건설'선언을 발표하고, 그 반년 후에는 와카야마현, 미에현의 지사들이 '녹색 고용 사업'을 제창하였다. 이들은 모두 재정축소기에 있지만 중요하게 다뤄야 할 공공투자로서 산림정비 정책을 제시한 것이며, 지자체 발정책 제안으로서 전국을 향해 어필하였다. 또한 산림정비 정책의 재원을 위해 추가적인 세금을 과세하는 이른바 '산림환경세'도 지사들의 주선으로 각지에서 창설되고 있다.

공공투자로서는 규모가 매우 작은 '산림정비'라는 분야가 이렇게까지 주목받는 이유는 무엇일까? 한 가지는 환경보전정책 특히 현재 긴급 대응이 필요한 지구온난화 대책으로서의 위상을 가지고 있다는 점을 들 수 있겠다. 그렇지만 지방자치체의 수장이 산림의 문제에 주목하게 된 배경에는 공공투자를 둘러싼 도시와 지방의 대립이라는 문제도 존재한다.

## 2.2 산촌지역의 공공투자

'녹색 고용 사업'은 지사들이 국가에 제안한 환경림 정비 사업이었다. 제안을 정리한 공동대응에는 '녹색 고용 사업으로 지방판 안전망을'이라는 이름이 붙여졌는데, 여기서 중요한 것은 이러한 공공투자가 '지방'에서 실시된다는 점에 있다. 2002년에는 새로운 5개 현의 지사가 '지구온난화 방지에 공헌하는 산림현연합 공동대응'을 발표하고, 다시 2003년에는 8개 현의 지사가 "도시와 지방의 공감을 돈독히 하는 '녹색 고용'추진현연합"이라는 이름으로 공동대응을 전개했다.[2]

일련의 공동대응은 광대한 산림지역이나 유명한 임업지를 둘러싼

---

2) 와카야마·미에현 지사 '녹색 공공 사업으로 지방판 안전망을'(2001년 9월 6일), 와카야마, 미에, 이와테, 기후, 코치현 지사 '지구온난화방지에 공헌하는 산림 현연합 공동대응'(2002년 6월 7일), 와카야마, 미에, 이와테, 기후, 코치, 미야기, 돗토리, 후쿠오카현지사 "도시와 지방의 공감을 돈독히 하는 '녹색 고용'추진현연합"공동대응 (2003년 5월 29일).

지방의 지사들이 집단적으로 하였으며, 도쿄도(東京都)를 제외한 대부분의 도도현(道府縣)의 찬성을 얻어 중앙부처에 제안되었다. 이들이 이렇게 공동으로 말하고자 했던 것은 산림정리라는 정책과제를 매개로 도시와 지방이 협조관계를 구축하자는 것이다. 구체적으로는 산촌지역에 대한 공공투자를 위해 도시주민이 부담을 질 것을 요청하는 것이라고 말할 수 있다.

1990년대 후반부터 정부의 재정악화가 심각해지고 '어떤 공공투자를 삭감할 것인가'라는 토론이 본격화 되었다. 여기서 타겟이 된 것은 인구가 적은 지방에 대한 공공투자였다(金澤 2002; 保母 2001). 이러한 가운데 지방의 지사들은 '삼림을 보호할 필요성'이라면 '도쿄를 대표로 하는 도시'도 공감할 수 있을 것이며, 산림정비의 추진을 통해 도시와 지방의 대립구도를 전환해야 한다고 주장해 온 것이다.

한편 도도부현이 산림환경세를 창설한 것은 현민 스스로의 부담으로 현의 산림정비를 시행하고, 지자체 안의 도시와 산촌을 연결하려는 의도였다. 이는 '도쿄를 대표로 하는 도시'의 부담을 요청하는 위의 대응과는 일견 대조적인 움직임으로 보인다. 그러나 광대한 산림을 가지고 있는 현이 선구적으로 산림환경세를 창설한 의도가 전국에 알려지면서 같은 취지를 가진 움직임들이 각지에 확산되고, 결국에는 국가 수준에서 산림정비 재원을 확보하는 데에 이르기를 기대하는 '운동'으로서의 의미도 가지게 되었다(石崎 2006: 60).[3]

3) 1990년대 초 산림을 많이 가지고 있는 산촌에 대한 정책재원을 확보하기 위한 목적으로 '산림교부세창설촉진연맹'이 발족되었지만, 전국 처음으로 산림환경세가 도입된 2003년 여름에 '전국산림환경·수원세창설추진연맹'으로 발전, 개칭하였다. 취지문에는 "산림, 산촌지역의 시정촌에 남겨진 세금 재원은 '산림이 가진 공익적 기능에 대한 새로운 세금의 창설'을 상정할 수밖에 없다"는 인식이 드러나 있다. 산림환경세는 산촌과 도시를 연결하는 정책과제의 확대나 국가적인 문제인식을 요구하는 지방 지자체의 염원을 배경에 두고 전개되고 있는 것이다.

최근에 들어서면서 정책의 중요성이나 공공성의 확립을 수익자의 수로 판단하려고 하는 움직임이 강해지고 있다. 인구가 적은 지역에 대한 공공투자의 필요성을 그 지역의 주민 입장에서만 주장하는 것이 어려워지고 있는 것이다. '모두'가 부담하는 세금을 투입하는 공공투자는 소수의 '누구'를 위해서가 아니라 다수의 사람들을 위해 도움이 될 필요가 있다는 것이다. 인구가 적은 산촌이나 산촌이 많은 지방의 지자체가 공공투자를 하기 위해서는 산을 밑천으로 인구가 많은 도시까지 다양한 공익을 가져다주는 산림의 정비라는 정책과제와 이에 따른 공공성의 확립을 주장하는 길 외에는 없게 되었다. 현재 산림정비 정책은 산림지역의 공공투자와 그 공공성의 논거를 세울 수 있는 귀중한 수단도 되고 있다.

## 2.3 폭넓은 주민에 의한 정책형성

정부에 해당하는 '공(公)'을 공동자원에 해당하는 '공(共)'과 구별하는 논의에서는 공공정책을 주민과는 동떨어진 곳에서 결정되는 '관(官)'의 독점물처럼 생각하는 경우가 많다. 그러나 요즘 지자체 정책은 정책의 결정에서 실시, 평가에 이르는 모든 과정에 다양한 주민이 직접 참여할 수 있는 구조가 만들어지고 있다.

특히 중요 정책으로서 주목받고 있는 정책에 대해서는 행정이 주민합의를 얻기 위해 필사적인 노력을 하고있다. 주민은 지자체 정책에 대해서 무엇인가 목소리를 내고 싶다고 생각하면 몇 개의 참여통로가 있으며, 모이려고 한다면 그림으로 설명되어 있는 자료도 얻을 수 있다. 이러한 점에서는 지자체 정책은 점차 주민에게 가까운 존재가 되고 있다. 행정부나 특정의 관계자만이 아니라 일반 주민을 포함한 '모두'가 정책형성에 관련되고, '모두'의 합의에 따라 정책을 전개할 수 있는 구조가 마련되고 있는 것이다.

이러한 실험은 이제 막 시작된 것은 아니다. 예를 들어 카나가와현에서는 도시주민을 포함한 다수의 주민을 대상으로 하는 토론회를 몇 번이고 개최하였으며, 임업과 자연보호 등 산림을 둘러싸고 대립하는 이해를 조정하기 위해서 협의회를 개최하는 등, 4반세기 전부터 현민 합의를 구축하는 산림정책 만들기를 꾀하고 있다(石崎 2002: 20-24).

그러나 요즘 산림정비 정책을 보면 정책형성에 관련된 사람들의 다양성이 눈에 띤다. 특히 산림환경세처럼 세금부담이라는 결정적인 정책이 제안되면, 산림·임업에 직접적·의식적 관계를 가지거나 그렇지 않거나 현민은 산림정비 정책에 관심을 가질 수밖에 없게 된다. 실제 산림환경세의 창설 목적의 하나는 다양한 현민의 관심을 산림으로 향하게 하는 것이다. 산림이 가진 공익적인 기능에 주목한다면, 본래 현민 '모두'가 산림과의 관계를 가질 수 있을 것이다. 다만 이러한 관계는 사람들이 생활에서 의식하기 어렵다. 이런 문제를 해결하기 위해 추가적인 세금부담이라는 자극을 통해 현민 '모두'가 산림의 중요성에 대해 인식하도록 만들고, 현민 '모두'의 부담으로 시행하는 정책의 구체적인 모습도 현민 '모두'가 생각해보자는 것이 산림환경세 도입의 의도다.

예를 들어 산림환경세를 활용한 산림정비 정책에 관한 심의를 할 때, '납세자의 입장'을 중시하기 위해서, 대부분 산림이나 임업에 거의 관련이 없는 위원들만 모여서 위원회를 구성한 지자체도 있다(石崎 2008: 277-278). 산림정비의 사업대상지의 선정에 있어서도 위원이 행정 담당자에게 긴급성과 필요성의 유무를 물어보고, 그 답변을 받아서 판단한다. 후보지가 예산을 상회하더라도 '어느 것이든 마찬가지로 보이기' 때문에 취사선택 할 수 없다. 다른 한편으로 '행정이 하는 사업에는 낭비가 많을 것'이라는 일반론에서 단가의 재조정을 강하게 요구한다. 이와 같이 현장 실태와는 동떨어진 논의가 '현민의 의사'로서 간주되어 정책을 좌지우지하는 사례도 있다.

## 2.4 산림정비 정책과 경제활동

재정축소기에 한정된 예산으로 얼마나 정책목적을 달성하는가는 중요한 문제다. 비용절감도 하나의 방법일 것이다. 예를 들어 같은 비용으로도 사업체 등에서 얼마나 기술이나 아이디어를 짜내어 사업의 효과를 높일 수 있는가라는 관점이 있다면, 다른 선택지는 없을까라는 견해도 있을 것이다. 이러한 관점에서 정책을 디자인하기 위해서는 현장의 실태를 잘 아는 것이 불가결하다. 그러나 '성역없는' 행정·재정 개혁이 요구되며, 또한 산림정비 정책에 다양한 현민이 관여하고 있는 가운데, 개개의 정책에 대한 논의보다도 전 정책 공통의 개혁요청이 정책의 방향성에 강한 영향을 미치고 있는 경향이 보이고 있다.

그 한 예로 공공사업을 발주할 때 사업체간의 가격경쟁을 강화하는 것이 필요하다. 산림정비 사업의 발주는 수의계약에서 경쟁입찰까지, 조경업이나 건설업 등 임업사업체 이외의 사업체도 참여할 수 있도록 하는 구조로 '정비'해서, 입찰 시 가격경쟁이 격화되고 있다. 그 결과, 사업이 설계액의 반에 가까운 가격에 낙찰되는 사례도 나오고 있다. 이것은 일반적으로 비용절감이라고 평가되는 성과일 것이다.

그렇지만 주의해야 할 점은 비용절감의 내용이다. 임업노동은 원래부터 고용조건의 개선이 과제였다. 일반적으로 급여수준이 낮을 뿐 아니라 사회보험 등의 가입상황도 충분하지 못하다. 입찰가격 경쟁이 격화되어 이러한 조건을 더욱 악화시킬 수밖에 없는 임업사업체도 있다(柳幸·山田 2005).

어려움에 처한 것은 임업사업체만이 아니다. 새롭게 참가를 허가받은 사업체도 산림정비사업에 손을 놓고 있는 점은 환영받지 못했다. 무엇보다 노무 등의 단가가 너무 낮았다는 점이다(小池 2003; 石崎 2004). 예를 들어 산림정비에는 급경사 지대에서의 중노동이 많으며 위험도 동반하지만, 그 노동단가는 평지에서 하는 제초나 표식의 설치

등의 작업을 하는 '보통작업원'과 같았다. 원래 돈을 벌 수 있는 사업이 되기는 어렵지만, 노동자를 놀릴 수만은 없었기 때문에 사업의 '지속성'으로서 참가하고 있다고 한다.

환경보전형 공공사업으로 산림정비정책이 주목받고, 예산도 집중적으로 배분되고 있지만, 실제로 산림정비를 담당하고 있는 사람들은 가격경쟁의 세계에서 어려움에 직면해 있다. 산림을 가지고 있는 지역에서는 산림정비를 담당하는 사람들이 그야말로 몸을 쪼개가며 값싼 노동으로 산림정비를 하면서 '공공성'을 담당해서, '모두의 것'인 산림을 유지해나가고 있는 것이다.

## 2.5 임업경영을 둘러싸고

임업경영이라는 경제활동도 또한 '모두'의 영역에서 벗어날 수 없는 경향이 있다.

환경보전형 산림정비정책을 구체화하는 사업으로서 가장 광범위하게 많은 예산이 투입되고 있는 곳은 공익상 산림정비를 필요로 하는 사유림에 대해서 전액 공비부담으로 실시하는 공적인 산림정비다.[4] 공적인 산림정비를 실시하는 산림은 '정비가 필요 없는' 산림이 되도록 정비되고, 정비 후에는 기본적으로 종래의 임업보조금을 투입할 수 없도록 하고 있다. 여기에서 '모두의 것'인 산림 즉 공적인 자금으로 산림정비가 이뤄지는 산림에 대해서는 산림소유자라는 특정의 개별주체가 경제적인 이익을 얻지 않을 것을 요구하고 있다. 경제활동인 임업경영은 '모두'가 지원하는 산림정비의 대상에서 벗어날 수 없다고 할 수 있다.

---

4) 코치현이 산림환경세의 세수를 활용한 사업으로 도입한 '산림환경긴급보전사업'이나 미에현이 '녹색 고용사업'의 선구적 실천으로 자리매김하여 실시한 '산림환경창조사업' 등.

현재 지방자치체는 산림과의 직접적인 관계를 가지지 않은 사람도 포함하여, 쉽게 이해할 수 있는 '모두'의 영역을 명시할 것을 요구받고 있다. 특히 재정난이라는 조건 속에서 많은 세금을 부담하는 도시주민이 정책 실시의 열쇠를 쥐고 있으며, 정책결정을 둘러싼 모든 과정에서도 도시주민의 의향을 중시하는 경향이 강해지고 있다.

산림이 '모두의 것'이기 위한 요건으로 정책의 혜택을 받는 사람이 많을 것, '모두의 부담'을 되도록 줄일 것, 특정한 누군가의 경제적인 이익이 되지 않을 것 등, 숫자로 표시되지 않는 가치판단이 강조될 필요가 있다. 산림과의 일상적인 관계나 산림을 둘러싼 사람의 운영을 의식하지 않고 지나치는 '당연함'을 잃어버린 사람들 사이에서 공유할 수 있는 것은 숫자만이 아닐 것이다.

2003년도부터 전국 최초로 산림환경세를 도입한 코치현에서는 세금을 도입하고 5년이 지났으며, 세금을 연장할지 말지를 검토하고 제도를 재정비하였다. 그 때 지금까지 임업경영을 하지 않는 산림에 한정되어 있던 산림정비의 대상지를 모든 산림으로 확대하게 되었는데, 정비면적이 적으면 도시주민에게 세금의 성과를 드러내기 어렵다는 점, 산림이 가진 공익적인 기능은 임업경영의 유무와 관련 없다는 점이 그 이유로 제시됐다(高知縣次期森林環境税檢討プロジェクトチーム 2007).

5년간의 시행을 거치고, 산림지역의 임업경영이라는 운영도 '모두'가 지지해야만 한다는 '현민합의'가 생겨났다. 시간이 지나고 경험이 쌓이면서 점차 '모두의 것'의 모습이 변하고 있다. 구체적 실천을 경험하고 얻은 것이 얼마나 현민공유의 재산으로서 다음 실천에 활용될 것인가. 이것이 지자체 정책에 있어서 '모두'의 영역에서 현실을 좌지우지하는 중요한 점이 될 것이다.

# 3. 산림과 관련된 시민이 만들어 내는 '모두'의 영역

## 3.1 산림 자원봉사자인 시민: 작은 단체의 사례로부터

산림 자원봉사자는 자발적으로 산림정비 등의 작업을 하는 사람들이다. 그들이 산림정비작업을 하는 것은 노동에 의한 대가를 얻기 위한 것이 아니다. 산림정비라는 행위에 의해 산림보전에 공헌하고자 하는 생각이 있기 때문이다. 다른 한편 각각이 동료와의 시간, 건강, 기술, 비일상적 체험 등 여러 개인적인 가치를 추구하고 있다. 참가하는 개개인에게 산림 자원봉사 활동은 '모두'를 위한 것임과 동시에 크든 작든 자신을 위한 것이기도 하다. 그러한 개개인이 신체에 의해 직접적인 산림과의 관계를 맺으면서 실제 무엇인가를 느끼고 있다.

산림 자원봉사에서 만들어지는 '모두'의 영역은 우선 개개인의 생각 속에 있으며, 또한 시간과 장소와 작업을 함께 하는 동료와 구축한 세계이기도 하다. 게다가 산림과의 신체적인 관계를 통해서 얻은 의식이나 감동을 공유하는 사람과 사람이 공간을 넘어서 연결되고, 이것이 확대되어가는 세계이기도 하다. 그 가운데 산림과 사람의 새로운 관계도 만들어지게 된다.

도시의 작은 단체를 예로 산림 자원봉사자의 모습을 살펴보자.

'산림을 즐기는 모임(森林を樂しむ會)'은 도쿄도 내에서 숲이 거의 없는 마을에서 '산림과 관계되는 것이라면 뭐든지 즐기자'며 시보(市報)를 통해서 결성된 산림 자원봉사 단체다. 회원의 친구가 임업경영을 하는 수도권의 산림이나 회원의 가족이 소유하고 있지만 방치된 산림 등에서 풀을 베거나 간벌 등의 작업을 하는 등, 연구회를 개최하거나 캠프를 즐기는 등 다양한 활동을 하고 있다.

방치되고 있었던 노송나무 숲의 간벌을 했을 때, 간벌목을 그대로 두는 것은 아깝다는 이야기가 있었다. 이 때 나온 의견은 공원의 벤치

로 하자는 것이다. 영국에서는 하나씩 기부를 한 사람의 메시지가 적
혀있는 벤치가 있다고 들었다. 이러한 벤치를 자신들이 살고 있는 마
을에도 설치할 수 있지 않을까라고 생각하며, 간벌목을 사용한 벤치
만들기가 시작되었다. 시와의 교섭이 시작되고 목재의 운반과 가공, 벤
치의 기초만들기부터 설치에 이르기까지 제재를 공장에 부탁하는 등
모든 것들을 회원들과 시간을 들여서 함께 했다. 이후 이 벤치는 멤버
가 모이고, 모임의 활동 거점의 하나로 되었다(〈사진6-1〉 참조).

〈사진6-1〉 공원의 벤치
산림 자원봉사자가 간벌한 나무로 만들었다.
(필자 촬영, 2007년 5월 도쿄도 고다이라시).

　모임의 멤버는 대도시의 주민이지만 고향에 산을 가진 사람도 있
다. 그 중 한 사람은 최근 부모님의 요양을 위해 고향으로 이주하였다.
그리고 지금도 모임의 동료와 함께 산림작업을 위하여 땀을 흘리고 있
다. 그리고 다른 한사람은 임업을 돕고 싶어 조기 퇴직하여 부인의 고

향에 있는 유명한 임업지에 홀로 이주했다고 한다.

이것만 보면 아주 조그마한 활동이다. 그렇지만 공원의 벤치에는 모임의 동료와 함께 흘린 땀과 산에서 공원까지 가는 길에서 만났던 만남들이 지지해준 사람들의 염원이 들어있다. 숲의 한 컨에는 고향에 대한 그리움도 커지고, 자신의 삶의 방식을 다시 생각하게 하는 장이 되기도 한다.

산림이라는 현장에 직접 찾아와서 실제로 스스로 몸을 움직이면 보이지 않았던 것이 모습을 드러내기 시작한다. 우치야마(內山節)는 '숲 속에서 일을 하다 보면 산림자원봉사는 어려운 일이 아니라는 기분이 들거나', '이러한 경험을 하다보면 어느새 숲을 노동·생활권으로 생활해 온 농산촌의 사람들을 지키는 것이 일본의 숲을 지킴에 있어 불가결한 요소라는 것을 알게 된다'고 말하고 있다(內山編 2001: 55-56). 이러한 실천적 사람들이 만나는 가운데 산림 자원봉사자의 활동 범위는 점차 넓어지게 된다. 노동력으로는 아주 작고, 집단으로서의 응집력은 볼품없을 수 있지만, 활동을 통해 만들어지는 사람과 사람 사이의 관계, 그리고 그 관계의 확장, 여기에서 탄생하는 새로운 '동료'가 새로운 세계를 구축해나가는 힘으로서는 괄목할 만한 것이 있다.

## 3.2 관계에서 만들어지는 힘

### 3.2.1 시민에 의한 정책제언

산림 자원봉사자는 전문적인 지식이나 기술을 요하지 않는 영역에서도 실천적인 힘을 발휘하기 시작했다. 산림 자원봉사자에 의한 정책제언은 그 한 가지 예라 할 수 있다.

산림자원봉사 단체의 네트워크에서 탄생한 '숲만들기 정책 시민연구회'는 국가의 산림·임업정책의 전환기에 있어서 3차에 걸친 참신하고 실천적인 정책제언을 하였다(內山編 2001: 120-177). 산림자원봉사자는 무색 투명의 '시민'으로 생각되는 경우가 많지만, 실제로는 다양한 직업에 종사하며 다양한 능력을 가지고 있다. '숲만들기 정책 시민연구회'의 한 회원은 산림 자원봉사자로 활동하는 한편 현의 임업전문직원으로 산림·임업정책의 현장과 관련되어있다. 산림·임업정책을 전문으로 하는 대학교원도 있다. 산림에 관련된 사람의 운영에 대해서 깊이 성찰해온 철학자도 있다. 또 이성이 아닌 감성으로 산림과 관계를 맺어온 사람도 있다.

이러한 다양한 사람들이 직업상의 입장이나 기존의 틀, 벽 등에서 일단 해방되어, 산림 자원봉사자로서 관계를 맺고, 산림 자원봉사 활동을 통해 얻은 지식이나 경험을 공유함과 동시에 개개인이 가진 힘을 모은 것이 '시민'의 정책제안인 것이다. 산림이 직면하고 있는 다양한 문제에 대해서 현장 실천을 바탕으로, 종래의 정책의 문제점이나 한계를 확인한 다음에, '모두의 것'으로서의 산림을 되살리기 위해서는 무엇이 필요한가를 구체적이고 대담하게 제언한 것이다. 비용삭감 일변도의 일반적인 개혁요청과는 대조적인 것이라고 할 수 있다.

### 3.2.2 우리 동네 나무로 집을 짓는 운동

'우리 동네 나무로 집을 만드는 운동'도 산림 자원봉사자의 활동에서 확장된 운동이다. 1980년대 중반에 도쿄의 니시타마(西多摩)에서 시작한 산림 활동에서 임업가와 산림 자원봉사자가 이야기를 나누는 장이 만들어졌다. 여기에서 '나무의 산지 직거래는 가능한가'라는 이야기가 나온 것을 계기로, 산림 자원봉사자, 임업가, 건축가, 제재소, 건축하청업체가 모여 '도쿄의 나무로 집을 만드는 모임'이 발족되었다(羽鳥 2001).

산에서 나무를 기르는 사람, 집을 설계하는 사람, 집짓는 사람, 그 집에서 사는 사람이 얼굴을 아는 관계를 구축하여 집짓기 프로젝트를 공유하려는 것이며, 산과 집이 공감으로서 연결되며, 짓는 사람과 사는 사람 사이에 새로운 관계가 만들어지고 있다. 이러한 노력은 각지로 확산되고 있으며, 전국적인 네트워크 조직도 생겨나고 있다. '돈'에서 일단 거리를 둔 장소에서 생겨난 사람과 사람과의 관계가 집짓기라는 경제활동의 새로운 모습을 창출하고 있는 것이다.

## 3.3 '우리 동네 나무로 집짓기'라는 경제활동

'우리 동네 나무'라고 할 때 '우리 동네'라는 것은 어느 정도는 나무가 자란 곳과 그 나무로 지은 집에 사는 사람 사이의 물리적인 거리도 의미하겠지만, 요점은 오히려 정신적 심리적인 거리에 있다. 한정된 정보 속에서 주택이라는 상품을 선택하는 구매자에 지나지 않았던 사람이 자기 집에 쓰일 나무가 자라고 있는 산림을 알고, 나무를 키워온 사람을 알고, 그곳에 남아있는 추억을 느꼈을 때, 나무는 단순한 상품이 아닌 소중한 것이 된다. 이러한 '우리 동네 나무'를 활용한 집을 임업가에서 가공자, 설계사까지 집에 사는 사람과 함께 만들어 나가는 것이 '우리 동네 나무로 집 만들기'라는 것이다(〈사진 6-2〉 및 〈사진6-3〉 참조). 세분화되어 있는 산에서 주거지까지의 관계를 함께 느낄 수 있는 형태로 연결됨에 따라 통상의 시장과는 다른 경제관계가 만들어지고 있다.

예를 들어, 군마현의 키류(桐生)에서 활동하는 '군마·산림과 주거지 네트워크'에서는 집이 될 목재의 가격을 산의 입장에서 독자적으로 설정함으로써 조금이라도 더 산에 돈을 돌려주어 나무심기에서 벌목까지의 순환이 잘 되도록 하는 체계를 만들려고 하고 있다.

목재는 시장가격보다 비싸지만, 실제로 산을 보면서 가격 설정의 근거를 명확하게 제시함으로써 그 나무로 지은 집에서 살고자 하는 사람을 이해시키고 있다. 실제로 네트워크 활동을 위해서 오가는 시간 등 부담도 증가하고, 임업가의 입장에서는 반드시 경영적으로 편하지는 않다고 한다. 그렇지만 원목시장에서 앞길이 보이지 않았던 시절과 비교해 보면 일의 보람은 큰 차이가 있다. 그리고 동시에 건조 등 목재

〈사진6-2〉 우리 동네 나무로 지은 이타쿠라식의 집(板倉の家)
(필자 촬영, 2006년 4월 이바라키현 이시오카시)

〈사진6-3〉 우리 동네 나무로 집짓기
설계자가 시공자, 집주인과 함께 나무를 고르고 있다.
(필자 촬영, 2007년 1월 이바라키현 이시오카시)

생산에 새로운 책임감도 느끼게 된다고 한다. 한편 그런 나무로 지은
집에 살 사람도 산의 나무가 자라온 세월과 거기에 담겨있는 추억을
알게 되고, 집짓기에 관련된 사람들의 존재를 피부로 느끼면, 이러한

집에서 사는 뿌듯함을 실감하게 된다. 그렇기 때문에 목재가격이 비싸더라도 납득하는 것이다.

원래 현재 주택건축에 필요한 비용 중 목재가격이 차지하는 비중은 크지 않다. 호화스런 시스템 주방을 소박하고 심플한 부엌으로 하는 것만으로도 비용을 절감할 수 있을 것이다. 건물을 짓는 사람이나 설계하는 사람과 함께 지혜를 모으면 다양한 선택지가 생겨나는 것이다. 그 결과 비싸지 않은 수준에서 「나무 집」을 짓는 것이 가능하다.[5] 이러한 '우리 동네 나무로 집짓기' 운동은 각지로 점차 확산되고 있으며, 주류라고 말할 수는 없지만 집짓기의 한 흐름으로 정착되고 있다.

행정구역이라는 틀 안에서 세금이라는 돈을 매개로 연결되는 '모두'의 영역에서는 수치로 측정되는 가치에 중점을 두고, 공공성을 이유로 경제활동이 분절되는 경향이 보이고 있다. 그러나 돈에서 일단 거리를 두고 산림과 신체적 관계를 가진 자원봉사자는 서로에 대한 경험의 누적을 통해 '모두'의 영역을 구축하여 때로는 장소나 벽을 넘어서 사람과 사람이 연결되는 가운데 산림과 사람의 새로운 관계를 만들어내고 있다. 산림에 관계된 경제활동은 '모두'의 영역에서 멀어지는 것이 아니라, 오히려 자연의 '모두'의 영역 속에 존재하고 있다. 개개인의 공감을 기반으로 만들어진 '모두'의 영역은 당연히 개개인의 삶이나 생활에 연결되어 있으며, 여기에서 산림과 관계된 다양한 운영은 소중한 것으로서 빠질 수 없는 존재가 된 것이다.

## 3.4 시민과 지방자치체

앞에서 살펴본 바에 따르면, 시민이 만들어낸 '모두'의 영역은 지방

---

5) 예를 들어 통상 약2배의 목재를 사용하여 목수의 작업시간도 2배 이상 드는 '이타쿠라식의 집'이라도, 목재의 부재 종류를 줄이거나, 격자로 붙이는 내장공사 등 꼭 필요하지 않은 공사를 줄임에 따라 총 공사비용 2,000만엔 정도로 '결코 비싸지 않은' 집이 만들어 진다('나무 집'프로젝트 2001:86-95).

자치체의 그것과는 커다란 차이가 있는 것처럼 느껴진다. 그렇지만 실제로는 지방자치체와 시민이 다양한 관계를 가지고 서로 영향을 주고받고 있다. 예를 들어 앞에서 언급했던 '군마·산림과 주거지 네트워크'가 탄생한 계기를 만든 것은 현 주최의 회의였으며, '산림을 즐기는 모임'의 최초의 활동은 시의 보조금을 받은 연구회의 개최였던 것이다.

지방자치체는 다양한 형태로 시민의 활동을 촉진하고 있다. 직접 자원봉사활동을 지원하는 산림자원봉사 관련 정책도 있고, 시민들의 만남의 장을 주선하는 간접적인 지원도 있으며, 여기에다 정부나 행정의 한계가 시민을 스스로 행동하도록 불러일으킨 경우도 있을 것이다. 거꾸로 산림에 관련된 시민이 지방자치체의 정책 입안과 결정, 실시, 평가 등 모든 과정에 참가하여 정책형성에 직접 관계하는 것도 있다. 행정 측에서도 시민의 제언을 적극적으로 받아들여, 수치로는 드러나지 않는 가치나 사고방식을 정책에 담으려고 하는 움직임이 있다.

이러한 시민과 지방자치체의 관계를 생각해보면, 그야말로 시민이 지방자치체에 '모두'의 영역을 만들어 내는 하나의 날개를 담당하는 존재이기도 하다는 것을 인식하게 된다. 시민은 특정의 누군가를 지목하는 것이 아니라 지방자치체를 구성하는 일원인 개개인이 가진 공공적인 측면을 말하는 것일지도 모른다. 개개인은 어떤 산업에 관련된 사람임과 동시에 생활인이기도 하다. 이기심에 바탕을 둘 때도 있지만, '모두'와 관련된 것을 소중하게 여기며 행동할 때도 있을 것이다. 이러한 다면적인 얼굴을 가진 시민이 지방자치체에서 '모두'의 영역을 만들며, 시장 등에서 사람과 사람의 경제관계도 만들어 내고 있는 것이다.

## 마치며

수년 전, 모 학회 주최의 심포지엄에 참석했을 때의 인상이 지금도 강하게 남아있다.

지방에 대한 공공투자는 도시에 대한 투자와 비교해서 편익을 누리는 사람의 수가 적어 비효율적이다. 따라서 지방에 사는 사람은 도시로 이주해야만 한다는 것을 전제로, 그러면 쉽게 이주할 수 없는 고령자는 어떻게 하는가라는 토론으로 발전했다. 여기에서 어떤 연구자는 '스스로의 선택이다. 죽을 때까지 기다리는 수밖에 없다'라며 지방에 대한 투자의 중지를 주장하고, 이에 대해서 가장 온건한 입장을 제시한 연구자는 '아니다. 안락사 시켜야 한다'며 재정지출의 단계적 축소를 주장하였다.

단상 위에 있는 사람들은 정부관계의 각종 위원을 역임하고 있는 학식이 풍부한 연구자들이나, 매스컴에 등장하여 뉴스를 해설하는 저명한 연구자 등이었다. 이런 그들의 진면목을 볼 수 있었던 토론이었다. 사람도 생명도 삶도 모두가 단순한 숫자로 바뀌어, 그 숫자의 많고 적음으로 '모두의 것'의 가치가 평가되는 세계를 눈앞에서 본 것이다. 무언가 공포스러운 것과 만났다는 느낌이었다. 그렇지만 실은 나 자신도 의식하지 못한 채 그런 세계를 만들어나갔던 것은 아닌지 모르겠다.

10년 전, 산림을 둘러싼 '모두'의 세계란 어떠한 것인가 고민하는 가운데 '공동자원'라는 단어를 만났을 때, 뭐랄까 정부나 시장이 가지고 있는 문제나 갈피를 못 잡는 현상을 타개할 수 있는 구세주와 같은 느낌이었다. 그러나 실은 구세주가 어딘가에 있는 것이 아니고, 문제의 한 축을 담당하고 있는 것도 우리 자신이며, 이를 타개할 수 있는 것도 우리 자신밖에 없을 것이다.

# 참고문헌

安藤邦廣, 2005, 『住まいを四寸角で考える-板倉の家と民家の再生』, 學芸出版社.

石崎涼子, 2002, 「自治體林政の施策形成過程-神奈川縣を事例として」『林業經濟研究』48(3) : 17-26.

石崎涼子, 2004, 「神奈川縣による森林整備施策と林業勞動」『平成15年度林業勞動雇用改善促進事業調査研究事業報告書』, 全國森林組合連合會, 42-60.

石崎涼子, 2006, 「都道府縣による森林整備施策と公共投資」日本地方財政學會編, 『持續可能な社會と地方財政』, 勁草書房, 49-68.

石崎涼子, 2008, 「都道府縣の森林環境政策にみる公私分担」金澤史男編著, 『公私分担と公共政策』, 日本經濟評論社.

井上眞, 2001, 「地域住民·市民を主體とする自然資源の管理」井上眞·宮内泰介編, 『コモンズの社會學』, 新曜社, 213-235.

井上眞, 2004, 『コモンズの思想を求めて-カリマンタンの森で考える』, 岩波書店.

內山節, 1997, 『貨幣の思想史-お金について考えた人びと』, 新潮社.

內山節, 2003, 「森林ボランティアの可能性と課題」山本信次編, 『森林ボランティア論』, 日本林業調査會, 183-206.

內山節編, 2001, 『森の列島に暮す-森林ボランティアからの政策提言』, コモンズ.

內山節·大熊孝·鬼頭秀一·榛村純一編, 1999, 『市場經濟を組み替える』, 農産漁村文化協會.

金澤史男, 2002, 「公共事業分析の課題と改革の視点」金澤史男編, 『現代の公共事業』, 日本經濟評論社, 1-22.

北尾那伸, 2002, 「ローカル·コモンズと公共性」宇野重昭·增田祐司編, 『21世紀北東アジアの地域發展』, 日本經濟評論社, 249-266.

北尾那伸, 2005, 『森林社會デザイン學序說』, 日本林業調査會.

鬼頭秀一, 1996, 『自然保護を問いなおす』, 筑摩書房.

「木の家」プロジェクト編, 2001, 『木の家住むことを勉强する本』, 農産漁村文化協會.

小池正雄, 2003, 「21世紀型森林資源管理とその担い手に關して考える-長野縣における取り組みを事例として」『國民と森林』84 : 4-12.

高知縣次期森林環境稅檢討プロジェクトチーム, 2007, 『次期森林環境稅檢討プロジェクトチーム報告書』8月.

多變田政弘, 1995, 「自由則と禁止則の經濟學, 市場·政府·そしてコモンズ」室田

武・多邊田政弘・槌田敦編, 『循環の經濟學』, 學陽書房, 49-146.

多邊田政弘, 2004, 「なぜ今『コモンズ』なのか」室田武・三俣學, 『入會林野とコモンズ–持續可能な共有の森』, 日本評論社, 215-226.

羽鳥孝明, 2001, 『遊ぶ！レジャ–林業』, 日本林業調査會.

平山友子, 2004, 「地域材の家づくりで信賴關係を築き直す」『住宅建築』 355 : 89-92.

藤村美穗, 2001, 「『みんなのもの』とは何か」井上真・宮內泰介編, 『コモンズの社會學』, 新曜社, 32-54.

保母武彦, 2001, 『公共事業をどう變えるか』, 岩波書店.

三井昭二, 1997, 「森林からみるコモンズと流域–その歷史と現代的展望」『環境社會學研究』 3 : 33-46.

三井昭二, 1998, 「森林管理主體における伝統と近代の地平」『林業經濟研究』 44(1) : 11-18.

三井昭二, 2003, 「森林保全のための上下流協力と自治機能」『都市問題』 94(12) : 51-66.

三井昭二, 2005, 「入會林野の歷史的意義とコモンズの再生」 林業環境研究會編, 『林業環境2005』, 林業文化協會, 42-52.

山本信次, 2003, 「森林ボランティア–どこから來て, どこに行くのか」山本信次編, 『森林ボランティア論』, 日本林業調査會, 15-28.

柳幸廣登・山田茂樹, 2005, 「新規就業者の募集・採用にみられる變化」 柳幸広登・志賀和人, 『構造不況下の林業勞動問題–林業勞動對策の展開と地域對應』, 全國森林組合連合會.

# 소유형태로부터 본 입회임야의 현상
## -나가노현 호쿠신 지역을 사례로

야마시타 우타코(山下詠子)

## 머리말

일본의 농산촌에 가면, 마을이나 부락[1]이라고 불리는 지역집단이 지역공유의 산이나 숲을 가지고 있는 경우가 많다. 그러한 산림·원야는 입회임야로 불린다. 입회임야는 불과 4·50년 전만 해도 논밭의 비료와 우마의 사료가 되는 풀과 땔감, 집짓는데 쓸 재료 등 생활에 없어서는 안 되는 자원과 자재의 보고였다. 마을이나 부락은 자원이 고갈되지 않도록 입회임야를 이용할 수 있는 기간, 임야에서 채취할 수 있는 양, 사용할 수 있는 도구 등에 관한 상세한 규약을 만들어 입회임야를 공동으로 관리하고 이용해 왔다.

이렇게 일상생활에 없어서는 안 되는 입회임야였지만, 전후 급속한 경제발전과 사회변화에 의해 이용 방식이 변화해 왔다. 에너지 혁명과 화학 비료의 발달에 의해 사람들은 풀을 베어오거나 땔감을 주어올 필요가 없게 되었다. 또 한편 전후부흥 속에 목재수요가 늘고 목재가격이 상승하면서 황폐했던 산에 조림이 활발히 이루어졌다. 입회임야도

---

1) 이 장에서는 '부락'이라는 용어를 '촌락공동체'를 지칭하는 것으로 사용한다. 학계의 관례도 그렇지만, 현지에서도 '부락'이라는 호칭을 사용하는 것에 따른다.

예외가 아니어서 주민들이 입회임야에 열심히 조림활동을 전개했다. 그렇게 해서 땔감용 숲과 초지였던 입회임야의 대부분은 삼나무, 편백 나무, 소나무 등의 침엽수인 공림으로 바뀌었다.

그러나 그 후에는 처음 기대와는 정반대의 결과가 나타났다. 따라 가지 못하는 목재공급에 대응하기 위해서 목재 수입이 시작됐지만, 수 입에 극단적으로 의존하면서 목재가격이 하락하고 다시 침체를 가져 왔다. 과거에 열심히 심었던 나무들은 자라고 있지만, 벌채를 하더라도 채산이 맞지 않기 때문에 방치되고 있다. 이런 와중에 땔감용 숲에서 인공림으로 변모한 입회임야는 발을 들여놓을 수 없게 된 채 사람들의 의식으로부터 멀어져 가고 있다. 인공림은 나무를 심은 후에도 계속 관리가 필요한데, 방치되면 토사재해의 방지와 수원함양이라고 하는 숲의 기능을 저하시키고 야생동물에 의한 피해도 초래한다. 또 장소에 따라서는 입회임야가 개발대상이 되어 임야로 존속하는 것이 위태롭 게 되기도 한다. 입회임야는 사람들이 생활하는 장에 가장 가까운 숲 인데도 입회임야와 인간의 관계성은 벌써 무너지기 시작했다.

이 장에서는 입회임야가 현재 어떤 상황에 처해있는가를 현지조사 를 통해서 살펴볼 것이다. 이를 위한 접근방법(approach)으로 입회임야 의 '소유'라는 측면에 주목한다. 다만 입회임야를 살펴보기 위해서는 '임야가 누구에 의해 어떻게 이용되고 있는가?' 등의 그 밖의 측면도 함께 고찰할 필요가 있다. 공동자원론에서도 많은 공동자원이 구체적 인 사례조사를 통해 소유보다도 이용과 관리의 실태를 살펴보는 것이 중요하다는 점이 지적되고 있다(井上 2004: 56 참조). 필자도 이런 지적 에 동의한다.

이렇게 이용과 관리가 더 중요하다고 하는데, 굳이 입회임야의 소 유에 주목하는 이유는 첫째로 일본에서는 소유권이 이용의 실태보다 도 강한 영향력을 가지고 있기 때문이다. 입회권을 가지고 있다고 주 장하는 입회집단과 입회임야의 토지소유자 사이에서 권리관계를 둘러싼 갈등이 끊임없이 발생해 온 것이 이를 잘 보여주고 있다. 더욱이 입회임야의 입지 조건이 변화하고, 개발 등으로 인해 입회임야로서의 기능이 사라진다는 우려가 있는 경우에 소유권의 확보는 입회임야의 존속이 걸린 최후의 방어선이 된다. 그래서 소유를 통해 입회임야를 이후 어떻게 하면 좋을지 생각해 보고 싶다.

또한 이 장에서는 '소유형태'라는 용어를 법학에서의 의미가 아니라 '토지등기명의'라는 의미로 사용한다. 또 '입회임야'에 엄밀한 의미에서는 현재 입회지가 아닌 것(재산구와 생산삼림조합 등)도 포함시켜 넓은 의미로 사용한다.


# 1. 입회임야에 대한 근대화 정책의 변천

## 1.1 입회권과 등기

입회임야에는 입회임야를 관리·이용하는 권리인 '입회권'이 작동하고 있다.[2] 입회권은 토지소유권이 누구에게 있더라도 성립하는 권리지만, 입회권으로는 등기를 할 수 없기 때문에 실제로는 토지소유권이 큰 의미를 가지게 된다. 게다가 등기제도 상에 골치 아픈 문제가 자리잡고 있다. 현재의 등기실무에서는 자연인이나 법인만이 등기명의인으로 인정되기 때문에 법인격을 가지지 않는 입회집단은 그 집단의 명의로 토지소유권을 등기하는 것이 가능하지 않은 것이다. 이러한 사정 때문에 입회임야의 등기는 여러 가지 비정상적인 방법으로 이루어져 왔다. 등기명의로는 개인소유, 기명공유, 신사·절소유, 법인(공익법인,

---

2) 입회권에는 민법제 263조에 규정돼 있는 '공유의 성질을 가진 입회권'과 민법제 294조에 규정돼 있는 '공유의 성질을 가지지 않은 입회권'의 2종류가 있다.

주식회사 등)소유, 구(區)소유, 부락소유, 재산구(財産區)소유, 시정촌소
유, 국가소유 등, 거의 모든 임야의 소유형태를 볼 수 있다. 이렇게 다
양한 임야의 등기명의는 명치시대 이후 입회임야를 근대화하기 위해
채택한 일련의 정책이 가져온 결과라고 할 수 있다. 이제 근대화 정책
이 어떻게 변화해 왔는가를 추적해 보도록 하자.

## 1.2 입회임야의 근대화 정책

입회임야에 최초로 큰 영향을 미친 것은 메이지 초기의 지조개정에
따라 실시된 관민소유 구분 정책이다. 모든 토지를 관유지[3]와 민유지
로 구분하는 관민소유 구분에서 입회임야는 민유지 제2종으로 구분되
었다. 그러나 그 인정기준이 엄격했기 때문에 많은 입회임야는 관유지
로 편입되었다. 또 민유지로 구분되더라도 세금을 새로 내야 했기 때
문에 세금을 피하기 위해 입회집단 스스로 관유지로 편입되기를 희망
하기도 했다. 관유지에 편입되더라도 그 지역 주민은 이전과 마찬가지
로 임야를 이용할 수 있었지만, 나중에 정부는 주민들을 관유지에서
쫓아냈다. 생명선이기도 한 임야의 이용을 금지당한 것에 대해 농민들
은 구래의 입회임야를 돌려받기 위해 '국유임야 반환운동'이라는 형태
로 격렬하게 저항한다. 1899년에는 국유토지삼림원야반환법이 제정되
고, 반환을 청구하는 2만 건 넘는 신청이 이루어졌는데, 그 대부분은 받
아들여지지 않았으며, 임야는 주민들에게 원래대로 반환되지 않았다.

1889년에 실시된 정촌제(町村制)는 관유지 편입을 피했던 입회임야
가 공유지로 편입되는 단초가 되었다. 명치 대합병으로 마을이 합쳐져
서 새로운 정촌이 생겨났지만, 새 정촌은 재정적으로 궁핍해서 이전에
마을에서 가지고 있던 재산을 정촌소유 재산으로 모으려고 했다. 합병

---

3) 관유지란 현재의 '국유지'로 당시에는 그렇게 불렸다.

전에 무라(村), 오아자(大字: 무라를 이루는 행정단위), 쿠미(組) 등이 가지고 있던 입회임야는 부락소유임야라고 하는데, 정부는 그 중 무라, 오아자, 쿠미 등의 명의로 되어 있던 것을 공유재산으로 보고 새 정촌에 포함시키려고 했다. 그러나 그에 대한 마을의 저항은 정촌병합을 어렵게 할 정도로 격렬한 것이었다. 그 때문에 정부는 타협책으로 마을이 재산을 가지고 독자적으로 관리·운영하는 것을 인정하는 제도(이른바 구재산구제도(舊財産區制度))를 만들었다. 아울러 공유지에 대한 입회관행을 인정하는 구(舊)관행사용권을 규정했다.

이어서 1910~39년에는 부락소유임야를 시정촌소유임야로 편입하는 부락소유임야 통일정책을 강력하게 추진한다. 그러나 이에 대해서도 농민이 격렬하게 저항했기 때문에, 타협책으로 형식상으로는 시정촌소유임야로 하면서도 실질적으로는 부락주민이 관리·이용하는 부락소유임야의 형태가 다수 생겨났다.

전후인 1947년에 제정된 지방자치법에는 정촌제를 계승한 형태로, 관례에 따른 사용권(구관사용권)과 재산구에 관한 규정이 만들어 졌다. 1953년에는 정촌합병촉진법이 시행되어 시정촌의 재편이 대규모로 이루어졌는데, 다수의 재산구(이른바 신재산구)가 창설되었다. 또 전후 황폐해진 임야에 조림하는 것이 과제로 되면서 1966년 '입회임야등에 대한 권리관계의 근대화 촉진에 관한 법률(이하, 입회임야근대화법)'이 제정됐다. 이 법률의 목적은 입회권·구관사용권의 존재가 입회임야·구관사용임야의 고도이용을 저해하고 있다는 관점에서, 입회권·구관사용권을 해소하고 근대적 권리인 소유권과 지상권을 설정하여 토지의 농림업 상의 이용을 증진하는 데 있었다. 입회권·구관사용권을 해소한 후의 경영형태는 개인경영, 공유경영, 협업경영(법인경영)의 3종류로 나뉘지만, 머지않아 행정지도를 통해 협업화(주로 생산삼림조합)를 추진하게 되었다. 이에 따라 입회임야 근대화정비를 행한 후에 많은 생산삼림조합이 설립되게 되었다. 그 후에는 입회임야를 대상으로 했던 주요 정책이 철회되지 않고 현재에 이르고 있다.

이상과 같이 입회임야가 여러 차례 국·공유화의 위기에 처했지만, 입회집단은 지혜를 모아 여러 가지 방어책을 마련했다. 부락소유임야의 등기명의가 구 마을과 오아자이면 공유지로 처리됐기 때문에 사유재산이라고 하기 위해 부락의 대표자 개인 또는 대표자 몇 명 명의로 바꾸거나 입회권자 전원의 공동명의로 한 사례가 많이 있었다. 또 단체 명의로 등기하기 위해서는 법인격을 가지고 있어야 했기 때문에 입회집단을 모태로 공익법인을 설립하거나, 회사와 조합을 조직하여 법인 명의로 등기한 곳도 있었다. 그밖에도 부락에 있는 절이나 신사 명의를 빌려 등기한 곳도 눈에 띈다.

그리고 현재 새로운 소유형태가 확산되고 있다. 지방자치정책으로 1991년에 만들어진 제도인 '인가지연단체(認可地緣團體)'[4]에 의한 입회임야의 소유다. 정내회(町内會), 자치회 등의 지연에 의한 단체의 다수는 공민관 등의 부동산을 보유하고 있지만 그것들을 단체 명의로 등록하는 것이 불가능해서 문제가 됐다. 그런 문제들을 해결하기 위해서 개정된 지방자치법에 의해 일정 조건을 만족시키는 지연단체는 시정촌의 허가로 법인격을 부여 받아 공민관 등과 유사한 임야를 보유할 수 있게 됐다. 인가지연단체제도는 지금까지 불가능했던 입회임야의 단체명의 등기를 가능하게 했기 때문에 부락 등 지연단체가 인가를 받아 그 명의로 임야를 등기하는 움직임이 조금씩 확산되고 있다.

## 1.3 입회임야의 소유형태별 면적

다음으로 이상의 각 소유형태별 입회임야가 각각 어느 정도 되는가를 살펴보자.[5] 〈표7-1〉의 1960년 세계농림업센서스에 따르면, 입회림에

---

4) 이 장에서는 인가 받은 '지연에 의한 단체'를 인가지연단체로 부르기로 한다.

5) 자료는 1960년의 『世界農林業 センサス』를 사용했다. 지금까지 있었던 입회

해당하는 '관행공유'의 산림(원야는 포함하지 않음) 중에서 사업체 전체의 거의 반 정도가 기명공동소유형태를 취하고 있다는 것을 알 수 있다. 다음으로 많은 것이 신사·절소유, 그리고 자구(아자와 구)소유 순이다.[6] 그 밖에 단체와 조합도 수적으로 적지 않다고 해도 좋을 것이다. 한편 면적을 보면, 공유를 필두로, 재산구소유, 자구소유 순으로 크고, 그 셋이 전체의 80% 이상을 차지한다. 더구나 재산구는 사업체 수가 적고 차지하는 면적이 커서, 한 재산구의 평균 임야면적은 다른 것들에 비해 상당히 크다는 것을 알 수 있다.

이 자료는 전국 총계의 자료인데, 실제로 소유형태는 지역에 따라 상당히 차이가 크다. 그것은 관유화로 시작되어 공유화(또 입회임야근대화정비사업)에까지 행정이 깊이 개입했는데, 자치단체에 따라 대응에 차이가 있었다는 것이 하나의 이유다. 뿐만 아니라 입회집단이 주체적으로 소유 방식을 모색했던 경우 어떤 소유형태를 선택하는가는 이웃 집단의 움직임에 영향을 받는 등 우발적인 요인이 작동했기 때문으로 생각된다.

---

임야에 대한 전국조사 가운데 입회적 이용이 있는가에 관해 중점을 두고 조사한 것이었다. 실제로는 1966년의 입회임야근대화법과 입회임야근대화정비사업에 의해 소유명의를 바꾼 입회집단이 다수 존재한다. 그러나 예를 들어 개인소유로 바꾼 경우, 등기명의상에서는 순수한 개인소유인지 아니면 개인소유란 이름으로 실제로는 입회임야로 마을이나 부락에서 관리하고 있는지 구분되지 않는다. 이 때문에 변화하기 전의 상황을 파악하기 위해 1960년 센서스를 활용하는 것으로 했다. 다만 이 센서스는 산림을 대상으로 하고 있고 원야는 조사하지 않았다. 덧붙이면 원야는 1955년 공유림 조사에 의하면 45만 정보였다고 한다.

6) 토지의 등기에는 표제부의 등기(표시등기)와 소유권의 등기(권리등기)의 2종류가 있고, 소유권의 등기는 의무사항은 아니다. 다만 매매와 증여에 의한 이전등기와 상속등기, 또 지상권을 설정하기 위해서는 소유권의 등기가 필요하다. 현재의 등기법으로는 권리를 등기할 수 있는 것은 개인과 법인에 한정된다는 점에서 자구 등의 등기명의는 표제부만의 등기라고 생각한다.

〈표7-1〉 입회임야의 소유명의별 임업사업체수와 면적

| 소유명의 | 사업체수 | 면적 (1000정보) | 비율 | |
|---|---|---|---|---|
| | | | 사업체수(%) | 면적(%) |
| 총수 | 109,909 | 1,603 | 100 | 100 |
| 개인 | 3,050 | 26 | 3.0 | 1.6 |
| 회사 | 56 | 1 | 0.0 | 0.1 |
| 신사·절 | 21,643 | 75 | 21.1 | 4.7 |
| 공유 | 52,250 | 500 | 50.9 | 31.2 |
| 단체 | 2,887 | 86 | 2.8 | 5.4 |
| 조합 | 2,112 | 73 | 2.1 | 4.5 |
| 아자·쿠 | 18,120 | 325 | 17.6 | 20.3 |
| 구시정촌 | 543 | 26 | 0.5 | 1.6 |
| 재산구 | 2,047 | 491 | 2.0 | 30.6 |

(출처) 農林省編, 1960, 『世界農林業センサス (慣行共有編)』
(주) 센서스에 '관행공유'로 조사된 산림면적. 면적: 보유산림 0.1정보 이상의
소유 산림면적. 사업체수: 사업체의 총수에는 보유산림 0.1정보 이상으로
산림 소유권을 가지지 않은 것도 포함되어 합계와 일치하지 않음.

## 2. 나가노현 호쿠신 지역 입회임야의 여러 가지 소유형태

이 절에서는 나가노현 호쿠신 지역에 있는 이야마시(飯山市), 사카에촌(榮村), 야마노우치정(山ノ内町)을 무대로 '입회임야의 소유형태에는 어떠한 것이 있는가?' 또 '어떠한 경위로 그 소유형태를 취하게 되었는가?'의 실태를 밝히려 한다. 이 지역은 니가타현에 접해 있고 동해에서 가깝기 때문에 겨울에는 2~3m까지 눈이 쌓이는 지역이다. 예전부터 농업을 기간산업으로 해왔지만, 스키 산업이 발달하면서 관광산업도 중요한 위치를 차지하고 있다. 조사사례지의 위치를 〈그림7-1〉에, 각 시정촌의 개요를 〈표7-2〉에 담았다.[7]

---

7) 현지조사는 2004년 8, 10, 11월 또는 2005년 12월에 대략 25일간에 걸쳐 실시했다. 조사방법은 주로 면접이다.

〈그림7-1〉 나가노현 호쿠신 지역

〈표7-2〉 나가노현 호쿠신 지역 시정촌의 개황(2000~05년)

| | 인구(명) | 세대수<br>(세대) | 총토지면적<br>(ha) | 임야면적<br>(ha) | 경지면적<br>(ha) | 임야율<br>(%) |
|---|---|---|---|---|---|---|
| 이야마시 | 26,204 | 8,211 | 20,232 | 12,205 | 3,730 | 60.3 |
| 야마노우치정 | 15,585 | 5,054 | 26,593 | 23,651 | 1,090 | 88.9 |
| 사카에촌 | 2,607 | 901 | 27,151 | 23,662 | 722 | 87.1 |

(출처) 農林水産省編, 『2000년世界農林業センサス』, 總務省編, 『國稅調査』『市町村人口移動調査』.
(주) 이야마시와 사카에촌의 인구 및 세대수는 2004년 자료, 야마노우치정의 인구 및 세대수는 2005년 자료.

## 2.1 개인소유·기명공유·사찰소유

개인소유·기명공유라는 형태로 등기된 입회임야는 〈표7-1〉에서 본 전국의 동향과 비슷하게 이 장의 조사지에서도 가장 광범위하게 확인되는 형태였다.

등기명의인은 1인인 경우도 있지만, 여러 명이 이름을 적어 공유한 경우도 많았고, 대표자로 선임된 사람은 등기할 당시의 구장과 임야를 관리하는 대표자가 많았다. 또 부락 전체 가구의 이름이 줄줄이 나와 있는 전원에 의한 기명공유와, 이름은 적지 않고 간단히 '○○외 몇 명' 이라고 한 공유의 형태도 있다. 신사와 절 이름으로 등기되어 있는 경우에도, 그 대다수는 마을의 수호신을 모신 신사와 마을에서 관리하는 절인데, 신사와 절의 이름을 빌려 등기를 했을 뿐이다. 그런 등기는 부락 이름과 오아자 이름 등으로 등기되어 있었던 입회임야가 시정촌소유 재산으로 편입되는 것을 피하기 위한 수단이었다고 생각한다.

사카에촌 니테노구(極野區)는 지쿠마강(千曲川)의 지류인 기타노천(北野川: 시쿠미천(志久見川)이라고도 함) 줄기를 거슬러 올라가면 가장 마지막에 있는 마을이다(사진7-1). 구성세대는 25세대로 큰 마을은 아니지만, 마을 뒤에 832ha의 광대한 입회임야를 가지고 있다. 그 임야의 등기는 '○○외 몇 명'이라고 하는 공유명의로 되어 있다. 니테노구에서는 지금까지 명의인이 사망한 경우에 그때마다 상속등기를 해오고 있다. 상속등기의 비용은 구비에서 지출했지만, 한번 할 때마다 약 10~20만 엔이 들고 정기적으로 등기경비가 든다. 입회집단이 작은데도 니테노구가 깔끔하게 상속등기를 하고 있는 것은 입회임야에 대해 '자신들의 것'이라는 의식이 강하다는 것을 보여준다고 생각한다.

니테노구의 입회임야에서는 예전처럼 천연림을 벌채해 마을의 공익비를 충당하거나 숯굽기를 하는 일은 없어지게 되었다. 하지만 산채와 버섯의 채취는 지금도 활발히 이루어지고 있다. 니테노의 산채와 버섯은 특히 맛이 좋다는 평판 때문에 지인에게 나누어줄 뿐만 아니라 사카에촌 안의 민박·여관과 휴게소, 상점에 출하도 하고 있다. 최근에는 구민이 아닌 사람이 제멋대로 산채를 가지고 간 것이 문제가 돼서, 어떻게든 하지 않으면 안 되겠다는 분위기가 주민들 사이에서 확산되었다.

〈사진7-1〉 나가노현 사카에촌 니테노구(필자 촬영, 2004년):
니테노구는 산간마을이다.

　그와 관련하여, 마을의 활성화를 위해 입회임야의 자원을 활용하자
는 이야기가 지지를 얻고 있다. 다른 지역보다도 질이 좋은 니테노의
산채 자원에 주목하고 고령자의 노동력을 활용하는 산채사업을 일으
키자는 제안을 2004년 구장이 제출했던 것이다. 산채는 약간의 손질을
하는 것만으로도 큰돈을 들이지 않고 재배할 수 있어서 7~80대의 경험
많은 노인들이 활약할 수 있었고 그것이 사는 보람도 가져다주었다.
또 간판을 세우고 산채를 손질하는 것으로 외부인이 산채를 가지고 나
가는 것을 방지하는 결과도 가져왔다고 한다. 산채조합의 활동은 아직
시작일 뿐이지만 구 전체 활성화의 계기가 되지 않을까라는 기대를 하
고 있다. 니테노구가 현재도 임야를 계속해서 이용하고 있기 때문에,
'자신들의 것'이라는 의식과 함께 바람직한 소유의 모습을 열심히 찾아
가려는 조짐도 보이는 것일 것이다.
　니테노구를 모범적인 사례로 여기에 소개했지만, 니테노구처럼 기
명공유임야에 상속등기를 해 온 것은 오히려 예외적이며, 오래된 명의

를 그대로 둔 경우가 많다. 입회집단 안에도 그것에 대해 불안하게 생각하고 문제로 보는 사람도 있지만, 등기를 변경하는 데는 일을 맡아줄 사람과 경비를 마련할 수 있는가가 결정적으로 중요한 것으로 보인다.

## 2.2 생산삼림조합소유

생산삼림조합은 삼림조합법에 규정되어 있는 협동조합조직이다. 그 이념은 조합원 스스로가 자금과 숲을 출자함으로써 조합이 숲을 소유하고, 조합원이 제공하는 노동으로 기계화와 협업화를 촉진하며 경영의 발전을 꾀하는 것이다. 생산삼림조합의 경영에는 조합원 스스로가 작업에 종사하지 않으면 안 된다는 상시종사의무와 조합 수익은 조합의 사업에 종사했던 시간에 따라 배당한다는 종사분량배당이라는 규정이 설정되어 있다.

생산삼림조합 제도가 창설된 것은 1951년으로 그 즈음부터 조합이 서서히 설립되다가 1966년 입회임야근대화법이 제정되고 입회임야근대화 정비사업이 시작되면서 조합수가 큰 폭으로 늘어났다. 생산삼림조합이 입회임야를 정비해서 만들어야 할 바람직한 형태로 인식되어 정책적으로 설립이 추진되었기 때문이다. 다음에 다룰 쓰키오카(月岡)삼림생산조합도 입회임야근대화 정비사업에 따라 설립된 것이다.

사카에촌 쓰키오카구(月岡區: 54세대)에서는 기명공유로 등기되어 있던 입회임야에 입회임야근대화 정비사업을 도입하여 1974년에 생산삼림조합을 설립했다. 전체 가구의 주민이 조합의 구성원으로 되어 있다. 조합이 소유하고 있는 숲면적 337ha 중 약 100ha에는 녹색자원기구와 사카에촌이 행한 조림에 의해 분수림(分收林)이 조성되어 있다.[8]

---

[8] 분수림이란 토지 소유자와 조림자(또는 조림과 육림의 비용 부담자)가 계약에 따른 비율로 벌채수입을 나누어 갖는 제도다.

조합직영림 중 약 50ha는 주민들이 조성한 조림지(수령 20~35년의 삼나무)다.

조합의 재정상황을 보면, 녹색자원기구와의 분수조림을 도입하면서 조림하기 전에 있던 천연의 너도밤나무 숲을 벌채하여 큰 수익을 얻었다. 그 수익금은 구의 재산으로 편입하여 공민관의 건설 같은 일에 마을 부담금 등으로 활용해 왔다.

생산삼림조합의 임원은 12명이며, 임원의 의무적 작업인 산의 손질, 답사와 사전준비(도로 정비 등)을 수행하고 있다. 될 수 있는 한 많은 사람이 임원을 맡도록 전체 12명 중 6명을 3년 마다 다시 뽑고, 업무 내용을 이어받을 준비를 하게하고 있다. 또 조합에서는 현재도 주민이 숲관리활동을 의무적으로 하고 있다. 작업은 1년에 한번 한나절, 20대부터 70대까지 다양한 연령대의 주민 40명 정도가 참가한다. 최근 수년 간 간벌작업을 해왔지만, 간벌은 위험할 뿐만 아니라 기술이 필요하기 때문에, 조합임원은 만약 사고가 발생하면 의무적 간벌작업이 중단되어 버릴 것이라고 생각하고 있다.

작업에는 경비가 필요한데, 쓰키오카에서는 조합이 직접 중앙정부와 현의 보조금을 받아 경비를 마련하고 있다. 주민 스스로의 관리활동 이외에 2003년부터는 숲정비지역활동지원교부금을 도입하여 삼림조합에 위탁해 숲관리작업을 하고 있다. 전조합장은 "산이 있는 만큼 도망갈 수도 없고 좋은 산으로 만들어 아이들에게 넘겨주고 싶다. 그것을 위해서는 어느 정도는 보조금에 의존해서라도 관리작업을 계속해 나가려고 한다"고 산을 향한 뜨거운 마음을 이야기했다.

임업불황에 따라 적자경영을 피할 수 없게 된 생산삼림조합이 많아졌지만, 쓰키오카에서는 분수조림을 도입할 때 생겼던 벌채수익이 큰 도움이 되고 있는 것 같다. 그러나 그뿐만 아니라 조합원 스스로 적극적으로 임업경영활동을 해서 생산삼림조합을 지탱하고 있는 것이다.

입회임야정비사업을 해서 입회집단이 생산삼림조합으로 모습을 바

꾼 경우 법인격을 얻을 수 있기 때문에, 이전과 같은 등기상의 문제는
없어진다. 또 생산삼림조합에는 몇 가지 임업경영상 유리한 장치가 마
련되어 있어서, '건전한 임업생산활동'을 하고 있는 경우에는 장점이
많다. 하지만 그렇게 하고 있지 못한 경우라면 어떻게 될까? 생산삼림
조합이 되기 전에는 필요 없던 법인세 납부와 법인특유의 회계사무 등
에 드는 유지비가 경영을 압박할 정도의 부담이 돼버릴 것이다. 이런
사정 때문에 최근에는 생산삼림조합이 잇따라 해산되고 있다(界 2005
참조). 그리고 해산 후에도 집단적으로 임야를 등기하기 위해 안전판
으로 인가지연단체를 선택하는 움직임이 확산되고 있다. 정부가 선도
해서 설립된 생산삼림조합의 해체를 막기 위해서는 제도 측면에서 재
검토가 필요한 것이 아닐까?

## 2.3 재단법인소유

재단법인은 공익법인의 하나로 민법에 규정되어 있다.[9] 개인과 법
인으로부터 기부 받은 기본재산을 가지고 설립되어 그 재산을 관리·운
용하는 단체다. 입회집단을 모체로 해서 설립된 재단법인은 숫자는 적
지만 전국적으로 존재하고 있다.

야마노우치정 유다나카구(湯田中區: 864세대)는 온천자원의 혜택을
받아 오래 전부터 온천장으로 발전해온 지역이다. 유다나카부락의 입
회임야는 관민소유를 구분할 때 관유림으로 편입되었지만, 각고의 노
력으로 1880년에 민유지재지정을 달성하여 돌려받게 되었다. 1889년에
정촌제를 실행하면서 유다나카부락은 구로 편성되고 입회임야는 공공
재산으로 편입되게 되어 있었지만, 유다나카구 명의로 바꿔 이를 피했

---

9) 공익법인에는 재단법인과 사단법인의 2종류가 있다. 입회집단을 모체로 해
   서 설립된 공익법인 중에는 재단법인뿐만 아니라 사단법인도 있다(石村
   1958 참조).

다. 유다나카구 소유임야가 된 뒤로도 부락주민은 이전처럼 임산물을 채취했다.

그러나 1907년경부터 부락소유 재산의 통일이 강력히 추진되어 현은 행정권을 내세워 유다나카 구민을 유다나카구 소유림에서 몰아내기 시작했다. 궁지에 내몰린 구의 당사자들은 하라요시미치(原嘉道: 나중에 사법대신과 추밀원의장을 역임) 변호사에게 상담했는데, 그는 유다나카촌에 재단법인을 조직하고 부락소유임야의 영구적인 지상권을 기본재산으로 설정할 것을 제안했다. 그에 따라 재단법인설립을 전제로 부락소유임야의 정리·통일을 받아들이고 1927년에 재단법인 헤이온촌(平穩村)공익회가 설립되었다. 또한 2차대전 후인 1955년에 촌(행정단위)소유임야에 설정된 지상권은 해소되었고, 소유권이 공익회로 이전되었다.

공익회의 구성원은 보타이인(母體員)이라고 부르는데, 현재 유다나카구 전체 약 750가구 중에서 598가구가 구성원으로 되어 있다. 전입자에 대해서는 1994년 이전에 전입한 사람에 한해 전입 후 15년이 넘었고 동시에 그동안 공익회의 업무에 기여한 것 등을 조건으로 보타이인으로 받아들였지만, 현재의 전입자에게는 문호를 개방하지 않고 있다. 또 유다나카구에서 전출한 사람은 자격을 잃어버린다. 공익회의 운영체제로는 이사회가 최고의결기관으로 되어 있고, 이사회는 총무, 온천, 산림, 공유지, 야키비타이산(燒額山), 법규의 6위원회로 조직되어 있다. 임원은 이사를 포함 21명이고, 상근의 사무직원 1명을 두고 있다.

공익회의 주요 재산은 산림원야와 호시가와(星川)온천이다. 산림의 면적은 1,111ha이고, 그 외에 이웃 쿠쓰노구(沓野區)가 모체가 되어 공익회와 비슷한 형태로 설립한 '재단법인 화합회(和合會)'와 공동소유로 이와스게(岩菅)공유림 4,637ha를 보유하고 있다. 그밖에 운용재산으로 스키장, 온천권 등을 가지고 있으며 그 사용료가 주된 수입원이다. 한편 지출로 가장 큰 것은 양수와 온도조절이 필요한 온천의 관리비다.

그밖에는 신사 건물의 보수, 지역만들기와 각종 활동에 대한 보조금으로 지역에 환원하고 있다.

공익회 산림의 일부는 구역을 나누어 조별로 할당되어 있는데 이를 조할산(組割山)이라고 한다.[10] 유다나카구의 각조는 따로따로 목욕탕을 가지고 있는데 목욕탕을 개축할 때는 막대한 비용이 필요하기 때문에 조마다 조할산에 삼나무와 낙엽송을 심어왔다. 현재도 각조마다 경계 순찰 등은 실시하고 있다.

재단법인 공익회의 설립은 유다나카 부락민이 전략적으로 또 끈질기게 입회임야를 지켜왔던 결과라고 할 수 있을 것이다. 야마노우치정에는 공익회와 거의 비슷한 길을 걸어온 재단법인 화합회가 있는데, 화합회는 시가고원에 위치한 관광시설의 토지 소유권을 통해 막대한 수입을 얻고 있으며 그 수익을 지역에 환원하고 있다. 또 같은 정의 요코쿠라구(橫倉區)에는 재단법인 요코쿠라회가 1985년에 설립되어 현재까지 존재한다. 야마노우치정에는 입회집단을 모체로 하는 3개의 재단법인이 있지만, 입회집단을 모체로 하는 재단법인은 전국적으로 보면 제한된 지역에만 설립되어 있다는 특징을 보인다.

## 2.4 주식회사소유

야마노우치정 사노구(佐野區: 407세대)는 1836년에 입회산이었던 곳에 할산을 했던 기록이 남아있는 등 사쿠마 쇼잔(佐久間象山: 에도 시대의 학자, 1811~1864)의 지도 이전부터 할산으로 숲을 키워온 역사를 가지고 있다. 1880년대까지 사노촌 소유림이었던 사노의 입회임야는 촌합병에 따라 사노구 소유림이 됐다. 그러나 1913년 구소유재산 통일

---

10) 할산이란 권리자인 개인과 조 등에게 일정한 이용구역을 할당하여 그 안에서는 권리자가 자유롭게 이용할 수 있는 이용형태 또는 그렇게 할당된 구역이다.

로 실측 1,200정보 중 오지의 600정보는 사노구에 속해 있던 호나미촌 (穗波村)에 제공하게 됐다. 남은 600정보는 당시 구민 278세대에게 팔아, 278분의 1의 권리를 부여하여 기명공유로 등기했다.

그 기명공유림에는 숲의 황폐를 방지하는 경영관리를 위해 현지사의 인가로 1923년에 사노시업삼림조합을 설립했다. 후에 임도공사를 할 때 사노시업토공삼림조합이라고 개명했지만, 삼림조합제도가 변경됨에 따라 1965년부터 사노공유림조합으로 개명했다. 사노공유림조합은 노무와 경영에 드는 비용 전부를 조합소유림에서 나오는 임산물 수입으로 조달하고, 조합원에게 매년 배당도 지급하는 등 건전한 기업적 경영을 하고 있었다.

사노공유림조합에서는 처음에는 1가구에 1개의 권리를 부여했지만, 그 후 가계에 여유가 없어 권리를 매각한 사람과 의욕이 있어 권리를 사모은 사람이 생겨났다. 그러나 권리의 매매에 따른 지분권의 이전등기에는 1건에 10~15만 엔이 들어서 경비 부담이 문제로 됐다. 그래서 산에 관심을 가지고 있는 주민 15명이 발기인이 되어, 주식의 양도가 간단하게 되고 현재 상황에도 맞는 조직형태인 주식회사를 설립하게 됐다.

'주식회사 사노공유림조합'은 1991년에 설립됐다. 설립할 때의 주식 수는 원래 278주인데, 현재는 215명의 주주가 있다. 임원은 사장이하 10명이고, 사노구의 7개 지구에서 1명씩 선출한다. 주식회사 사노공유림조합의 토지에는 조합이 직할하는 토지와 대여한 토지의 2종류가 있다. 조합소유지의 일부는 스키장으로 대여하고 있는데, 그 지대수입을 토대로 주주에게 배당하고 있다. 그런데 1996~1997년 스키장이 문을 닫고 철수하고부터는 수입이 격감해서, 현재는 반대로 주주로부터 연간 8,000엔의 부담금을 거두고 있다. 현재의 수입은 부담금과 대부료이며, 지출은 세금과 임원보수, 임도개수의 위탁료 등이다. 조합에서는 6~7년 전까지는 주주가 의무작업으로 년 3회 숲정비를 했지만 현재는 행하지 않고 있다. 다만 임원은 경계 순찰을 아직도 계속하고 있다.

주식회사라는 형태로 입회임야를 보유하는 입회집단은 전국적으로 보면 매우 드물다. 사노구의 사례에서는 할산으로 삼나무 숲을 조성했던 역사와 지분의 교환으로부터 자연스런 선택으로 주식회사가 생겨났다는 점을 알 수 있다.

## 2.5 시정촌소유

시정촌소유의 대부분은 합병 전의 정촌이 가지고 있던 공유재산을 새로 생긴 정촌이 넘겨받아 생겨난 것이다. 그리고 합병 전에 정촌이 가지고 있던 공유재산은 입회임야에 기원을 둔 경우가 많았다. 정촌합병에 따라 시정촌소유 임야에 편입되었을 뿐만 아니라 메이지 시대(1867~1912) 후기인 1910년 무렵부터 쇼와기(1926~1989)에 걸쳐 시행된 부락소유임야의 통일정책에 의해서도 많은 입회임야가 시정촌소유가 됐다.

그러나 실제로는 부락소유임야의 통일정책은 순조롭게는 진행되지 못했다. 타협책으로 명의만 시정촌소유로 하고 실질적으로는 해당부락의 관리와 이용 권한이 인정되는 조건으로 통일된 곳도 있고, 이름과 실상이 따로따로인 경우도 있다. 다음에 볼 사카에촌의 우에노하라구(上野原區)도 그러한 사례의 하나다.

사카에촌 우에노하라구(22세대)는 아키산(秋山)지구에 있는 마을로, 다른 구와 마찬가지로 고령화가 진행된 지역이다. 우에노하라구는 산간지대에 있어서 현재도 공유림은 주민생활과 깊이 결합되어 있다. 평지가 적고 벼농사에는 적합하지 않기 때문에, 예전에는 화전으로 메밀, 수수, 밤 등의 농사를 했지만 지금은 하지 않고 있다. 대신 20년쯤 전부터는 거의 모든 집들이 산채를 재배하고 있다. 산마늘, 고추냉이(일명 와사비) 등을 4~7월에 생산하고 있다. 산채는 민박·여관을 비롯한 그 지역 업자에게 판매하고 있는데, 특히 관광객이 많은 가을에 잘 팔린다. 팽이버섯은 뒤에서 서술할 공유림에서 채취되는데, 제비뽑기를 해서 구민에게 분배하고 있다. 또 우에노하라구에는 지금까지도 나무를 때는 난로를 사용하고 있는 집이 많아 겨울이 가까워지면 집 옆에 장작을 쌓아둔다.

우에노하라구는 250ha의 공유림을 가지고 있는데, 그 공유림은 현재도 사카에촌 명의로 되어 있는 구관사용임야(관례에 따라 사용하는 임야)다. 전후에 포츠담선언을 받아들여 부락소유임야였던 것을 촌(행정단위)소유명의로 했을 뿐이기 때문에 고정자산세는 구(마을)가 지불하고 있다. 임야는 촌 명의로 되어 있지만, 실제로는 그 지역 마을이 관리를 맡고 있다.

공유림에는 1968~1973년 58ha에 공사조림(公社造林)이 실시되었다. 1981~83년에 단지조림(団地造林)이 실시되어 23ha에 숲이 조성됐다. 또한 단지조림이 도입된 숲은 개인에게 분할해서 지분을 확실히 하고 있다. 또 풀베기, 가지치기, 간벌을 스스로 하고 있는 사람도 있는 것 같다. 가지치기와 간벌은 삼림조합에 위탁해서 하고 있다. 간벌재는 반출해도 돈이 되지 않기 때문에 30년 이하는 베서 버리고 있다. 한편 길의 풀베기는 지금도 의무적 작업으로 행하고 있다.

고정자산세를 그 지역에서 내고 있는 것에서 드러나듯이, 우에노하라의 사례는 '명목은 촌소유, 실제는 부락소유'라는 타협적 현실을 보여준다. 거꾸로, 명목뿐만 아니라 실질적으로도 순수한 시정촌소유임야로 바뀐 것도 적지 않다. 그 어느 쪽에 가까운가는 입회집단의 임야이용방법과 시정촌과의 관계에 따라 결정되는 듯하다.

## 2.6 인가지연단체소유

조사지인 이야마시에는 44개, 사카에촌에는 3개, 야마노우치정에는 26개의 인가지연단체가 설립되어 있다. 또 그 중 많은 것들이 입회임야도 보유하고 있는 것 같다. 인가지연단체를 설립하는 경우는 고아카자와구(小赤澤區)와 구라모토구(倉本區)의 사례처럼 개인, 공동, 신사와 사찰 등을 명의로 하는 임야를 가진 집단에서 설립한 경우와, 니시오타키구(西大瀧區)처럼 생산삼림조합을 해산하여 설립한 경우의 2유형으로 나누어진다.

〈사진7-2〉 나가노현 사카에촌 고아카자와구 (필자 촬영, 2008년):
고아카자와구는 산간의 경사지에 개발된 마을. 마을 근처 색이 옅은
숲이 삼나무 인공림이다

사카에촌 고아카자와구(50세대)는 아키산지구의 중심적인 구이고 구내에는 마을에서 운영하는 온천시설과 민박 등이 10채 정도 있어 성수기에는 관광객으로 붐빈다(〈사진7-2〉). 평지가 적고 논 면적이 작은 고아카자와구에서는 입회임야가 주민에게 중요한 위치를 차지해 왔다.

구는 무코조(向組), 호사와조(保澤組), 가와키타조(川北組)의 3조로 나누어져 있고, 구의 공유지에는 고아카자와구 전체가 함께 가지고 있는 공유지와, 3조가 각각 관리하는 공유지가 있다. 전자에는 30명에 의한 기명공유지와 사카에촌소유 명의의 토지가 있다. 기명공유지는 관민수유 구분과 부락소유임야 통일 과정에 대응해온 결과로 생겨난 소

유형태인 것 같다. 촌소유가 되어 있는 토지는 원래 '고아카자와' 명의
였던 것을 종전 후에 명의변경을 강요당해 '사카에촌' 명의로 바꾼 것
이다.[11] 촌 명의의 토지라고 해도 실제로는 부락소유이며, 세금도 구가
내고 있다. 각조의 공유지 중 무코조, 호사와조의 공유지는 조에 속한
개인 또는 소조(앞의 3조보다도 작은 집단)에게 다시 분할되어 있다.
분할은 메이지 후기(1890~1912년)와 쇼와 30년대(1955~64년)에 2번 시행
됐고, 그 토지들은 각 개인 명의나 공유로 등기되어 순수한 개인재산
과 공유재산이 됐다.

고아카자와구는 1995년 1월에 지연단체로 인가를 받아 법인화했다.
사실은 1978년경부터 입회임야정비사업을 도입하려는 움직임이 있었
지만 도중에 문제가 생겨 중단됐었다. 그러다가 마침 인가지연단체제
도가 창설되었기 때문에, 생산삼림조합을 설립하는 형태로 정비하는
것을 그만두고 인가지연단체의 길을 선택하게 됐다. 인가지연단체가
됨에 따라 '사카에촌' 명의가 된 공유지 대해서는 촌의회에 상정되어
'인가지연단체 고아카자와구'에 소유권이 이전되었다. 그렇게 해서 구
가 관리하고 있는 기명공유의 토지와 분할하지 않았던 가와키타조의
공유지는 현재는 모두 '인가지연단체 고아카자와구'로 등기되어 있다.

또 고아카자와구 내의 공유지 일부에서는 나가노현 임업공사와 분
수조림을 실시해 왔다. 그밖에 구의 공유지 일부는 전력회사와 구민
개인 등에게 빌려줘서 연간 수만 엔의 임대료를 받고 있다. 구의 공유
임야에서는 주민이 조성한 숲에 대한 최소한의 관리와 함께 산채와 버
섯의 채취가 현재도 이루어지고 있다. 고아카자와구의 사례처럼 인가
지연단체는 입회임야정비 후의 안전장치로서, 생산삼림조합을 대신하

---

11) 실제로는 포츠담선언으로 금지된 것은 전시체제 속에 설치됐던 '부락회·정
   내회'가 새로 획득했던 부동산 소유로 부락이 원래 가지고 있던 공유재산은
   해당되지 않는 것이었지만, 종전 후 혼란 속에 있었기 때문에 그런 잘못된
   대응을 한 경우가 많았던 것 같다.

〈사진7-3〉 나가노현 이야마시 구라모토구 (필자 촬영,
2008년): 구라모토구의 집들은 다랑논으로 둘러싸여 있다.

는 제도적 틀로 선택되고 있다고 할 수 있다.

이야마시 구라모토구(15세대)는 산간에 집들이 세워진 작은 마을로,
인구가 줄어들고 고령화가 진행되고 있다(〈사진7-3〉). 마을의 입회지는
'○○타로효에 외 5명'의 공유 명의로 되어 있지만, 명의인이 이미 사망
했기 때문에 문제가 있었다. 1979년에 평생 마을에서 살고 있다는 이유
로 1947년생인 두 사람 명의로 소유권이전등기를 했다. 그런데 예상 밖
으로, 1995~96년에 그 두 사람이 함께 잇따라 전출해 버렸다. 한편 구의
공회당(집회소) 부지는 빌린 땅이라서, 부지 임대료가 그 후에도 남아
있던 주민들에게큰 부담으로 걱정거리가 되었다.

그래서 1997년에 지주로부터 부지를 매입하고, 그것을 계기로 장래
에도 소유권이전등기와 그에 따른 경비가 필요 없는 인가지연단체를
설립하게 된 것이다. 만약 장래에 마을이 해산하더라도 인가지연단체
의 재산이 시에 인도되므로, 공유재산이 어딘가로 사라져 버릴지 모른
다는 걱정은 없겠다는 생각도 있었다. 그리고 지연단체의 인가신청과
소유권이전등기에는 약 10만 엔의 경비가 들었다.

인가지연단체가 된 후에 구의 재산(산림, 원야, 건물, 택지, 논, 화전 등)은 모두 '인가지연단체 구라모토구' 명의로 소유권이전등기를 했다. 구 공유림에는 쇼와40년대(1965~1974년)쯤부터 4~5회에 걸쳐 주민 손으로 나무를 심고 숲을 가꿨다. 그러나 그 후 손을 보지 않았고, 경계확인도 쇼와60년대 초(1980년대 중후반)에 중단되어 버렸다. 구의 규약은 예전부터 살고 있는 사람 중심의 인습에 바탕을 둔 것이었다. 인가 신청에 즈음해서, 개정 전의 규약을 참고로 하면서도 현재 상황에 맞지 않는 것은 수정해서 다시 만들었다. 거기에는 입회권을 가진 사람 사이의 평등, 마을을 떠날 때의 실권, 양도·매매 금지가 규정됨으로써 입회권이 존속되고 있다는 점이 명기되어 있어 예전부터 내려온 입회권을 적극적으로 남겨두려는 자세가 엿보인다.

한편 구라모토구의 입회임야에서는 누구나 나무를 베도 좋은 공동이용의 산과 분할해서 개인에게 준 할산의 2종류가 존재하고 있었다. 할산은 땔감의 채취 등에 사용되고 있었지만, 법인화 신청에 따른 규정정비에 즈음해서 할산을 해제하고 전부를 공동이용하게 하는 조치를 취했다. 인가지연단체가 된 것을 계기로, 더욱 시대에 맞게 입회권의 내용을 재편한 것이라고 할 수 있다. 또한 현재 공유림에서는 매년 한 차례 도로 정비를 하고 있다.

구라모토구는 적은 세대로 인구가 줄고 고령화가 진행되는 가운데, 입회임야를 유지해 나가기 위해 심사숙고한 결과로 인가지연단체를 선택했다. 입회임야를 얼마나 이용하고 있는가라는 것보다도 현실적으로 어떻게 하면 임야를 지역에 남겨둘 수 있을 것인가를 강하게 의식하고 있는 모습이 엿보인다.

이야마시 니시오타키구(65세대)는 이야마시의 북단 지쿠마강 연안에 있고, 시 안에서 가장 적설량이 많은 지역이다. 니시오타키에는 일찍부터 땔감의 채취, 화전, 동계 부업으로 일본종이(和紙) 원료인 닥나무를 채집하는 등 여러 용도로 이용해온 '마을 소유'의 임야가 있었다.

토지사용료, 땔감 채취료 등은 재해 때와 구의 여러 사업에 활용하기 위한 특별기금회계로 구에서 관리하고 있다. 메이지 첫해(1868년) 지조개정이 도입될 때, 입회임야는 '니시오타키조'와 '○○ 외 수십 명'이라는 명의로 등록되게 됐다. 그러나 부락소유임야통일정책이 나오고 마을 명의의 입회임야는 공유임야로 편입되게 돼서 당시 유력자와 구의 대표자 등 개인 명의로 바꿔 적었다.

1983년 니시오타키구에 있는 오카산(岡山)지구에 국영농지개발사업이 도입되게 됐고, 니시오타키구의 입회임야가 그 대상지의 일부가 됐다. 그러나 니시오타키구에는 '공유토지는 개인과 다른 지구 사람에게 팔아서는 안 된다'는 이전부터 구에서 합의한 규정이 있었고, 또 구민 중에 개발사업참가자가 없었기 때문에 농지개발사업에는 참여하지 않게 됐다. 그것을 계기로 입회임야 근대화정비사업을 시작해서 입회임야의 권리관계를 정비하게 됐다. 정비 후에는 행정의 지도에 따라 생산삼림조합을 설립했다.

그런데 생산삼림조합을 설립하고나서 18년간 숲관리작업과 생산활동은 이루어지지 않았다. 왜냐하면 조합의 숲 면적 378ha 중 약 95%는 활엽수 천연림이었기 때문이다. 또한 조합의 설립자금·출자금에서부터 매년의 운영경비에 이르기까지 구가 구비와 공유자금을 전용해 부담하고 있었다. 즉, 생산삼림조합의 외관은 취하고 있지만, 자금과 구성원의 측면에서 보면 구 자체나 다름없었다. 게다가 인구가 줄고 고령화됨에 따라 생산삼림조합의 경리와 서류작성을 맡아줄 후계자가 부족하다는 점도 문제가 됐다. 그런 사무를 행정서사 등에게 위탁해서 드는 유지관리비가 구재정과 구민을 압박하게 됐다.[12] 그래서 구가 이미 인가지연단체로 된 것을 기회로, 2003년도에 생산삼림조합을 해산

---

12) 법인사업세 납부, 법적인 제출서류 준비, 확정신고 회계경리의뢰 등으로 드는 유지관리비는 매년 40~50만 엔 정도 된다.

하고 조합보유 자산은 '인가지연단체 니시오타키구'가 구의 자산으로 유지·관리하게 했다.

입회임야정비사업은 숲의 효율적 이용, 곧 임업경영의 촉진을 명목으로 하고 있었지만, 실제 현장에서는 권리관계의 정비가 첫 번째 목적으로 자리 잡고 있었던 것이 분명하다. 정책과 현실의 간극이 드러나는 부분이다. 여기에 인가지연단체는 해산을 바라던 생산삼림조합에게 해산 후의 안전판을 제공하고 있다고 할 수 있다.

## 3. 입회임야의 소유는 어떻게 존재해야 하는가?

끝으로 이상의 사례를 가지고 입회임야가 안고 있는 현재의 과제에 대해 살펴보자.

나가노현 호쿠신 지역에서는 입회임야의 등기명의로 여러 가지 형태가 확인됐다. 많은 입회임야에서 확인되는 대표자 한 명, 대표자 여러 명, 또는 전회원 명의의 기명공유 등기는 등기 명의인이 사망할 때마다 상속등기를 하지 않으면 명의인과 실질적 권리자 사이에 어긋남이 생겨 버린다. 거기에서부터 권리관계를 둘러싼 문제가 발생할 위험성이 있다. 또 상속등기를 하지 않고 2~3대 세대교체가 진행되면, 어느새 등기에 손을 대는 것조차 많은 수고와 경비가 드는 큰 일이 되어 버린다. 특히 명의인이 많은 경우에는 상속권자를 찾는 작업이 방대한 양이 되기 때문에 등기의 정비를 포기하는 경우가 적지 않은 것 같다.

법인제도에 따른 형태로는 임업생산활동에 이점이 많은 생산삼림조합과 그밖에 재단법인과 주식회사, 인가지연단체가 있었다. 그 중에서 제도와 실태의 괴리에 직면하여 가장 노력하고 있는 것이 입회임야정비사업으로 설립이 추진되었던 생산삼림조합이다. 조합의 유지가 곤란해서 해산을 바라는 생산삼림조합에 대응하기 위해서는 어떤 정책적 조치가 필요하다. 생산산림조합을 대신해서, 집단명의로 임야를 등기하기 위한 형태로 인기를 모으고 있는 것이 인가지연단체다.

다만 주의하지 않으면 안 되는 것은, 인가지연단체는 지방자치정책으로 생겨난 제도이며, 입회임야정비를 해서 생산삼림조합을 설립하는 것과는 달리 입회권을 해소하는 것은 아니라는 점이다. 인가지연단체에게 입회임야를 보유하게 할 때 '입회권이 없어지는가? 아닌가?'에 대해서는 몇 가지 다른 견해가 있지만, 현장에서는 입회권이 없어지지 않는다고 해석하는 경우가 많은 것 같다.

그렇지만 일상적으로 입회임야를 사용했던 예전에 비해 입회권의 위치와 내용이 크게 변해왔다는 것도 부정할 수 없다. 입회권자의 입회권에 대한 의식이 희미해져 있거나, 입회권을 포기해도 좋다고 생각하고 있거나, 입회권 자체가 잊혀진 것 같은 상황이다. 또 풀을 벨 장소와 땔감을 얻는 숲으로 이용됐을 때는 권리를 가진 사람과 가지지 못한 사람이 명확히 구별되어 '개별 사권으로서의 입회권'이라는 성격이 강했지만, 그것이 인공림으로 변하면서부터는 의무 작업으로 함께 나무를 심고 수익도 공동으로 사용하는 경우가 많아져 '지역 전체의 재산권으로서의 입회권'이라는 성격으로 변해왔다. 현재와 같은 이용 형태에서는 개별 사권이라기보다도 '마을(부락, 구 등)의 재산'이라는 의식으로 지역주민전체가 입회임야를 관리하는 것이 바람직한 경우도 있을 것이다.

지금까지 소유라는 측면에서 입회임야를 살펴보았는데 소유라는 단면만으로는 입회임야의 전체 모습의 극히 일부밖에 알 수 없다. 같은 소유형태라도 입회집단과 입회임야의 이용 상황에 따라 이야기는 크게 달라지기 때문이다. 입회집단에 대해서는, 예를 들어 이 장의 조사대상지에서 지연단체(마을, 부락 등 인가되지 않은 것도 포함)와 입회집단은 대부분 서로 겹쳐지고 있는 상황이지만, 다른 지역에 가면 양자 사이에 차이가 있는 경우가 적지 않다. 새로 전입한 사람이 많은 지역에서는 입회집단과 지연집단의 구성원에는 큰 차이가 있어 새로운 주민에게는 임야에 대한 권리를 인정하지 않는 곳이 있다. 그러한 조건에서 임야의 나무를 벌채하거나 토지를 매각해 큰 수익이 생겼을 때, 예전부터 입회권을 가진 사람과 새로운 주민 사이에 어떻게 수익을 분배할 것인가가 문제로 될 가능성도 있다. 그 문제에 대해서는 이후의 연구과제로 하고 싶다.[13]

한편, 이용상황에 대해서는, 예를 들어 생산삼림조합 하나를 놓고 봐도 가지가지다. 조합소유림을 스키장과 채석장으로 빌려주고 엄청나게 큰 수익을 얻고 있는 곳도 있는가하면, 세금을 마련하는 것조차 고심하고 있는 조합도 있기 때문에, 생산삼림조합을 모두 같은 것으로 보는 것은 적절하지 않다. 각 입회임야의 상황을 알기 위해서는 지역이 가진 고유한 역사적 맥락과 자연조건, 임야와 사람의 관계 방식을 찬찬히 살펴보는 것밖에 다른 도리가 없다.

결국 입회집단이 이후에도 입회임야를 자신의 재산으로 남겨두기 위해서는 입회임야의 소유 측면에서 주체성과 권한을 정확하게 확보해두는 것이 중요하다고 생각한다. 그러기 위해서는 반드시 법인격을 가진 집단명으로 등기할 필요는 없을지도 모른다. 아니면 시정촌명의로 하는 것이 좋을 지도 모른다. 소유형태는 하나의 수단이고, 중요한 것은 소유권의 등기가 어떻게 되고 있는지를 파악하고 문제가 생기는 것을 피하기 위해 해야 할 대처를 해두는 것이라고 생각한다. 각 입회집단이 지역의 역사에 뿌리박고 있는 입회임야라는 지역자원의 의의를 놓치지 않고, 변해가는 세상에서도 다음 세대에게 물려줄 길을 모색해가기를 기대한다.

---

13) 이 사례에 대해서는 나카가와(中川 1998)가 거론하고 있다. 다만 실제로는 벌채로 수익을 올리는 것이 어려운 상황에 있어 장래에 일어날지도 모르는 문제는 수면 아래 잠겨 드러나지 않고 있는 것이 현재의 상태다.

## 참고문헌

青嶋敏, 1994, 「入會權と登記」 『中日本入會林野研究會會報』 14:, 16-24

飯山市誌編纂專門委員會, 1995, 『飯山市誌, 歷史編（下）』 飯山市

石村善助, 1958, 「法人型體をとる部落有林野について–部落有林野の存在形態に
　　　　關する1つの覺書」 『人文學報』 18:181-216

井上真, 2004, 『コモンズの思想を求めて–カリマンタンの森で考える』 岩波書店

川島武宜, 1983, 『川島武宜著作集, 第8卷』, 岩波書店

榮村史（水內編, 堺編）編集委員會編, 1960~64, 『榮村史(水內編, 堺編)』 榮村

堺正紘, 2005, 「生産森林組合をめぐる２つの問題」, 『村落と環境』, 創刊號：25-38

鈴木喬, 1985, 「入會林野整備と生産森林組合」, 林政總研レポート27號, 財團法人
　　　　林政總合調査研究所

武井正臣・熊谷開作・黑木三朗・中尾英俊, 1989, 『林野入會權』, 一粒社

地緣團體研究會編集, 2004, 『新訂, 自治會, 町內會等法人化の手引き』 ぎょうせい

中尾英俊, 1969, 『入會林野の法律問題, 新版』, 勁草書房

中川恒治, 1998, 「入會林野の解體過程に關する研究」, 『信州大學農學部演習林報
　　　　告』, 34：1-116

長野縣下高井郡山ノ內町佐野, 佐野の歷史編集委員會, 1979, 『佐野の歷史』

室田武・三俣學, 2004, 『入會林野とコモンズ–持續可能な共有の森』, 日本評論社

湯田中のあゆみ刊行會, 1994, 『湯田中のあゆみ』

부기

이 글은 2007년에 동경대학대학원 농학생명과학연구과에 제출했던 박사논문 「나
가노현의 임야입회의 현대적 변용–소유형태와 입회집단을 중심으로」의 일부다.

# 마을산 보전 조례의 역할

우라쿠보 유헤이(浦久保雄平)

## 1. 마을산(里山 사토야마)의 상황과 과제

### 1.1 2개의 위기에 빠진 마을산

몇 년 전부터 도시근교의 마을산에서 주로 도시 주민이 황폐화된 밭이나 2차림을 정비하거나 마을산 보전활동을 왕성하게 펼치고 있다. 이 장에서 말하는 마을산이란 예로부터 농림업이나 생활의 장으로서 활용되어 항상 사람의 손을 타면서도, 사계절의 순환에 따라 자연환경이 변하지 않고 유지되어온 농지나 2차림을 말한다.

마을산은 현재 2가지의 이유로 사라질 위험에 직면해 있다. 첫째는 개발의 위기다. 전후 국토계획에서 경제성장을 목적으로 한 종합개발이 추진된 결과 도시근교의 마을산은 개발 대상이 되었고, 현재에도 많은 마을산이 도시계획법에 따른 도시계획구역 또는 농지법에 따른 농업진흥지역에 속한 미지정 지역지구(이른바 백지지역)으로 남아있어 앞으로도 개발될 가능성이 있다.

두 번째는 황폐화의 위기다. 마을산의 산림지역에 대해서는 예로부터 나무에서 숯이나 목탄, 낙엽에서 퇴비 만들기와 같이 이용된 결과, 그때까지 멈춰져 있던 산림의 천이(遷移)가 진행되고 잡목림의 환경이

유지될 수 없었다. 또한 농업지역에 대해서는 기계화에 의한 대규모 농업을 진행하지 못하고, 일조량 등의 조건도 불리한 산간지역이기 때문에 채산이 맞지 않아 방치되어 황폐지가 되고 있는 지역도 많다. 이와 같이 천년 이상 유지되어온 자연환경이 변화했기 때문에 생태계도 큰 영향을 미치고 있으며, 멸종위기에 놓여있는 종들도 존재한다.

## 1.2 '열린' 지역 공동자원인 마을산

이처럼 지금까지 지역주민의 생활과 밀접하게 관계를 맺어온 마을산였지만, 그 관계가 점차 약해져 왔다고 할 수 있다. 이를 벌충하려는 듯이 친근하고 귀중한 자연환경으로서 마을산의 가치를 보기 시작한 도시주민의 관여가 증가하고 있으며, 마을산의 개발계획 중지운동을 하거나, 여가 시간에 취미를 즐기기 위해 마을산을 정비하는 도시주민이 늘고 있다. 현재는 이러한 변화 과정에서 지역주민과 도시주민 사이에 가치관의 차이나 나쁜 매너 때문에 대립이 생기는 경우도 있지만(浦久保 2005), 마을산 보전활동이 일반적으로 인정됨에 따라 마을산은 모두의 재산이라는 가치관이 정착되고 있다.

이렇게 마을산은 지역주민이 생활에 이용하는 종래의 '닫힌' 지역·공동자원에서 보다 많은 사람이 여가를 즐기기 위해 이용하는 '열린' 지역·공동자원으로 그 의미가 변한 것 같다. 게다가 마을산은 세대, 성별, 직업 등과 같은 벽을 넘어서 관심이 있는 사람이라면 누구나 모일 수 있는 장소이며, 관계자가 항상 유동적이라는 점에서도 지금까지는 존재하지 않았던 형태의 공동자원이라고 말할 수 있다.

## 1.3 마을산의 과제

마을산이 '열린' 지역·공동자원이 되고, 마을산 보전활동이 왕성해

짐에 따라 마을산의 문제도 행정의 새로운 과제가 되었다. 예를 들어 생태계의 풍부함을 어떻게 유지하는가, 마을산과 관계된 다양한 사람들의 의견을 어떻게 조정하는가, 또한 토지소유는 사유이지만 환경은 공공성이 높은 것이기 때문에 공공의 복지에 관련된 사권을 어떻게 생각하는가와 같은 과제다. 이러한 과제는 도시계획이나 생태계 보전, 지역진흥 등을 포함하여 복잡해지고 있는 가운데, 지역에 따라 상황이 다르기 때문에 국가의 제도가 정비되지 않은 현재, 지금과 같이 개발을 중시하는 정책이나 행정으로는 대응할 수 없다. 이 때문에 지방자치제가 독자적으로 조례를 제정하고 지역의 상황에 맞게 섬세하고도 신속하게 대응하는 사례가 증가하고 있다.

〈표 8-1〉 일본 전국의 마을산에 관한 조례·요강·사업의 종류

|  | 특정 지역·공원정비 | 마을만들기 | 지구지정에 의한 개발규제 | 시민활동의 촉진 |
|---|---|---|---|---|
| 정촌 |  |  | 시치죠정 (七城町) |  |
| 지방도시 | 오카야마시(岡山市) | 삿포로시 (札幌市) | 코치시(高知市) | 하마마츠시 (浜松市) |
| 3대도시권의 시 | 이케다시(池田市) 오카자키시(岡崎市) 사카이시(堺市) | 코베시(神戸市), 사사야마시 (篠山市) | 치바시(千葉市) | 하다노시 (秦野市) |
| 도도부현 |  |  | 도쿄도(東京都) 야마가타현 (山形縣) | 치바현(千葉縣) 미에현(三重縣) |

(주) ▨은 조례가 있는 지자체, ☐은 필자의 조사대상.

이처럼 마을산 보전을 조례를 통해 수행하는 것에는 의미가 있으며, 이러한 움직임이 전국으로 확산됨에 따라 지방자치를 활성화한다는 파급효과도 기대할 수 있다. 마을산보전조례가 어떠한 경위로 만들어지고, 어떻게 운영되며 실적을 올리고 있는가라는 연구는 거의 없는

실정이지만, 지금부터 조례를 제정할 지자체에게도 또한 이미 제정한 지자체에게도 유용할 것이다.

이런 시각에서 본 장에서는 마을산보전조례를 가지고 있는 지자체에 대한 현지 조사를 바탕으로 조례의 종류와 효과를 분석함으로써 유효한 조례의 모습을 제시하고자 한다(〈표 8-1〉 참조).[1]

## 2. 마을산보전조례의 현황과 과제

### 2.1 구마모토현(熊本縣) 키쿠치군(菊池郡) 시치죠정(七城町)「마을산보호조례」(1999년 1월 1일 시행)

#### 조례 이전의 마을산

시치죠정의 대지[2]는 잡목림과 죽림으로 이루어져 1975년 경 까지는 잘 이용되어 왔다.[3] 특히 대나무는 초가지붕과 비닐하우스의 뼈대나 바구니와 통발 등의 재료로 사용되는 아주 소중한 자재였다. 그러나 시대의 변화와 함께 사용이 점차 줄어들어 관리되지 않고 방치되었다. 황폐해진 마을산에서는 나무들이 무성하고 태풍으로 넘어지는 등 영향도 나오고 있다. 마을산에는 관심을 두지 않고 있다는 것을 알 수 있다.

---

1) 조사방법은 미나미(南 2002)와 후지와라·야마키시(藤原·山岸 2003) 등이 마을산에 관한 조례를 제정한 지자체로 소개한 사례 가운데 8지자체를 선정하고, 2004년 9~11월 중 총 16일 동안, 행정의 조례시행 담당자와 시민 자원봉사 등 총 20명에 대해 청취조사를 하였다. 조사대상지는 조례를 어느 정도 분류한 다음에 공정하게 선정하였다. 본 장에서는 조례의 특징과 과제를 잘 알고 있는 5단체의 사례를 제시하고 있다.
2) 옮긴이 주 : 대지(台地)는 주위보다 높고 평평하며 넓은 땅을 말한다.
3) 2005년 3월 22일부터 시치죠정은 광역합병에 따라 키쿠치 시가 되었다. 여기에서 제시하고 있는 마을산보호조례의 내용은 '키쿠치 시 환경보전에 관한 지도요강'에 계승되어 있다.

1980년대 후반에 들어서면 시치죠정 남서부에 있는 타이샤쿠(大尺) 지구에서 온천분양주택이 건설되었다. 시치죠정은 도시계획법 상 도시계획구역 밖에 있지만, 남쪽으로는 구마모토시가, 동쪽으로는 키쿠치시의 도시계획구역이 근접하고 있으며 또한 국도가 지나가는 등 교통편도 좋기 때문에, 두 도시의 베드타운으로 개발하자는 압력이 높아지고 있었다. 이러한 개발에 대해 특별히 규제하는 제도가 없고, 자연환경의 악화, 특히 많은 주택이 건설되었을 때에 배수가 시치죠정의 중앙을 흐르는 강에 모이기 때문에 수질 악화를 염려하는 목소리가 높아졌다.

정장은 개발을 규제하는 방법을 모색했지만 도시계획구역 외부에 대해서는 토지이용의 규제가 없을뿐더러 현행법에서는 취할 수 있는 방법이 없었다. 이 때문에 조례를 제정하게 된 것이다.

### 조례의 체계와 특징

시치죠정 내에 산재하고 있는 모든 산림, 호수 등을 마을산으로 하고, 개발구역의 면적이 0.1ha 이상의 사업에 대해서는 신고를 의무화 했다.

사업자는 법령에서 정하고 있는 절차를 밟기에 앞서, 사업계획에 대해서 개발사업사전협의서를 제출하고 정장과 협의한다. 또한 제출 후 바로 이해관계자(수리조합을 포함) 및 개발행정구에 설명회를 개최하고 동의를 얻는다. 정장은 협의서를 심사하고 주로 경관보호의 관점에서 시치죠정의 정책에 적합하다면 협의종료통지서를 교부하여 사업자와 협정을 체결한다. 신청서를 제출하지 않거나 허위사실이 기재된 경우는 권고가 내려지며, 이에 따르지 않는 경우에는 행정이 협력하지 않는다.

### 운용실적

시행 후 2004년 10월까지 5건의 개발신청이 있었다. 건설업이 대부분이었으며 산림법의 잔치산림률(殘置山林率)을 기준으로 녹지를 배치하는 것으로 대부분 허가되었다. 경관을 유지한다는 점에 관해서는 일정 부분의 효과가 있다고 할 수 있다.

한편 마을산의 관리는 무상으로 시치죠정이 빌려서 관리하고 있는 죽림에서 실버인재센터의 사람들(65세 이상)이 정비하게 되었다. 관리하면서 간벌된 대나무는 숯을 만들거나 공예품을 만들고 있다. 또한 시치죠정에서는 매년 여름에 초등학생을 위한 체험학습회를 진행하고 있는데, 마을산을 이용하기 시작하고 있다.

### 앞으로의 과제

조례는 개발규제의 요소가 강하여 분양주택지의 개발억제와 경관보전에는 어느 정도 효과가 있다고 할 수 있다. 그러나 관리·이용에 관해서는 조례에서 언급하지 않고 있으며 앞으로 이 부분을 고려할 필요가 있다. 앞으로 관리·이용의 주체로서 체험학습회의 어린이들이 주요한 역할을 담당할 지도 모른다.

## 2.2 코치현(高知縣) 코치시(高知市) 「마을산보전조례」 (2000년 4월 1일 시행)

### 조례 이전의 마을산

코치시 마을산의 상황은 시가지조정(市街化調整)구역에 있느냐 시가지구역에 있느냐에 따라 아주 다르다. 시가지조정구역에 있는 북부와 남부의 마을산은 표고가 100m 이상인 경우가 많으며, 공원이나 신사가 있는 장소 이외에는 대부분 사람들이 출입하지 않는 잡목림이다. 한편 시가지구역의 마을산(〈사진8-1〉 참조)은 표고 100m 이하로 시가지 가운데 섬처럼 남겨진 죽림과 묘지가 대부분이다. 소유자와 관리자의 고령화로 쇼와 50~60년대(1975~94) 이후는 대부분 괸리되지 않고 있으며 맹종죽(대나무의 한 종류)이 무성하다.

시가지구역의 마을산은 두 가지 문제점이 있다. 첫 번째는 시가지구역 마을산의 택지개발이다. 그 중에서도 시 중심부에 있는 고다카사산(子高坂山) 택지개발의 경우에는 사카모토 료마(坂本龍馬)의 선조 묘가 있어서 지역주민들도 산의 보전을 강하게 요구했지만, 현행법으로는 막을 방법이 없다는 쓰디쓴 경험을 맛보았다. 또 하나는 호우에 의한 토사 재해다. 1998년 집중호우로 시가지 주변에 많은 재해가 발생하였다. 마을산의 개발이나 황폐와 어떤 인과관계가 있는지는 밝혀지지 않았으나 마을산의 택지개발에 원인이 있을 수 있다는 의심도 커졌다.

위에서 언급한 시가지구역의 마을산 문제에 대응하기 위해서 마을산보전조례가 검토되었다. 코치시 도시계획과가 중심이 되어 행정입법으로 시장의 판단에 따라 제정되었다.

### 조례의 체계와 특징

시장이 시내의 마을산을 마을산보전지구로 지정해서 개발을 할 때는 신고가 필요하게 됐다. 앞으로는 마을산보전지구의 토지를 매입하여 '시민의 마을산'으로 개방한 다음, 시민이 관리·이용한다는 3단계의 내용으로 구성되어 있다.

### 운용실적

시행 후에 시는 마을산 보전지구의 후보지를 시가지구역의 마을산 12개소로 좁히고 조사를 시행했다. 그 후 검토를 걸친 결과 2001년 9월 1일부로 시가지구역내에 있는 쿠즈시마산(葛島山)과 진산(秦山)의 2곳을 마을산보전지구로 지정했지만 그 후에는 지정한 곳이 없다. 또한 '시민의 마을산'도 토지의 매입에 재정부담이 클뿐만 아니라, 쓰레기 투기나 산불을 걱정하는 소유자도 있어 실현되지 않고 있다.

〈사진8-1〉 시가지구역에 남아 있는 마을산
(필자촬영, 2004년 코치시)

### 앞으로의 과제

고치시는 주변에 산이 많기 때문에 시가지의 녹지를 형성하는 것에 적극적이지 않은 주민들도 많아 우선 조례의 의의를 주민에게 이해시킬 필요가 있다. 또한 시가지조정구역에서 소규모 개발이 증가하고 있기 때문에 조정구역에 마을산 보전지구를 지정하는 것도 필요할 것이다.

## 2.3 치바현(千葉縣)「마을산의 보전, 정비 및 활용의 촉진에 관한 조례」(2003년 5월 18일 시행)

### 조례 이전의 마을산

치바현에서도 전통적으로 마을산이 이용되었다. 그러나 1950년대 후반부터 전통적인 이용이 사라지고, 정비도 소홀하게 되었다. 그 후 마을산은 자연이 풍부하고 수도권에서 접근하기 쉽기 때문에 골프장과 산업폐기물처리장으로 개발돼 왔다. 이러한 개발과 함께 특징적인 것은 마을산보전활동이 왕성하다는 점이다.

치바현은 마을산을 뉴타운으로 개발해서 인구를 늘려 왔기 때문에, 주거지의 주변에 마을산이 남아 있는 곳이 많다. 또한 야츠(谷津) 또는 야츠다(谷津田: 주로 관동지방에서 계곡이나 능선의 좁은 저지대를 말함)라는 지형이 치바현 마을산의 가장 중요한 특징이며, 자연보전 정도도 좋다(穴瀬 외 1976; 東·武內 1999; 有田·小林 2000). 이 때문에 친근한 자연환경을 지키기 위한 마을산의 보전활동이 이전부터 활발했었다.

치바현 지사로 도우모토 아키코(堂本曉子)가 취임한 2001년 3월 이래, 현민과 의견을 교환하는 장인 '유채꽃 현민회의'에서 현민들이 치바현의 산림과 마을산을 보전하고 싶다는 요구를 여러번 전달했다. 마침 현의 젊은 직원이 사례 연구로 마을산보전조례의 시안을 작성하였는데, 이것이 지사에게 전달되어 조례화되었다.

### 조례의 체계와 특징

마을산활동단체가 토지소유자 등과 협정을 체결하고 이를 지사에게 인정받는다. 인정단체는 현에서 활동보조금을 받을 수 있는 등 활동촉진에 중점을 둔 조례다.

### 운용실적

마을산 협정에 관해서는 2008년 3월 4일 현재 87건이 인정을 받았으며, 2008년도말까지 목표 100건에 다다를 전망이다. 그밖에 조례에 의거하여 마을산의 날(5월 18일) 행사나 토지소유자에 대한 마을산 활동단체의 정보제공, 활동에 대한 기술적 지원(기술강습회의 개최나 보급지도)과 경제적 지원, 현소유림의 일부에서 현과 마을산 활동단체 등의 협동에 의한 모델사업 등이 추진되고 있다.

### 앞으로의 과제

제정 전인 2002년 퍼블릭 코멘트(Public Comment, 의견제출제도)에서

'자원봉사와 토지소유자와의 중개'의 필요성이 제시되었지만, 토지소유자와 활동단체가 협정을 체결하는 것은 시간과 노력이 필요하며, 현 또는 시정촌이 가운데서 조정하는 것도 필요하다.

문제가 발생하기 쉬운 토지이용규제를 회피한 조례로서 평가할 수 있지만, 개발행위에 의한 마을산 파괴에 관해서는 대책이 없으며, 시민활동에 의한 마을산 보전과 어떻게 양립할 수 있는가가 과제라 할 수 있다(關東弁護士連合會 2004).

## 2.4 도쿄도(東京都)「도쿄의 자연 보호와 회복에 관한 조례」(2001년 4월 1일 개정)

### 조례 이전의 마을산

도쿄도에서는 과거에 타마(多摩) 뉴타운(3,000ha) 등 마을산의 대규모 개발이 있었다. 버블 시기에는 개발사업자[4]가 마을산의 토지를 사들여 현재도 기업소유의 마을산이 많다. 그러나 동시에 보전의식이 높은 도시주민의 마을산 보전활동도 왕성하며, 환경성이 2001년에 실시한 조사에 따르면 도쿄도에 활동하는 마을산보전단체는 79곳에 이르고 있다. 이에 따라 마을산을 보전하려는 도시주민과 개발을 추진하는 지역주민이나 토지소유자 사이에 갈등이 점차 증가하고 있다(浦久保 2005).

### 조례의 체계와 특징

도내에서도 특히 보전이 필요한 마을산을 '마을산보전지역'으로 지정하여 관리하고 있다. 지정된 지역은 규제가 엄격하기 때문에 도에 매입의무를 지우고 있다. 또한 마을산은 도가 관리하게 되어 있지만,

---

4) 옮긴이 주 : 저자는 본문에서 디벨로퍼(developer)로 사용하였다. 일본에서는 개발사업자를 통상 디벨로퍼로 부르고 있다.

〈사진8-2〉 마을산과 야토의 자연환경
(필자촬영, 2004년 도쿄도 아키루노시 요코사와이리)

단체에 위탁하는 것도 가능하다. 제도상으로는 지역지정을 할 때 소유자의 승낙은 불필요하다.

운용실적

2006년 1월 5일, 마을산 보전지역 제1호지로 야토(谷戸, 야츠(谷津)와 같음)의 조사를 통해 자연환경보전 정도가 도쿄도에서 가장 좋았던 아키루노시(あきる野市) 요코사와이리(橫澤入, 〈사진8-2〉참조)가 지정되었다. 2008년 현재는 자원봉사 단체나 지역주민 등의 주체가 포함된 협의회에서 식생조사나 보전사업을 추진하고 있다.

앞으로의 과제

조례 개정에 의해 지금까지 있던 보전지역(자연환경보전지역, 역사환경보전지역, 녹지보전지역)에 산림환경보전지역 및 마을산보전지역이 새로 추가됐는데, 그것은 생물다양성 국가전략이나 야생생물 보호 등 생태계 보전에 대한 분위기가 확산되었기 때문이다. 조례 개정과 동시에 수립된 '녹색의 도쿄계획'은 2001~15년도에 마을산보전지역으로

10개소를 지정한다는 목표를 세웠다.

마을산과 야토의 보전은 개정 전부터 있었던 역사환경보전지역이나 녹지보전지역으로 지정됐던 것이 크게 도움이 됐다. 실제로 마치다시(町田市)의 즈시오노지(図師小野路) 지구의 야토는 역사환경보전지역으로 지정된 후 도가 조금씩 토지를 구입했는데, 현재는 도로부터 관리위탁을 맡은 마치다역환경관리조합(町田歷環管理組合)이 야토를 훌륭하게 재생하고 있다. 긴급하게 보전이 필요한 마을산에 대해서는 재정문제는 일단 덮어두고, 우선은 보전지역지정을 위해 노력하는 것이 필요하다.

## 2.5 효고현 사사야마시(篠山市) 「녹색이 풍요로운 고향만들기 조례」(1999년 4월 1일)

### 조례 이전의 마을산

사사야마시의 마을산은 표고버섯 생산을 위해 마을에서 공동관리해 온 역사도 있고, 장작과 숯의 이용뿐만 아니라 산나물을 채취하는 장소로도 이용되어 왔다. 그러나 현재는 마을산을 정비하지 않은 결과 유해조수 문제와 표고버섯 생산 감소 문제가 생겼다.

또한 고속도로 마이츠루도(舞鶴道)의 개통과 후쿠치야마선(福知山線) 철도의 복선화(複線電化)에 의해 교토, 오사카, 고베에서 1시간에 올 수 있게 되어 역주변이나 도로 주변에서는 개발압력이 높아지고 있다.

이 조례의 전신이 되는 조례는 단난정(丹南町)의 「녹색이 풍요로운 마을만들기 조례」(1997년 시행)다. 1995년 국도를 따라 유휴지에 11층 건물의 맨션건설이 계획됐다. 개발규제요강이 있었지만 조건을 충족해서 개발이 승인되었다. 하지만 경관을 크게 해치기 때문에 뭔가 조치를 취해야겠다는 생각에 주변 주민, 학부모회, 자치회가 단난정의회에 건설중지를 요청했다. 결국 맨션은 건설되지 않았는데, 개발을 방지하는 방법을 마련하기 위해 단난정의회가 작성한 것이 「녹색이 풍요로운 마을만들기 조례」다.

이 조례의 내용은 500㎡ 이상, 3호 이상의 개발에 대해서 (1)개발장소에 2주 전까지 계획의 표식을 세우고, (2)지역설명회를 개최하는 것을 의무화 하였다. 개발은 업자와 시만 알아서 하면 되는 것이 아니라, 관계되는 주민도 함께 참여해서 하지 않으면 안 된다는 생각에 따른 것이며, 지역이나 행정에서도 바람직한 방식으로 개발을 유도하자는 의도가 있었다.

1999년에 합병하여 사사야마시가 되었을 때, 단난정의 마을만들기 조례의 이념은 「사사야마시 녹색이 풍요로운 고향만들기 조례」에 계승되었지만, (1)과 (2)는 시에 적용되기에는 너무 엄격하다는 이유로 포함되지 않았다. 그 대신 주민이 토지이용의 계획을 짤 때 조례의 이념을 활용했다.

### 조례의 체계와 특징

마을은 마을만들기 협의회를 설치하고 전문가, 시의 담당자와 함께 마을마다 가지고 있는 역사나 자연을 존중하는 마을만들기를 계획해 나갔다. 이 계획은 상세한 토지이용계획이며 시장의 승인을 받으면 국토이용계획보다도 우선해서 운용된다. 협의회에는 마을, 기업, 토지소유자, 경작자 등 관계자 전원이 들어간다. 그리고 고향만들기 지역에서 개발을 할 때에는 모두 사전에 협의회에 자문을 구하고 심사를 받는다.

### 운용실적

2008년 5월 현재, 261마을 중 6개의 마을에 협의회가 만들어졌다. 진행속도는 느리고 설문조사를 전 세대에 걸쳐 조사하는 등 대체로 1년에 걸쳐 계획을 만들어 나간다. 계획을 세운 후에는 마을지도 만들기 등 자원의 재발굴에 도움이 되고 있다. 협의회를 만들 때는 전문가가 파견되고 마을만들기 선진지의 시찰과 교류가 시작된다. 마을산은 현의 「만남과 배움의 숲 정비모델사업」등을 이용하여 정비되고 있다.

### 앞으로의 과제

마을단위로 토지이용계획을 마련하는 과정에서 주민의식이 높아질 뿐만 아니라 토지이용규제나 마을산 정비까지 할 수 있다는 점을 높이 평가할 수 있다. 착실하게 시간을 들여 주민의식을 배양할 수 있는 반면, 마을 마다 시간이 많이 들어 이대로 진행한다면 모든 마을이 계획을 마련하는 것은 매우 어려울 것이다. 마을의 우선순위를 어떻게 정할 것인가, 또 지속적이며 확실한 마을산 관리방안을 계획에 어떻게 담아낼 것인가라는 과제가 남는다.

## 3. 마을산 보전 모델의 구축

마을산보전조례는 지금까지 살펴본 바와 같이 지역의 상황에 따라 유연하게 제정할 수 있다는 특징이 있으며, 현지조사에서도 조사지역 마을산의 상황과 조례내용 사이에 일정한 관련성을 찾아낼 수 있었다. 이러한 마을산의 상황과 조례 내용을 분석해서 정리하면 다음과 같다.

### 3.1 마을산의 3가지 유형

각지에서 조례 제정 이전의 마을산 상황을 살펴보면 소유자의 의식 차이에 따라 무분별한 개발과 관리방기로 크게 나눌 수 있었다.

### 무분별한 개발

조사지역 중에 소유자가 개발을 바라고 있는 마을산이 많았던 곳은 이케다시, 시치죠정, 코치시, 도쿄도였다. 이케다시의 마을산인 사츠키산(五月山)은 시가지조정구역에 있지만 조정구역에 허용되고 있는 묘지의 개발압력이 높았다. 다른 3지역의 마을산은 시가지조정구역 바깥에 있기 때문에 개발에 대한 규제가 약하다. 이러한 지역에서는 마을산 개발문제에 대응하기 위해서 조례의 내용이 주로 개발규제에 관한 것이었다.

### 관리방기

소유자가 신속하게 개발을 하고 싶다는 의향을 가지고 있지 않기 때문에 개발압력은 적었지만, 관리가 방기되고 있는 마을산은 2가지로 분류할 수 있다.

첫째는 주민과의 관계가 단절되어 황폐화된 마을산이다. 사사야마시와 오카자키시가 이에 해당하지만 각자 관리되지 않은 이유가 달랐다. 사사야마시는 옛날부터 성이 있었던 마을로서 상업이 융성했기 때문에 농림업으로 마을산을 관리한다는 관습이 없었다. 오카자키시의 조례 대상지 마을산은 약 20년 전에 동물원을 만들기 위해 민간기업이 토지를 매수했던 곳으로 그 후 사람들의 출입이 적어져 20년간 방치되고 말았다. 이들 지역에서는 우선 주민에게 마을산 보전의 필요성을 인식시키기 위해 주민의식을 향상시키는 데 주안점을 두고 조례의 내용을 마련했다.

### 시민의 마을산 보전 활동

한편 또 다른 마을산의 유형은 소유자가 관리를 방기해서 황폐화되었지만 보전의식이 높은 시민들이 다시 관리하기 시작한 마을산이다. 미에현이나 치바현이 이에 해당한다. 시민에 의한 보전활동이 활발하게 된 이유는 다음과 같다. 미에현은 유수의 임업지였기 때문에 산림을 관리한다는 의식이 높고 마을산의 2차림도 방치하는 것이 아니라

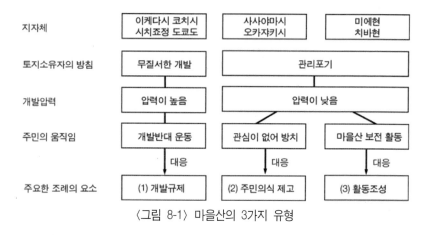

〈그림 8-1〉 마을산의 3가지 유형

정비해나가자는 의식을 가질 수 있었다. 또한 치바현에서는 마을산을 잃어버릴 수 있다는 위기감을 가진 지역주민과 보전의식이 높은 주민이 도시에서 새롭게 이주하여 마을산 보전활동을 이미 하고 있었다. 이러한 지역에서는 이미 활동하고 있던 단체를 지원하는 것이 필요했다. 따라서 조례의 목적은 자금과 홍보 측면에서 시민들의 활동을 보조하는 데 두고 있었다.

이와 같이 마을산의 상황을 3가지로 분류하여 정리하면 〈그림 8-1〉과 같다.

## 3.2 마을산 보전 모델

다음으로 마을산의 상황과 조례의 요소를 분석·조합해서 모델화한 것이 〈그림 8-2〉다. 조례의 여러 요소가 각각 어떠한 역할을 하고 있는가를 보여줌으로써 마을산의 상황을 개선하는 데 도움을 줄 수 있다.

많은 마을산의 현재 상태를 살펴보면 ②를 기준으로 한편으로는 개발의 흐름을, 다른 한편으로는 보전의 흐름을 나타내고 있다. 마을산 개발이 진행되면 ①의 같이 주택지 등으로 개발되고 말지만, 조례가 (1)

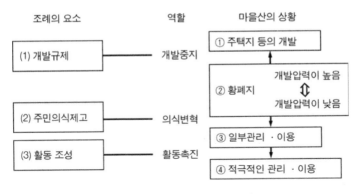

〈그림 8-2〉 마을산 보전 모델

개발규제의 요소를 가지고 있으면 어느 정도 대책을 세울 수 있는 가능성이 있다. 또한 황폐지가 된 마을산에서 (2)주민의 보전의식을 배양해서 관리 쪽으로 흐름을 만들고, 게다가 (3)활동지원에 의해 마을산을 전체적·지속적으로 관리·이용할 수게 된다고 판단된다. 실제로 이번에 조사한 조례에 대해서는 모두 이러한 모델을 적용할 수 있었다.

## 4. 고찰–지역의 상황에 대응한 유효한 조례의 모습

개발압력이 높은 마을산에서는 (1)개발규제의 대책을 만든 다음에 마을산보전의 대책을 가능하면 (2)에서 (3)의 순서로 진행하는 것이 유효하다고 말할 수 있다. 단 (1)을 전제로 (2)와 (3)을 진행하게 되면 대책이 진척되지 않을 위험성도 있기 때문에 각각 독립적으로 운용할 수 있도록 해놓는 것이 필요하다.

개발압력이 낮은 마을산에서는 (2)와 (3)의 대책이 중심이 된다. (1)이 있으면 더욱 유효하다고 할 수 있지만, (1)은 재산권 등이 엮여 있기 때문에 오히려 조례가 기능하지 않게 될 수도 있다. 따라서 (1)을 대신하여 개발압력을 이겨낼 수 있는 수단으로서 다음의 3가지를 들 수 있다.

### 토지소유자에 대한 보조

마을산은 사유지인 곳이 많지만 농지나 보안림으로 지정되지 않은 경우는 상속세의 절감장치도 없다. 상속 시에 거액의 상속세가 나오기 때문에 지불할 수 없어서 업자 등에게 넘겨버리는 소유자도 많다고 한다. 따라서 마을산으로 남기고 싶다면 상속세나 고정자산세를 경감하는 장치를 만들고, 확실하게 관리되고 있는 마을산에 대해서 보조금을 주는 등 개발압력을 높이지 않도록 예방하는 것이 필요하다.

### 토지의 공유지화

마을산을 개발에서 지킬 수 있는 가장 좋은 방법은 공유지(公有地)로 만드는 것이다. 이와 관련해서 사이타마현의 「사이타마 녹색 트러스트 기금 조례」와 같은 행정에 의한 트러스트 정책이 있다. 또한 공유지는 아니지만 민간의 트러스트 운동도 같은 효과를 발휘한다고 판단된다. 거액의 토지대금이 가장 걸림돌이지만 조금씩이라도 공유지를 만들어 나가는 것은 확실하게 마을산을 남기는 방법이 될 것이다.

### 도시계획법의 지역·지구 변경

도시계획법의 지역·지구를 변경하는 데에는 많은 노력이 필요하지만 여전히 법률의 영향력이 강하다는 것을 생각하면 유효한 방법이다. 변경이 곤란한 경우에는 시가지구역에 있다면 생산녹지나 도시녹지 지정을, 도시계획구역에 있다면 2000년에 개정·도입된 '특정용도제한지역' 지정을, 도시계획구역 밖에 있다면 '준도시계획구역' 지정을 검토하는 것도 유효하다. 법률과의 모순을 만들지 않기 위해서도 이러한 대책을 시험해 볼 필요가 있을 것이다.

## 나가며

이상과 같이 지역의 현실에 맞춘 조례의 모습을 모델로 나타낼 수 있었다. 그러나 어디까지나 조사를 했던 조례의 범위 안에서의 모델이며, 개선의 여지도 크다. 이번에 조사할 수 없었던 조례에 대해서도 그 상황이나 실적을 조사해서 이 모델이 적합한지를 검토하고 행정담당자의 의견도 청취하여 모델을 수정, 개선할 필요가 있을 것이다.

'열린' 지역·공동자원으로서 마을산은 앞으로도 다양한 주체가 모여 활동할 수 있는 귀중한 장소이며, 지역 커뮤니티의 중심지가 될 가능성도 가지고 있다. 이러한 장소를 가능한 한 많이 남기고 보전활동을 촉진하는 것이 지역행정의 중요한 책무가 될 것이다.

# 참고문헌

東淳樹·武內和彦, 1999, 「谷津環境におけるカエル類の個體數密度と環境要因の 關係」『ランドスケープ研究』62(5)：573-576.

穴瀬眞·安部征雄·矢橋晨吾·大塚嘉一郎, 1976, 「千葉縣北總東部地區の谷津田と その農業」『農土誌』44(4)：217-224.

有田ゆり子·小林達明, 2000, 「谷津田の土地利用變化と水田·畦畔植生の特性」『ラ ンドスケープ研究』63(5)：485-490.

浦久保雄平, 2005, 「東京都における谷戸の利用と管理に關する課題-あきる野市 横澤入を事例に」『都市公園』170：63-69.

環境省, 2001, 『日本の里地里山の調査·分析について』(中間報告).

關東弁護士連合會, 2004, 『里山保全の新たなる地平をめざして-2004年度關東弁護 士連合會シンポジウム』, 弁護士連合會, 487pp.

東京都, 2001, 『多摩地域の谷戸の保全に關する調査委託報告書』104pp.

藤原宣夫·山岸裕, 2003, 『里山保全制度への取り組み狀況-全國自治體アンケート より』(國土技術政策總合研究所資料 67), 97pp.

南眞二, 2002, 「里地·里山環境の保全と條例制定」『奈良縣立大學, 研究季報』13(2)： 39-49.

# 초자연적 존재와 '함께 살아가는' 사람들의 자원관리

## −인도네시아 동부 세람섬 산지 사람들의 숲 관리의 민속

사사오카 마사토시(笹岡正俊)

## 1. 공동자원의 민속적 관리

사람이 자연자원에 직접적으로 의존하면서 살아가는 지역에는 자연·자원의 이용을 규율하는 그 토지 고유의 '규범'이 존재한다. '자연·자원의 이용을 규율하는 규범'은 여기에서 말하는 '사람과 자연 및 자원과의 관계 방식, 그리고 자연·자원을 둘러싼 사람과 사람의 관계 방식을 일정한 패턴으로 방향을 부여하는 가치·습관·제도·법 등'을 의미한다. 이와 같이 한 지역의 규범에 근거한 전통의 계승에 의한 관리방법을 이 장이 장에서는 자연·자원의 "민속적 관리"(秋道 1995a: 234)라고 부르고자 한다.

'민속적 관리'에는 산과 들, 강과 바다의 자원이용을 규제한 '열린', '닫힌' 제도와 같이 과잉이용에 의한 자원의 고갈이나 자원을 둘러싼 갈등을 피하기 위한, 거기에 살고 있는 사람들의 현실 세계에 직접 관계된 '합리적'인 의미가 포함된 것이 있다. 반면, 신이 살고 있는 장소(마을의 수호신이 내려와 살고 있는 '황신숲(荒神森)'이나 신사에 부속된 '진수의 숲(鎭守の森)' 등)로서 출입이 금지되거나 자원이용을 금하는 관행과 같이 비현실 세계와 관련된 일견 '비합리적'인 실천도 있다. '합리적'인 의미가 부여된 이용규제에도 사람들에게 자원이용을 규율하는 규칙을 지키도록 강제하는 역할– 사람들의 자원이용을 감시하거나 '재앙(崇り)'과 같은 형태로 위반자에게 벌을 내리거나 하는 역할-을 조상신이나 정령과 같은 초자연적인 존재가 담당하고 있는 경우도 있다. 이러한 '초자연적 제재 메커니즘'이라고 말할 수 있는 시스템은 이 장에서 상세하게 살펴볼 세람섬(인도네시아 동부 말루쿠제도)의 금렵제도에서도 보인다.

아키미치 토모야(秋道智彌, 1995a; 1995b)가 지적하고 있는 것처럼, 사람들이 실천하는 자원관리에는 정령·조상신·신 등의 초자연적인 존재나 이것이 가지고 있는 힘에 대한 관념(초자연관)이 깊게 관련되어 있다. 그러나 근대과학은 이러한 초자연관을 비합리적·비과학적인 '허구'로서 피해왔다. 그리고 '근대화'의 과정에서 사람들이 과학적 합리성을 획득해나가는 과정에서 이러한 '허구'는 '사라져가는 것'이라고 생각해왔다. 이러한 하나의 표현일지도 모르지만 공동자원(common pool resources)[1]의 공동관리에 대해서 활발한 연구가 진행되어 온 '공동자원론'에서도, 일부의 인류학자를 제외하면 초자연적 존재와 사람들의 관계에 주목하면서 자원관리의 문제에 접근한 연구는 거의 없었다.[2]

이 장이 장에서 다루는 세람섬 산지 사람들은 그야말로 사자(死者)

---

1) 공동자원(common pool resources)은 다른 잠재적 이용가능자를 배제하는 것이 기술적으로 곤란하며, 또한 이용 외의 잠재적 이용자의 복리를 일부 줄일 수 있는 배제성을 가진 자원이다(Berkes, Feeny, McCay & Acheson 1989: 91-93).
2) 일본의 인류학자로 이러한 논의를 활발하게 진행해 온 이는 아키미치(秋道 1995a)일 것이다. 그러나 아키미치 자신이 지적한 바와 같이 그가 제기한 '신의 문제'는 '사회학이나 경제학적인 공동자원론에서는 등한시되어 왔다'(秋道 2004: 218). 아키미치는 『공동자원의 인류학(コモンズの人類學)』 속에서 '신성성 속 공동자원'으로서 다시 이 테마를 거론하며, '신이나 신성성을 공동자원론 속에서 전개할 가능성과 그 의의'를 주장하고 있다(秋道 2004: 218-220).

의 혼이나 정령과 '함께 살고 있는' 사람들이다. 초자연적 존재는 그들 생활 세계에 확실하게 '실재'하고 있다. 그리고 단순하게 '실재'하고 있는 것뿐만 아니라, 현실에서 사람들의 자원이용에 일정한 질서를 부여하는 힘을 가지고 있다. 세람섬의 연안지역은 지금 개발의 파도가 일고 있으며, 산지 사람들의 생활에도 조금씩 영향을 미치고 있다. 그러나 개발에 따라 조상신이나 정령과 공존하는 그들의 초자연관이 바로 사라지는 것은 아니다. 원래 사람은 일상적인 현실로서 경험된 사상만으로 구성되는 세계가 아닌, "일상을 넘어선 힘이나 의미의 차원을 포함한 총체로서의 생활 세계"(池上 1999: 81)에서 살아가는 존재이기 때문이다.

그렇다면 초자연과 관계하면서 자원을 이용하고 관리하는 사람들의 실천은, '지역의 힘'을 어떻게 지속적인 자원관리에 발휘하도록 하는가를 생각하는 '공동자원론'(三俣·室田 2005: 254) 등 자원관리를 둘러싼 논의 가운데, 가장 이야기하기 좋은 것일 것이다.

이러한 시점에서 이 장에서는 세람섬 산지민이 실천하는 민속적 숲 (자원) 관리의 실상을 가능한 한 상세하게 설명하면서, '사람과 숲' 및 '숲을 둘러싼 사람과 사람'과의 관계를 정하는 규범이 작용하는 장에는 초자연적인 존재나 힘이 깊게 관련되어 있다는 것을 밝히고자 한다. 그 다음에는 초자연적 존재와 '함께 살아가는' 사람들이 자원관리를 할 때에는 '사람'과 '자연'과 '초자연'의 3자 관계를 파악하는 시점이 중요하다는 것을 지적하고 싶다[3].

---

3) 현지조사는 2003년 2월~07년 2월에 걸쳐서 단속적으로 총 7회 실시하였다. 마을에서 체류한 기간은 총 14개월이다. 본고의 기초가 되는 1차 자료는 필자가 현지어(sou upa)를 섞어가면서 인도네시아어를 사용하여 실시한 청취조사나 참여관찰에 근거한다.

〈그림 9-1〉 마누세라촌

## 2. 세람섬 산지 사람들의 생활과 숲

이 장의 무대가 되는 마누세라촌은 코비포토산(1,577m)과 비나야산
(3,027m)의 가운데 펼쳐져 있는 마누세라협곡에 여기저기 흩어져 있는
산촌의 하나이며, 표고 약 730m에 위치하고 있다(〈그림9-1〉 참조). 사람
들의 생업은 사고야자(sago palm)의 줄기에서 추출되는 전분인 사고
(Sago)의 채취, 감자류나 바나나를 주 작물로 하는 근재농경[4], 쿠스쿠
스, 티모르 사슴, 멧돼지의 수렵, 등나무, 벌꿀, 각종 수목 채소, 양치식
물의 새싹 등과 같은 다종다양한 임산물의 채취 등이다.

목본성 식물로 뒤덮인 토지·식생을 '숲'이라 부른다면, 마을 사람이

---

4) 옮긴이 주 : 근재농경(根栽農耕)이란 바나나·얌(yarm)·타로(Taro)·사탕수수
등 영양번식작물을 주로 재배하는 농경을 말한다.

이용하는 '숲'에는 다양한 형태가 있다. 예를 들어 두리안이나 잭프룻 등의 과수와 야생수목이 섞여 있는 '과수림'(Lawa Aihua), 주식이 되는 사고전분(이하 '사고')을 채취하는 '사고야자림'(Soma), 그리고 싹과 어린 나무를 사람들이 적극적으로 보호해서 만들어진 남양삼나무(Agathis damara)가 우점(優占)하는 '다말(dammar: 향료, 도료 등으로 쓰이는 물질) 채취림'(Kahupe Hari) 등이다. 이들은 어느 것이든 적극적으로 사람들의 손으로 만들어진 '숲'이다.

이 외에도 마을 사람들이 생계를 유지하는데 빠질 수 없는 '카이타후'(Kaitahu)로 불리는 '숲'이 있다. 카이타후는 지금까지 인간에 의해 벌채된 적이 없는 원생림, 벌채되었어도 먼 과거의 일이어서 현재는 대목(大木)이 자라고 있는 노령 2차림을 말하며, 마을에서 비교적 떨어진 장소에 위치하고 있다. 마을 사람들이 '사냥을 하기 위한 장소'로 여기는 '숲'이다. 이 글에서는 숲 관리의 민속에 대해서 논하지만, 여기에서 대상이 되는 '숲'은 카이타후를 의미하고 있다.

숲에서는 이 지역의 귀중한 현금수입원의 하나인 검은머리카이큐[5]를 포획하거나(笹岡 2008) 등나무 등의 임산물을 채취하고 있지만, 산지민의 생계유지에 무엇보다도 중요한 것은 쿠스쿠스, 사슴, 그리고 멧돼지를 사냥하는 것이다.

마누세라촌에서 먹고 있는 주식(주요 에너지원이 되는 먹을거리)은 사고, 감자류, 그리고 바나나 등이다. 그 중에서도 사고는 가장 빈번하게 채취되는 주식으로, 주식에서 얻는 총열량의 70% 이상을 차지하고 있는 것으로 보인다(〈그림9-2〉 참조). 잘 알려져 있는 바와 같이 사고는 당질 이외의 영양소가 거의 없으며, 단백질 함유량은 다른 먹을거리에 비해 매우 낮다(1,000kcal 당 단백질 함유량은 바나나가 약 9g, 감자류가 약 15g 인 것에 비해 사고는 1~2g 에 지나지 않는다). 이 때문에 사고에

---

5) 옮긴이 주 : 검은머리카이큐(Lorius domicella)는 애완용 앵무새를 말한다.

대부분을 의존하는 사람들은 단백질 결핍에 빠지기 쉽다. 따라서 물가나 육지에 상관없이 충분한 동물성 먹거리를 얻을 수 있는 환경이 필요하게 된다(大塚 1993: 23).

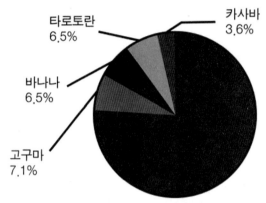

〈그림9-2〉 주식의 채취비율(열량비)

(자료) 필자의 청취조사에 의해 작성. 2003년 6월 5일~8월 30일, 마을의 세대를 무작위로 방문하여 식사 전후에 주요 주식 식물의 중량을 계량해서 섭취량을 구했다. 아침식사 19회(섭취자 92명), 점심식사 17회(92명), 저녁식사 21회(115명)의 주요 주식 식물의 섭취량에 근거하였다.

(주) 식용가능한 부분의 중량 단위당 에너지량은 사고야자 2,210kcal/kg, 고구마 770kcal/kg, 바나나 1,150kcal/kg, 타로토란 1,300kcal/kg, 카사바 1,4490kcal/kg로 계산하였다(Ohtsuka et al. 1990 : 228).

마누세라촌에서 먹고 있는 동물성 먹을거리는 쿠스쿠스, 사슴, 멧돼지, 야생조류, 시장에서 구입하는 말린 생선, 그리고 강에서 잡히는 새우 등 다양하다(〈그림9-3〉 참조). 가장 빈번하게 식단에 등장하는 것은 쿠스쿠스이며, 여기에 사슴과 멧돼지를 포함하면 섭취비율(동물성 먹거리가 식단에 등장한 전 회수에서 차지하는 비율)은 50%에 가깝다. 쿠스쿠스 등 숲 포유류의 고기는 파페다(사고를 뜨거운 물로 녹여서 묵 상태가 된 것)를 먹을 때 주요한 반찬으로서 식단에 등장하는 경우가 많으며, 사고를 주식으로 삼으면서 부족하기 쉬운 단백질의 공급원으로서 매우 중요한 역할을 하고 있다.

산지민은 이러한 수렵동물을 다양한 방법으로 포획하고 있다. 사슴이나 멧돼지를 대상으로 하는 사냥에는 '후스·파나'(husu panah)로 불리는 덫을 이용한 사냥이나, 개를 이용한 사냥이 있다. 한편 쿠스쿠스를 대상으로 한 사냥에는 '소헤'(sohe)로 불리는 덫을 이용한 사냥 외에, 나무의 구멍 속에 숨어 있는 쿠스쿠스를 잡는 나무오르기 사냥이 있다. 단 수렵동물의 대부분은 덫으로 잡고 있다.[6]

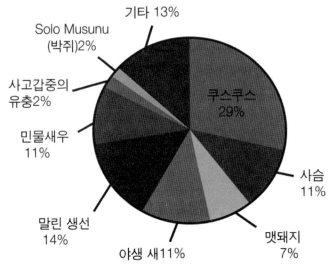

기타 13%

Solo Musunu (박쥐)2%

사고갑중의 유충2%

민물새우 11%

말린 생선 14%

야생 새11%

멧돼지 7%

사슴 11%

쿠스쿠스 29%

〈그림9-3〉 동물성 먹을거리의 섭취비율

(자료) 필자의 청취조사에 의해 작성. 2003년 5월~2004년 3월 동안에 18~22일간,15~19세대를 4번에 걸쳐서 조사를 실시하였다.

(주) 동물성 식물이 식사의 메뉴에 등장한 총 회수(1,784회)에서 차지하는 비율.

---

6) 2003년 5월 ~ 04년 3월, 4회에 걸쳐서 총 89일간 17~19세대를 대상으로 수렵에 관한 조사를 하였다. 이 기간에 포획된 쿠스쿠스의 71%, 사슴의 50%, 그리고 멧돼지의 82%는 덫으로 잡고 있었다.

# 3. 숲의 이용에 관계된 '자연의 지혜'

이 글에서 말하는 '자연의 지혜'란 '〈자연〉에 내재하는 힘을 추출하고 변형하는 생활기술에서, 〈자연〉 속에서 은유를 도출하고 자신들의 세계에 이야기 소재로 사용한다'는 것까지 포함하는, 자연과 대치할 때에 발휘되는 다양한 민속적 지식을 의미하고 있다(篠原 1996: 30).

## 3.1 덫사냥에 필요한 자연의 지혜

세람섬 산지민의 덫사냥에 대해서는 다른 원고에서 이미 소개했지만(笹岡 2001a), 여기에서는 주로 쿠스쿠스를 대상으로 한 덫사냥을 중심으로 그 실태를 조금 상세하게 보고자 한다

산지민은 작은 강, 절벽, 거대한 암석, 큰 나무, 그리고 산길 등을 경계(teneha)로 삼아 카이타후(숲)를 세밀하게 구분하고 있다. 덫사냥은 기본적으로 이러한 숲의 구역을 단위로 한다. 산지민은 하나의 카이타후(작은 경우에는 근접하는 두 개의 카이타후)에 덫을 집중적으로 설치하여 수일간에 한번 덫을 살펴본다. 이렇게 해서 짧은 경우에는 1~2개월, 긴 경우에는 1~2년 동안 사냥을 이어가고, 수확물이 없다면 덫을 모두 수거하여 그 구역에서의 사냥은 잠시 동안 금지한다. 이처럼 금렵제도는 토지의 언어로 '셀리 카이타후(seli kaitahu)'라고 부른다. 그 후 잠시 동안 동물이 증가하면 금제를 풀고 덫사냥을 재개한다. 이와 같이 구분된 하나하나의 카이타후는 해금과 금렵이 적용된 지구 단위를 만들고, 사냥장소로서 순환적으로 이용되고 있다.

사슴이나 멧돼지를 포획하기 위해서 사용되는 덫은 약 2m의 죽창(tapi)이 수평방향으로 튀어나온 창모양의 덫 '후스파나'다.[7] 수상성(樹

---

7) 같은 형태의 '죽창'은 칼리만탄에서도 보인다. 덫의 구조에 대해서는 '女間

上性) 유대류인 쿠스쿠스를 잡기 위한 '소헤'는 등나무로 만든 바퀴모
양의 덫이다. 쿠스쿠스는 먹이를 얻기 위해 밤에 나뭇가지들을 이용해
나무에서 나무로 이동한다. 쿠스쿠스가 자주 이용하는 통로는 '실라니
(silani)'라 부르며, 소헤는 그 실라니에 설치한다. 소헤는 루프 모양의 2
개의 등나무로 만들어지며, 쿠스쿠스가 그 안에 머리를 넣어 카나투케
라 불리는 나무 봉을 건드리는 순간, 바퀴의 맨 앞에 연결되어 있는 추
가 떨어지면서 쿠스쿠스를 잡게 되는 구조를 가지고 있다(〈그림9-4〉 참
조). 마누세라촌 주변에는 2종류의 쿠스쿠스가 서식하며, 소헤에 걸리
는 쿠스쿠스의 대부분은 회색 쿠스쿠스(Phalanger orientalis)다(〈사진9-1〉
참조).

　소헤 사냥의 성공 여부는 쿠스쿠스가 도망가지 못하도록 하는 루프
의 크기나 위치를 '적당히' 조절하는 기술과 쿠수쿠스의 이동 통로인 실
라니를 찾아내는 기술에 달려있다. 산지민은 쿠스쿠스의 먹이 흔적, 배
변, 쿠스쿠스의 소변 냄새, 그리고 나무줄기(樹幹部)의 나뭇가지나 잎의
형상 등을 실마리로 해서 실라니가 어느 쪽에 있는 가를 판단한다.

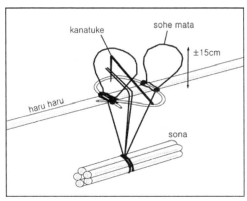

〈그림9-4〉 쿠스쿠스를 포획하는 덫(sohe)

(1997: 161)을 참조.

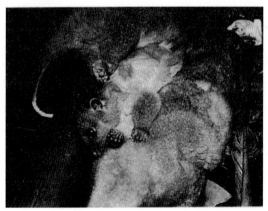

〈사진9-1〉 덫에 걸린 회색 쿠스쿠스
(필자촬영, 2004년 마누세라 촌)

쿠스쿠스는 아타우(Eugenia sp.)나 사마파(Eugenia sp.) 등의 열매, 하이스니(학명불명), 아라이나(학명불명)의 어린 잎 등, 다종다양한 식물의 열매나 잎을 먹는다. 또한 스파(Ficus sp.) 등의 수액을 좋아한다. 이러한 나무에는 쿠스쿠스가 나무껍질을 갉아서 벗겨낸 흔적이 남아 있으며, 나무줄기(樹幹)에 무수한 발톱자국이 있다. 또한 자연적으로 스러진 나무의 뿌리에 부착되어 있는 흙(maloto tahu)을 먹는 경우도 있다. 그리고 이러한 나무나 쿠스쿠스의 분뇨를 발견하면 그 주변의 임관(林冠) 부분을 주의깊게 관찰하고, 이끼 등이 부착되어 있지 않은 깨끗한 나뭇가지나 전개방향과는 거꾸로 '휘어진 잎이나 이파리가 잘라진 잎'(hopea)이 없는가 살펴본다. 그러한 나뭇가지는 보통 쿠스쿠스가 실라니로 이용하고 있는 가지다. 산지민은 나무 위에 올라 소혜를 이 나뭇가지에 설치하는 것이다.

또는 쿠스쿠스가 이용하고 있는 수목 주변의 나무를 벌채하거나 가지를 잘라 그 수목에 접하는 나무를 인위적으로 하나씩 남긴다. 또는 접하고 있는 주변 수목 모두를 잘라 쓰러뜨린 다음 인접한 수목과 연결하는 나무 봉(haluhalu)을 매달아 놓는다. 그리고 남겨진 가지나 달아

맨 나무 봉에 소혜를 설치한다. 이 밖에도 나무가 쓰러지면서 만들어
낸 공간을 연결하는 식으로 수목을 벌채하거나, 수십 미터에 걸쳐 수
관(樹冠)이 접하지 않는 띠 형태의 공간(uhasani)을 만드는 경우도 있다.
이 경우 그 띠 형태의 공간에 몇 개의 실라니가 되는 나뭇가지를 남기
거나 나무 봉을 매달아 거기에 소혜를 설치한다.

마을 사람들에 따르면 좋은 날씨가 계속되면 나뭇가지의 표면이 건
조하여 미끄러지기 쉽기 때문에 쿠스쿠스는 나무의 구멍 속에 쉬고 있
는 경우가 많다. 한 차례 비가 내리면 쿠스쿠스는 먹이를 구하기 위해
활발하게 움직이기 시작한다. 그리고 빗물로 무거워진 나뭇가지가 아
래로 내려가고, 그때까지 접하지 않았던 수관이 겹쳐지기 때문에 쿠스
쿠스의 활동범위도 넓어진다. 이 때문에 잠시 동안 맑은 날이 계속된
후 비가 오면 덫에 걸린 쿠스쿠스가 많아진다고 한다.

마을사람과 숲을 걷고 있으면 쿠스쿠스가 식용으로 이용하는 식물
종을 많이 알고 있는 것뿐만 아니라 먹이 흔적이나 분, 실라니를 놓치
지 않는 섬세한 관찰력을 가지고 있음에 놀라게 된다. 특히 실라니를
알아채는 것은 산지민이 아니라면 아마도 불가능하다고 할 수 있는 능
력이다. 소혜사냥을 실행하는 것은 말로 전할 수 없는 체화된 지식을
포함하여 많은 자연의 지혜가 축적된 결과다.

## 3.2 조상신과 정령이 어울리는 숲

세람섬 산지민에게 숲은 다양한 정령이 살고 있는 공간이다. 예를
들어 쿠스쿠스에게는 '아와(awa)', 사슴과 멧돼지에게는 '시라 타나(sira
tana)'로 불리는 동물을 키우고 보호하고 있는 영적 존재인 정령이 있다.

금렵구역으로 지정된 숲을 '열기' 위해서는 담배, 빈랑나무 열매(각
성작용이 있다고 여겨지는 아레카속의 야자열매), 시리(후추과 줄기식
물이며 빈랑열매나 석회와 함께 씹는 기호품)를 준비하여, 선조의 영혼

'무투아일라(mutuaila)'를 불러내어, 셀리 카이타후(4.3에서 후술)를 여는 것을 보고하지 않으면 안 된다. 이 해금의례 후, 산지민은 숲에 수일간 머물면서 집중적으로 덫을 설치한다. 마을 사람들은 누구라도 숲 속에서 리아키카(liakika)라 불리는 돌출된 벼랑 밑의 평탄한 토지에 만들어둔 야영장소를 가지고 있다. 여기는 숙박 외에 잡은 동물의 고기를 훈제하는 장소이기도 하다.

마을 사람들은 리아키카 내의 특별한 장소에 귀걸이, 반지, 비즈나 율무 목걸이 등을 바친다. 구분된 모든 카이타후에 아와나 시라 타나가 살고 있으며, 제물은 이들 정령에 대한 공물이다. 산지민에게 있어서 사냥으로 고기를 잡는다는 것은 '아와나 시라 타나의 동물을 나눠가지는 것'이다. 마을 사람들이 아와나 시라 타나가 있는 곳에 무투아이라는 공물을 가지고 가 바치면, 그 보답으로 정령들이 덫을 통하여 동물을 마을 사람들에게 건넨다고 믿고 있다.

아와나 시라 타나 등의 정령에는 '좋은 정령'과 '나쁜 정령'이 있다. '좋은 정령'은 꿈속에 나타나며 자신의 이름을 가르쳐준다. 사냥의 성공을 빌 때나 덫을 놓을 때에 그 이름을 부르면 사냥이 성공하기 쉽다고 한다.

한편 '나쁜 아와'는 쿠스쿠스를 너무 많이 잡으면 사냥꾼을 나무에서 떨어뜨리거나, 쿠스쿠스의 가죽을 벗기는 칼에 다치게 한다. 또한 아이가 밤에 갑자기 심하게 울어대는 것과 같은 경우도 '나쁜 아와' 때문이다. 또한 시라 타나 가운데는 대형의 사냥감을 가져다주는 경우, 그에 따른 답례기 없으면 사냥꾼이나 그 아이들이 병에 걸리거나 때로는 목숨까지 잃게 하는 무서운 정령도 있다. '나쁜 시라 타나'가 숨어있는 숲에서 사냥을 하는 경우, 대형의 사냥감을 잡은 후에는 집에 돌아와 바로 현관에 시라 타나에 대한 공물로서 직물이나 비즈로 만든 목장식 등의 장신구를 바친다(〈사진9-2〉참조). 이를 무시하면 사냥꾼을 따라 마을까지 내려온 시라 타나가 나쁜 짓을 할지노 노르기 때문이다.

〈사진9-2〉 시라 타나(정령)에 공물을 바침
(필자촬영, 2004년 마누세라 촌)

또한 숲에 들어갔다 나온 사람이 길을 잃게 하는 시라 타나도 있다. 예로부터 사람이 조난당한 경우가 있는 숲에는 길을 잃게 만드는 시라 타나가 살고 있다고 여겼다. 이 때문에 20년 이상 셀리가 걸린 채 사용되지 않고, 사실 상 '보호구역(sanctuary)'으로 기능하고 있는 숲이 존재한다.[8]

이와 같이 세람섬 산지민에게 숲은 단순히 식량인 동물을 얻는 사냥장소가 가 아니라 다양한 영적 존재가 숨어있는 문화적·종교적 의미가 부여된 공간인 것이다.

## 4. 숲의 이용을 규율하는 규범

세람섬 산지민이 공유하는 '숲의 이용을 정하는 규범'으로서 중요하

---

8) 마누세라촌의 페투아난 가운데에는 257개소의 숲이 존재하고 있지만 그 중 20년 이상 전혀 사용되지 않고 있는 숲은 34개소에 이른다(그 중 3개소는 50년 이상 이용되지 않았다). 이러한 숲은 출입이 터부시 되어고 있으며, 다른 곳으로 이주한 보유자가 마을의 누군가에게 그 숲의 관리를 맡기지 않았기 때문에 방치된 숲이었다.

다고 여기는 것은 (1) 숲의 보유에 관한 사회적 약속, (2) 숲의 비배타적 이용관행, 그리고 (3) 셀리 카이타후의 금렵제도이다. 아래에서 순서대로 살펴보자.

## 4.1 숲의 보유에 관한 사회적 약속

말루쿠제도 중앙부 및 동남부에서는 마을(negeri)이 관습적으로 점유해 온 토지(영지)를 페투아난(petuanan)이라 부른다.[9] 마을의 성인 남성을 대상으로 한 그룹 인터뷰와 맵핑에 의하면, 마누세라촌의 페투아난에는 257개소의 숲이 존재한다(〈그림9-5〉 참조).[10] 자세하게 구분된 각각의 카이타후에는 그 토지의 식생이나 역사를 보여주는 이름이 붙여져 있다.

각각의 숲에는 그 숲이 귀속되어 있다고 생각하는 개인이나 집단, '카이타후 쿠아'(kaitahu kua)가 존재한다. 여기에서는 '카이타후 쿠아'를 숲의 '보유자', 카이타후 쿠아가 숲에 대해서 가지고 있는 모든 권리를 '보유권'[11]이라고 부르며 논의를 진행시켜 보자.

---

9) 마을의 경계를 둘러싸고 옆 마을과 분쟁이 일어나는 등 현재 '마을의 토지'라는 영역 개념은 확실하게 존재하고 있지만, 경계를 마을 사람들이 인식하게 된 것은 그다지 오래전 일이 아닐지 모른다. 마을의 노인에 따르면 과거 이 지역에서는 가까운 친척 몇 세대가 함께 고상식(高床式: 높은 마루 위에 집을 짓는 형식) 큰 집에 모여 살았었다. 이러한 큰 집은 숲 속에 흩어져 있었다. 여러 채의 큰 집은 혈연이나 혼인관계로 느슨하게 연결되었을 것이며, 오늘날과 같은 하나의 마을로서 정리되지는 않는다. 그러나 이후 네덜란드 식민지 관리가 오고, 사람들은 1890년 경 케세일라투(keseilatu)로 불리는 장소에 현재 마을의 모체가 되는 부락을 새롭게 만들었다. 그 이전에는 큰 집에 함께 생활하는 사람들의 영지는 존재했어도 '마을의 토지'라는 개념은 존재하지 않았을 것이라 생각된다.

10) 마누세라촌의 페투아난 가운데에는 마라이나촌(이웃 마을)의 사람이 보유하는 숲이 존재한다. 이 숲은 아마도 혼인에 따라 숲의 권리가 양도되었을 것이다. 이처럼 다른 마을 사람이 보유하는 숲은 여기에서는 세지 않았다.

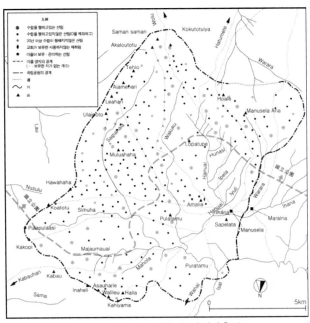

〈그림9-5〉 마누세라촌의 카이타후(숲)

(자료) 필자의 청취조사에 의해 작성(2003년 7월)

(주) 지도(schetskaart van Ceram Blad Ⅷ, Toprgraphische Inrichting, Batavia, 1921)를 바탕
으로 산이나 강의 위치를 적어놓은 종이를 준비하고, 마을 사람들이 자세하게
구분한숲의 대략적인 위치를 기입하였다. 단 마을에 있는 모든 숲을 망라한
것은 아니다.

---

11) '소유권'은 '특정의 사물을 배타적으로 지배하고, 사용·수익 및 처분의 기능
을 가지고 있는 권리'라는 의미에서 사용되는 경우가 있다. 마을에서 숲은
(산지민들의) '매매'의 대상이기 때문에 숲에 대한 모든 권리에는 처분권이
포함되어 있다고 본다. 그러나 여기에서 '소유권'이라는 용어를 사용하지 않
은 것은, 나중에 설명하는 바와 같이, 숲에 대한 권리가 누구에게도 방해되
지 않는 권리가 아니기 때문이다. 여기에서는 근대법에 있어서 절대적·배타
적 권리인 '소유권'과 구별하고, 타인에 의한 제약을 받는 상대적 권리라는
의미를 넣어 '보유권'이라고 부르고자 한다. '보유권'이라는 용어를 사용한
것은 독점적·배타적 지배권의 전형인 로마법 형태의 '토지소유권'에 대해
'규제'나 '계획'에 구속된 게르만법 형태의 토지지배가 '토지보유권'으로 불
리는 것에 의거한다(篠塚 1974: 6-8).

중앙 세람의 산지부에서는 모든 숲에 특정 보유자가 있어 소유권이 부과되지 않는 숲은 없다. 숲을 포함한 토지의 보유권은 남성에게 귀속되고, 부계를 통해 상속된다. 나중에 설명하겠지만, 비보유자가 '다른 사람의 숲'에서 사냥을 하는 경우가 종종 있지만, 이 경우 사냥하는 사람은 반드시 보유자의 허가를 받는다. 무단으로 다른 사람의 숲에서 사냥을 하는 것은 '남의 집 부뚜막의 불을 함부로 가져가는 것(=남의 부인과 정을 통하여 빼앗는 것)'과 같은 행위이며, 엄한 비난의 대상이 된다. 남자는 아버지와 함께 숲에서 사냥을 하면서 인접한 숲 경계의 위치를 배우게 된다. 다른 사람이 보유하는 숲에서 사냥을 하는 경우에도 경계가 어디까지인가를 보유자와 함께 숲을 다니며 배운다. 숲의 경계에 관한 올바른 지식을 가지는 것이 사냥의 전제가 되고 있는 것이다.

숲은 보유자의 규모에 따라 복수의 부계혈통집단, 소아(soa)의 공유림(로후노 공유림),[12] 단독 소아 공유(소아공유림), 가까운 친족관계 등으로 연결된 2세대에서 8세대가 공유하는 숲(복수세대공유림), 그리고

---

12) 소아를 달리하는 복수의 사람들이 공유하는 숲은 '카이타후·로후노'(Kaitahu Lohuno)라 부른다. 이 카테고리에는 소아 A에 속하는 갑과 소아 B에 속하는 을의 두 사람만이 공유하는 숲도 포함되어 있지만, 여기에서는 그러한 숲은 복수세대공유림으로 하고, 복수의 소아의 '전 구성원'이 공유하는 숲만을 '로후노 공유림'으로 한다. 복수 소아의 전 구성원이 공유하는 숲인 '로후노 공유림'의 내력은 다음과 같다.

마누세라촌에는 11개의 소아가 존재하고 있는데, 이들은 역외에서 이주 내지는 혼인에 따라 들어온 3개의 소아와 그 지역의 선주자인 8개의 소아 있다. 후자는 리리하타·라케아의 2개의 출신집단을 기원으로 한다. 마을에는 과거 리리하타·라케아에 속해 있다는 7개의 소아가 공유하는 로후노 공유림이 있는데, 이는 소아가 작게 나눠지는 과정에서 분할되지 않은 숲이라 여겨진다. 또한 과거 소아를 달리하는 사람들이 중국제나 네덜란드제의 옛날 대형 접시(matan)나 직조물(makahau) 등을 함께 내놓아 숲을 구입한 적이 있다. 이런 숲 가운데에는 구입자와 현재의 마을사람과의 계보관계가 명확하지 않게 된 결과 로후노 공유림이 된 것도 있다.

세대(개인)이 보유하는 숲(세대림)으로 구분할 수 있다. 조사에서 확인된 257개소의 숲을 보면, 보유형태에 관한 인식에서 마을사람들 사이에 차이가 있었던 5개소의 숲을 제외하면, 로후노 공유림이 8개소(3%), 소아공유림이 48개소(19%), 복수세대공유림이 133개소(52%), 세대림이 63개소(24%)가 된다. 보유자집단의 규모에 차이가 있다고 해도 몇 개의 세대에 의해 공유되고 있는 숲이 대부분을 차지한다.[13]

숲의 보유형태는 시간이 경과함에 따라 '사유화'와 '공유화'의 두 가지 방향으로 움직이고 있다고 보아도 좋다. 예를 들어 세대림은 그 보유자에게 복수의 아들이 있다면 차세대에는 이들 남자 형제의 복수세대공유림이 된다. 또한 복수세대공유림도 '숲의 보유의 역사'(상속·이전의 내력)에 대한 지식이 어떠한 이유에서 상실됨에 따라 소아공유림이 되는 경우도 있다. 이와 같이 이른바 '공유화'의 흐름도 있다.

거꾸로 특정의 인물이 특정의 소아공유림을 관습적으로 장기에 걸쳐 이용하고, 여기에다 그 숲의 보유관계에 관한 올바른 지식을 가진 사람이 다른 지역으로 나가거나 사망에 의해 사라지게 되면, 그 소아공유림이 세대림이나 복수세대공유림으로 변화하거나, 공동보유자가 숲을 분할 상속시켜 복수세대공유림이 세대림으로 변화하는 경우도 있다. 또한 결혼 상대가 되는 남성이 숲을 보유하지 않았을 때에는 부인 쪽의 친족이 그 여성에게 무상으로 숲을 제공하거나, 노후의 돌봄에 대한 사례로 숲을 양도하는 경우도 있다.[14] 또한 남의 부인과 혼외 성관계를 맺은 남성 또는 그의 부친이나 친족이 부인의 남편에게 벌금으로 숲이 제공되는 경우도 있다(〈표9-1〉 참조). 이러한 경우 공동보유

---

13) 공유림 중에는 공동보유자가 교대로 이용하고 있는 숲도 적지 않다. 수년간 금렵구로 지정하여 다시 숲을 해금할 때 '지난 번에는 갑이 덫사냥을 했기 때문에, 이번에는 을이 한다'는 방식으로, 수년의 금렵구를 가진 보유자 집단의 구성원이 순서대로 숲을 이용하고 있다.

14) 이와 같이 여성에게 숲이 양도되는 경우도 있지만, 다음 세대에는 그 여성의 아들이 그 숲을 상속받는 것으로 생각하고 있다.

자 간의 대화를 통해 복수세대가 공유하는 숲이 양도되는 경우도 있
다. 이는 '사유화'의 흐름이다. 이와 같이 숲의 보유형태는 통시적으로
본다면 다양하게 변화하고 있다.

〈표 9-1〉 카이타후(숲)의 카테고리와 수

| 카테고리 | 보유권의 상속·이양의 경위 | 수 |
|---|---|---|
| 카이타후·무투아니<br>(Kaitahu Mutuani) | 아주 오래된 선조 대부터 부계를 통해 상속된 숲 | 180 |
| 카이타후·나후나후이<br>(Kaitahu Nahu Nahui) | 어떠한 지원을 받은 자가 그 지원에 대한 사례로서 무상으로 제공한 숲의 총칭. 소아 간의 분쟁을 조정한 것에 대한 사례로서 제공하거나, 노후를 돌봐준 사례로서 제공된 것도 있다. | 22 |
| 카이타후·카투페<br>(Kaitahu Katuoeu) | 숲에서 상처를 입은 자, 또는 사망한 자를 마을까지 데려다 준 자(부상자, 사망한 자는 다른 소아의 구성원)에 대해 부상자, 사망한 자의 가족에게서 사례로 제공된 숲. Katuoeu는 '척추'라는 뜻이다. 이 숲은 운반자가 부상자나 사망한 자를 옮기면서 척추가 아팠을 것이라는 것에 대한 사례로 제공된다. | 4 |
| 카이타후·헤리아<br>(Kaitahu Helia) | 예단의 답례로서 제공된 숲. 결혼 할 때 남편 측의 친족은 | 10 |
| 카이타후·푸누누이<br>(Kaitahu Fununui) | 여동생이나 여자 형제가 결혼했을 때 아버지 또는 남자 형제들이 여성에 대해 무상으로 제공한 숲. 통상 그 숲을 이용하는 것은 여성의 남편 내지는 그 아들이나 며느리이지만, 어디까지나 보유권은 그 여성에게 있다. 여성이 이혼하면 그 숲에 대한 전 남편의 우선적 이용권은 소멸한다. | 7 |
| 카이타후·토후토후<br>(Kaitahu Tohu tohu) | 중국제나 네덜란드제의 대형 옛접시(matan)나 직물(makahau) 또는 돈으로 구입한 숲 | 21 |
| 카이타후·아라시하타/레라(Kaitahu Alasihata/Rela) | 타인의 부인과 혼외 성관계를 한 남성, 내지는 그 부친·친족이 부인의 남편에게 위자료로서 제공 내지는 몰수된 숲 | 5 |
| 카이타후·투칼<br>(Kaitahu Tukar) | 지리적 상황 등을 이유로 2개의 보유자(보유집단) 사이에서 숲의 보유권을 교환한 숲 | 2 |
| 인식에 차이가 있었던 숲 | 복수의 마을사람들 사이에서 보유권의 상속·계승·이전의 역사에 관한 인식에 차이가 있었던 숲 | 5 |
| 불명 | 청취조사에 의해 확인할 수 없었던 숲 | 1 |
| 계 | | 257 |

(자료) 필자의 청취조사에 의해 작성(2003년 7월)

노쇠와 병 때문에 죽음이 가까워진 것을 느꼈을 때, 또는 다른 곳으로 이주할 때, 숲을 누구에게 상속하거나 이양한다는 말인 '이티나우(itinau)'를 남긴다. 이에 따라 앞서 서술한 바와 같이, 숲을 분할상속하거나 특정한 자에게 이양하는 경우도 있다. 특정한 이티나우를 남기지 않은 경우에는 이 숲은 선대 보유자의 남자 자손(아들이 없다면 남자 형제의 아들)이 물려받는 것이 당연하다고 여긴다. 이러한 부계 상속과 더불어, 매매, 사례로서의 증여 그리고 벌금의 지불 등을 통해 숲에 대한 권리가 이전되고 있다. 이 때 숲의 보유자는 자신이 보유했던 숲의 상속과 이전의 내력이나 그 숲의 정령과 '최초의 보유자'인 선조의 이름을 새 보유자에게 올바르게 전달하지 않으면 안 된다.

숲의 보유권에 대한 정당성의 근거로 여겨지는 것은 숲의 상속 내력, 선대의 보유자와 현재의 마을사람들과의 계보관계, 판매·증여·벌금지불 등 숲의 권리 이전의 경위, 선대 보유자가 남긴 이티나우 내용 등 '숲의 보유 역사'에 관한 올바른 지식이다. 각각의 숲에는 그 '숲의 보유 역사'에 대해서 이야기하는 것이 타당하다고 사회적으로 인정된 인물이 있다. 그러한 사람은 보유자 집단의 최고 연장자인 경우가 많지만, 반드시 그렇지만은 않다. 또한 보유자가 아니어도 숲의 권리를 상속받아야 하는 자가 아직 어리다는 등의 이유에 의해 일시적으로 관리를 맡는 사람이 그 역할을 담당하는 경우도 있다. 어떠한 경우이든 이야기할 수 있는 자격이 있다고 인정되는 자 이외는 '숲의 보유 역사'에 대해서 언급하는 것을 극도로 싫어한다. 이는 조금이라도 '틀린 것을' 말하면 무투아이라가 가진 힘에 의해 죽음이 앞당겨진다고 여기기 때문이다.

## 4.2 비보유자에 대해서 '느슨하게' 열린 숲

마누세라촌에서는 숲의 보유자와 그 숲의 이용자(사냥을 하는 자)

가 일치하지 않는 경우가 자주 있다. 보유권을 가지지 않은 숲에서도 보유자(집단)에게 허가를 받으면 사냥할 수 있기 때문이다. 다른 사람이 숲을 이용하고 싶다고 하는 경우, '셀리 카이타후(일정기간 사냥을 금지하는 제도)가 금방 실시되었고, 동물이 아직 증가하지 않았다'라는 이유가 없는 한, 보유자는 그러한 요구를 거절할 수 없다. 보유자가 숲에 대해 가지고 있는 권리는 다른 사람의 제약을 받을 수 있는 상대적인 권리인 것이다.

공유림(복수세대공유림, 소아공유림, 로후노공유림)의 공유집단에는 그 '숲의 보유 역사'를 숙지하고 이에 대해 이야기할 권리를 가지며, 이와 동시에 숲의 이용 상황을 파악하고 그 숲을 누구에게 이용하게 할 것인지에 대해 조정하는 역할을 하는 '관리자(maka saka)'가 있다. 공유집단의 연장자가 '관리자'로 여겨지는 경우가 많지만, 반드시 그렇지만도 않다. 또한 어느 숲의 '관리자'로 간주되는 사람은 반드시 한 명이지도 않으며, 수년에 걸쳐 바뀌는 경우도 있다. 결국 이용하려고 하는 '다른 사람의 숲(본인이 보유권을 가지지 않는 숲)'이 공유림인 경우, 그 '관리자'에게 사냥하는 것을 허가 받을 필요가 있다.

조사를 했던 2003년 7월에 숲에서 덫사냥을 하고 있던 세대는 마을을 구성하는 59세대 중 41세대(69%)였다.[15] 그 중 14세대(34%)가 '다른 사람의 숲'에서 사냥을 하고 있었다(〈표9-2〉 참조). 또한 이들 세대의 절반은 단독으로 사냥을 했고, 나머지는 보유자와 공동으로 사냥을 했다. 그 중 공동사냥을 했던 사람들의 대부분은 보유자가 사냥하자고 제안했던 사람이었다. 그러나 단독으로 사냥을 했던 사람들은 모두 스스로 보유자를 만나러 가서 그 숲에서 사냥하는 것에 대한 허가를 받

---

15) 숲에 덫을 놓지 않아도 밭의 주변이나 밭에 가는 길목 등에 멧돼지용 덫을 놓는 마을 사람이 있다. 이 덫은 후스 파나와 똑같은 구조의 덫이다. 로프로프(lofu-lofu)라 부르며, 숲에 놓은 덫과 구별하고 있다. 여기에 나타난 숫자는 숲(카이타후)에 덫을 놓은 사냥을 하는 세대의 수다.

앗다. 이들 대부분은 '자신의 숲'(자신이 속해있는 공유집단의 숲도 포함)을 거의 가지고 있지 않으며, 과거부터 '다른 사람의 숲'을 계속 이용하고 있다고 했다.

<표 9-2> 카이타후(숲)의 이용형태별 세대수와 비율

| 숲 | 이용형태 | 세대수(%) |
|---|---|---|
| '자신의 숲'만을 이용 | 복수세대 공유림만 이용 | 10 |
| | 소아 공유림만 이용 | 7 |
| | 세대림만 이용 | 6 |
| | 복수세대 공유림과 세대림을 이용 | 1 |
| | 로후노 공유림과 소아 공유림을 이용 | 1 |
| | 소아 공유림과 복수세대 공유림을 이용 | 1 |
| 소계 | | 26(59) |
| '타인의 숲'만을 이용 | 세대림만 이용 | 5 |
| | 복수세대 공유림만 이용 | 4 |
| | 소아 공유림만 이용 | 3 |
| 소계 | | 12(27) |
| '자신의 숲'과 '타인의 숲'을 함께 이용 | '자신의 숲'인 복수세대 공유림과 타인의 소아 공유림을 이용 | 1 |
| | '자신의 숲'인 소아 공유림과 타인의 세대림을 이용 | 1 |
| 소계 | | 2(5) |
| 계 | | 40(100) |

(자료) 필자의 청취조사에 의해 작성(전수조사, 2003년 7월)
(주) 조사시점에서 마을의 전 세대 59세대 중 덫사냥을 하고 있었던 세대는 41세대. 257개소의 숲 중 40개소가 이용되었다. 그 중 13개소에서는 복수 세대가 공동으로 덫사냥을 실시.

'다른 사람의 숲'을 이용해 온 14세대 중 3세대는 숲의 보유자와 친족관계를 찾는 것이 어렵거나 새로운 친족관계가 있었다고 해도 먼 친척 세대였지만, 11세대(79%)는 그 숲의 보유자와 '친족지수(부모의 수와 혼인결합수의 합)(Kimura 1992: 20)'가 5이하이며, 혈연 또는 혼인관계로 연결된 친족의 숲을 이용하고 있었다. 그들의 대부분(14세대 중 9세대)은 어머니의 남자 형제, 부인의 남자형제 내지는 부인의 여자 형제의 남편에게 속하는 소아 등, 여성을 매개로 한 계보관계로 연결된 개인이나 집단의 숲을 이용하고 있었다.16) 이들은 셀리 카이타후를 바로 실시한 다음이거나, 이미 누군가 이용하고 있거나 해서 자신(내지는 자신이 속해 있는 공유집단)의 숲을 이용할 수 없는 경우에 어머니나 부인의 계보관계를 이용하여 숲에 대한 이용을 확보하고 있었던 것이다.

이와 같이 마누세라촌의 숲은 보유자에게 '약한 접근통제(access control)' - '거절'을 하지 않으면 안 되는 정도의 통제 - 를 받으면서도 비보유자에게 열린 존재라 할 수 있다. 그러나 이념상으로는 어찌되었든 실태를 파악한 바에 따르면, 숲은 모든 사람에게 열려있는 존재는 아니다. '다른 사람의 숲'을 이용하는 사람들은 새로운 친구가 아닌 한 먼 친족에게 숲의 이용허가를 얻는 것을 삼가거나 주저한다. 결과로서 혈연·혼인관계에서 연결된 비교적 가까운 친족이 보유하고 있는 숲을 이용하는 경우가 많다. 따라서 원칙적으로 숲은 보유자를 중심으로 한 혈연과 혼인 네트워크에 '느슨하게' 열려있다고 할 수 있을 것이다.

## 4.3 셀리 카이타후 : 수렵을 일정기간 금지하는 제도

### 4.3.1 금렵의 의례

앞에서 언급한 그대로, 사냥을 이어가는 가운데 덫에 동물들이 걸리지 않게 되면 마을사람들은 그 숲에 '셀리 카이타후'라 부르는 금제(禁制)를 시행한다. '셀리'는 현지 말로 특정 자원·지역의 이용을 일정

---

16) 이러한 경향은 18세대를 대상으로 실시한 과거의 숲이용 이력에 관한 청취 조사에서도 확인되었다. 과거 10년간에 '다른 사람의 숲'을 2번 이상 이용한 적이 있는 세대는 4세대이며, 그 중 어느 사람이든 부인의 남자 형제나 모계 숙부의 자손 등 여성을 매개로 한 계보관계로 연결된 친족이 보유한 숲에서 사냥을 했었다.

기간 금지하는 것(또는 그 상태)을 나타내는 말로 사용된다. 한편 '카이타후'는 '사냥장소로 여기는 원생림·노령 2차림'이다. '셀리 카이타후'(이하, 셀리)는 숲에 있어서 다양한 사냥을 일정 기간 금지하는 제도를 의미하고 있다. 산지민은 셀리의 의미를 '줄어든 쿠스쿠스, 사슴, 멧돼지 등을 늘리기 위한'것이라고 말한다.

셀리를 시행하기 위해서는 우선 그 숲에 놓아둔 모든 덫을 제거하지 않으면 안 된다. 그리고 숲 속에서 '셀리 아무 호루호루'(seli amu holuholu)라 부르는 '표시'를 세운다. 이것은 다양한 모양이 있으며, 2개의 나무를 교차시켜 지면에 세우는 것, 한 개의 나무를 지면에 직립한 것처럼 그냥 꽂아놓은 것 내지는 꽂아놓은 나무에 금을 내어 등나무 잎이나 나뭇잎을 끼워 놓은 것 등, 소아나 개인에 따라 다르다. 어쨌든 세리 아무 호루호루는 무투아이라(조상신)나 정령을 위해 '표시'한 것이다. 무투아이라나 정령을 초대하고 거기에 일시적으로 머물게 하는 매체, 즉 일종의 '영매(依代)'다(〈사진9-3〉 참조). '영매'는 이라레세(학명 불명) 등 썩기 어려운 나무로 만들어졌다. 수년 후 금제가 해지될 때 무투아이라나 정령에게 빌지 않으면 안 되기 때문에 '영매'는 튼튼하지 않으면 안된다.

셀리 아무 호루호루를 세운 후 그 바닥근처에는 무투아이라에게 바치는 공물로서 담배, 빈랑나무 열매 그리고 시리를 올린다(빈랑나무 열매나 시리를 올리지 않는 사람도 있으나 담배는 반드시 올린다). 그 후 만물의 창조주로서 신(Lahatala), 그 숲을 최초로 보유하고 있었던 선조, 마카 카에 카이타후(maka kae kaitahu), 무투아이라, 그리고 시라 타나나 아와 등의 정령의 이름을 부른다. 그리고 토지의 언어로 그 숲에 셀리를 시행한다는 것을 보고하고, 이 숲에서 사냥하는 자에게 사냥감을 주지 않도록 기도함과 동시에 사냥을 하기 위해서 이 숲에 들어간 자에게 어떠한 재앙(pilitalua)을 주도록 빈다. 그 후 이 숲에 면하고 있는 산길 주변에 비스듬하게 자른 몇 개의 가는 나무를 잘라 놓는다. 이는 그 숲에 셀리가 시행되고 있다는 것을 알리는 표식이다.

셀리를 시행하는 자(maka kohoi seli)는 대부분의 경우 그 숲의 '관리자'이다. 그러나 공유집단의 멤버가 교대로 공유림을 이용하고 있는 경우는 숲에서 사냥을 한 자가 셀리의 금렵의례를 행하는 사례도 보인다. 이 의례 중에서 셀리의 실시자는 알고 있는 범위에서 이 숲을 보유·계승해 온 수세대 전까지의 무투아이라의 이름을 부른다.

셀리가 시행된 숲은 쿠스쿠스 등의 사냥동물이 증가할 때까지 수년간, 일체의 사냥이 금지된다. 셀리가 시행된 숲은 그 숲의 보유자를 포함해 누구도 이용할 수 없다. 이를 위반한 자는 나무에서 떨어지거나 칼에 다치거나, 멧돼지의 습격을 당하거나 또는 병에 걸리는 등의 재앙을 피할 수 없다고 강하게 믿고 있다.

〈사진9-3〉 셀리 아무 호루호루를 세우고 있다
(필자촬영, 2004년 마누세라촌)

수년 후, 셀리가 시행된 숲에서 다시 덫사냥을 하는 경우, 우선 숲에 들어가 쿠스쿠스의 먹이흔적·배변상태나 사슴·멧돼지의 먹이흔적, 발자국 등을 보고 동물이 증가하고 있는가를 확인한다. 증가하고 있다고 판단되면 '영매'에 담배 등의 공물을 바치고 무투아이라나 정령에게 빈 다음 셀리를 푼다. 그리고 숲에서 사냥을 재개한다. 조사시점에서는 257개소의 숲 중 '셀리가 시행된 숲'은 203개소(79%)에 달하고 있었다. 한편 이용되고 있는 숲은 40개소(16%)였다(〈표9-3〉 참조).

〈표 9-3〉 셀리의 실시 현황

| 보유형태 | 로후노 공유림 | 소아 공유림 | 복수세대 공유림 | 세대림 | 인식차 존재 숲 | 계(%) |
|---|---|---|---|---|---|---|
| 셀리가 걸린 숲 | 7 | 32 | 111 | 48 | 5 | 203(79) |
| 이용되는 숲 | 1 | 12 | 13 | 14 | 0 | 40(16) |
| 이용되지는 않지만, 셀리도 걸리지 않은 숲 | 0 | 3 | 0 | 0 | 0 | 3(1) |
| 불명 | 0 | 1 | 9 | 1 | 0 | 11(4) |
| 총 산림구획수 | 8 | 48 | 133 | 63 | 5 | 257(100) |

(자료) 필자의 청취조사에 의해 작성(2003년 7월)
(주) 복수의 마을사람들 사이에서 보유에 관한 인식에 차이가 있었던 숲

## 4.3.2 금제(禁制)를 지지하는 '초자연적 제재 메커니즘'

마누세라촌에서는 셀리의 위반 '문제'가 사람 손에 의해 해결되는 경우가 거의 없다. 왜냐하면 사람들의 숲이용을 감시하고 셀리를 위반한 자에게 제재를 가하는 것은 인간이 아니라 무투아이라나 정령이라는 초자연적 존재이기 때문이다. 이미 앞에서 설명한 바와 같이, 마누세라촌에서는 '셀리를 위반하면 어떠한 재앙이 닥칠지 모른다'라는 셀리가 가진 초자연적인 힘에 대한 강한 신앙이 있다. 이러한 신앙을 유지하고 또한 그러한 신앙을 유지해 온 이야기로서 다음과 같은 내용이 있다.

에카노(Ekano)촌 출신의 A·L은 마누세라촌의 여성과 결혼하고 마누세라촌에 있는 처남 Z·A의 집에서 살고 있었다. 1986년 어느 날, A·L은 Z·A와 함께 아마누쿠아니 스사타운(Z·A가 속한 다른 씨족)의 공유림, 아카로우 토투(Akalou totu) 숲에서 나무에 올라 쿠스쿠스 사냥을 했었다. 사냥을 끝내고 마을로 돌아오는 도중 그들은 마누쿠아니 스사타운의 공유림인 아이모토(Aimoto) 숲에 들어가 나무에 올라 사냥을 했다. 그런데 이 숲에는 셀리가 시행되고 있었다. 나무의 구멍에 숨어있는 쿠스쿠스를 발견한 A·L은 그 나

무를 뿌리 쪽에서 잘라냈다. 그러나 그 나무에 붙어있던 덩굴이 옆에 있던 나무를 휘감고 있었기 때문에 벌채와 동시에 옆의 나무도 쓰러지고 말았다. A·L은 그 나무에 깔려 사망하였다. 사냥한다는 것을 셀리가 시행한 사람에게 보고하고 미리 셀리를 풀어두었더라면 그러한 사고는 일어나지 않았을지도 모른다.[17) A·L의 죽음은 셀리가 시행되었던 숲에서 사냥을 하는 것에 대한 무투아이라나 정령이 내린 벌(ake ake)이다.[18)

'셀리의 위반'과 그 후 계속되는 '위반자의 불운한 죽음'과 관련된 이야기는 '위반하면 재앙이 내린다'는 것을 설명하기 위해 종종 언급되는 '이야기'다.[19) 이는 '위반'과 '죽음'이라는 두 가지 사건이 연결되어 설명·이해됨과 동시에, 관련된 두 가지 사건이 셀리의 초자연적 힘의 존재 근거로 제시되는 '상호조응'하는 '이야기'다.[20)

마누세라촌에서는 셀리 카이타후 위반은 그렇게 빈번하게 일어나는 것은 아니지만, 빈랑나무 열매, 코코야자, 사고야자 등을 대상으로 한 금제인 '사시'에 대해서는 종종 위반이 일어나고 있다.[21) 필자가 마

---

17) 나무에 올라가 사냥을 하기 위해서 사냥을 하는 몇일만 일시적으로 셀리를 푸는 경우도 종종 있다.

18) 촌장 요타무씨(63세)와 아이모토에 셀리를 시행했던 안도리아스씨(50세)의 청취조사(2004년 1월) 요약.

19) 여기서 말하는 '이야기'란 '어떤 행위자가 어떤 행위를 하는 것에 의해 세계에 어떠한 사건들이 발생했는가를 시간의 경과에 따라 기술하여 이야기하는 자와 듣는 자에게 사건과 사건(행위와 사건) 사이에 인관관계를 알려주는 것'(竹沢 1999: 63)을 의미하고 있다.

20) '이야기'에서 보이는 것처럼 '관념과 사건의 경위에 대한 상호조응성'에 대해서는 浜本(1989: 41-43)을 참조.

21) 특정 자원의 이용을 일정 기간동안 금지하는 '사시'는 그 지역 말로 아나호하(anahoha)라고 한다(笹岡 2001b). 특정 자원을 대상으로 한 사시는 점유표를 설치하는 간단한 방법으로 실시되는 경우도 있다. 그러나 근년에는 교회에서 일요 예배 중에서 빈랑나무 열매, 코코야자, 사고야자 등의 채취금지를 사람들에게 고지하는 '교회의 사시'(sasi gereja)도 증가하고 있다.

을에서 체재하고 있는 동안에도 '사시가 걸린 빈랑나무 열매를 씹으면서 대나무를 채취하다가 대나무의 잘린 부위에 부딪혀서 입술을 베었다', '사시가 걸린 코코넛을 채취하고 이를 자르려다 칼에 손가락을 베었다'는 '이야기'를 들을 수 있었다. 삶 속에서 가끔씩 회자되는 상호조응하는 '이야기'는 일상적인 관습적 자원이용 규제를 유지하는 초자연적인 힘에 이끌린 리얼리티를 제공해 주고 있을지도 모른다.

## 나가며 ―'사람과 자연'의 관계를 매개하는 초자연적 존재에 대한 시각

세람섬 산지민이 실천하는 숲(수렵 자원)의 민속적 관리의 큰 특징은 인간이 아닌 무투아이라나 정령 등의 초자연적 존재가 자원이용자의 행위를 감시하고 위반자에게 제재를 가하는 역할을 맡고 있다는 점에 있다(〈그림9-6〉 참조). 사자의 영혼이나 정령과 함께 살아가는 산지민의 이러한 초자연관은 비합리·비과학적이라고 비판하기 쉽다. 그러나 초자연적인 존재나 힘을 믿고 진지하게 관계를 맺으며 살아가고 있는 사람들이 있는 이상, 이를 '허구'라고 정리해버려서는 안 된다. 이 논문에서 설명한 것처럼, 무투아이라나 정령은 그들에게는 틀림없는 현실이며, 자원이용을 규제하는 규범이 작동하는 곳에서 실제로 강한 영향력을 발휘하고 있다. 따라서 자원관리를 둘러싼 논의에서도 '사람'과 '자연'의 관계 사이에 존재하는 '초자연'적 존재에 대한 관점이 필요하게 된다.

최근 몇년간 공동자원론에서는 관리제도의 진화나 순응이라는 동태를 이해하는 데에 높은 관심을 보이고 있다(Stern et al. 2002: 469). 이러한 관심을 모아서 문제 설정을 한다면 사람들과 자연관, 초자연관 또는 이를 공유하는 사회의 동질성이 어떠한 과정을 거쳐 변화하고,

이를 사람들이 어떻게 대응하고 민속적 관리의 본연의 모습에 어떻게 영향을 미치는가와 같은 자원관리를 둘러싼 논의에서 중요한 주제가 될 수 있을 것이다.

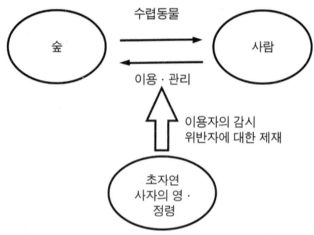

〈그림 9-6〉 숲 이용·관리 사이에 존재하는 초자연적 존재

초자연관을 지지하는 민속적 관리를 '결국 사라져갈 것'으로 경시할 것이 아니며, 또한 거꾸로 '아래로부터의 자원관리'로 무비판적으로 찬양해도 안 된다. 중요한 것은 지역의 사람들이 살아가고 있는 초자연적인 힘이나 의미를 포함한 '총체로서의 생활세계'에 가능한 한 접근하여 '사람·자연·초자연'의 3자 관계를 파악하면서 지역의 사람들의 자연·자원의 민속적 관리의 실상을 적극적으로 밝히는 것이다.

자원관리 정책은 많은 경우 중앙집권적 내지는 획일적인 규제를 가하는 것으로 일관해 왔다. 이러한 '위에서, 외부에서'의 수법은 '사람이 자연을 관리할 수 있다'는 것을 전제로 한 '인간중심주의'를 자명한 것으로 보고, 지역 사람들의 다양한 '사람-초자연-자연'관계에 개입하고 이를 단절시키려 한다는 점에서 문제가 있었던 것은 아닐까?

　'사람·자연·초자연'의 3자 관계를 파악하면서 지역 사람들의 민속적인 자연·자원관리의 실상을 연구하는 것은 중앙집권적·획일적 자원관리 정책을 보다 지역 사람들의 세계관이나 가치관을 배려하는 것으로 바꿔 가기 위해 필요한 작업이다. 또한 이러한 작업은 '인간중심주의'적인 사고방식을 탈피해 나가기 위해서도 중요한 의미를 가질 것이다.

# 참고문헌

大塚柳太郎 1993 「パプアニューギニ人の適応におけるサゴヤシの意義」『Sago Palm』 1： 20-24.

浜本滿, 1989, 「フィールドにおいて『わからない』ということ」『季刊人類學』20(3)： 34-51.

三俣學·室田武, 2005, 「環境資源の入會利用·管理に關する日英比較-共同的な環境保全にかんする民際研究に向けて」『國立歴史民俗博物館研究報告』第123集： 253-322.

笹岡正俊, 2001a, 「セラム島のクスクス獵」尾本惠一·浜下武志·村井良敬·家島彦一編, 『ウォーレシアという世界』(海のアジア4), 岩波書店, 101-125.

笹岡正俊, 2001b, 「コモンズとしてのサシ」井上真·宮內泰介編, 『コモンズの社會學』, 新曜社, 165-188.

笹岡正俊, 2006, 「サゴヤシを保有することの意味-セラム島高地のサゴ食民のモノグラフ」『東南アジア研究』44(2)： 105-144.

笹岡正俊, 2007, 「『サゴ基盤型根栽農耕』と森林景觀のかかわり-インドネシア東部セラム島Manusela村の事例」『Sago Palm』15： 16-28.

笹岡正俊, 2008, 「僻地熱帶山村における『救荒收入源』としての野生動物の役割-インドネシア東部セラム島の商業的オウム獵の事例」 『アジア·アフリカ地域研究』7(2)： 158-190.

篠原徹, 1996, 「自然觀の民俗」佐野賢治·中込陸子·谷口貢·古家信平編, 『現代民俗學入門』, 吉川弘文館, 30-40.

篠塚昭次, 1974, 『土地所有權と現代-歴史からの展望』, 日本放送出版協會.

安間繁樹, 1997, 「狩獵具」京都大學東南アジア研究センタ-編, 『事典東南アジア-風土·生態·環境』, 弘文堂, 160-161.

竹澤尙一郎, 1999, 「物語世界と自然環境」鈴木正宗編, 『大地と神々の共生』, 昭和堂, 59-83.

池上良正, 1999, 「癒される死者, 癒す死者-民俗·民衆宗教の視角から」新谷尙紀編 『死後の環境-他界への準備と墓』(講座人間と環境9), 昭和堂, 80-98.

秋道智彌, 1995a, 『なわばりの文化史-海·山·川の資源と民俗社會』, 小學館.

秋道智彌, 1995b, 『海洋民族學-海のナチュラリストたち』, 東京大學出版會.

秋道智彌, 2004, 『コモンズの人類學-文化·歴史·生態』, 人文書院.

Berkes, Fikert, Feeny, David, McCay, Bonnie J. & Acheson, James M., 1989, "The Benefits of the Commons", *Nature* 340 : 91-93.

Kimura, D., 1992, "Daily Activities and Social Association of the Bongando in Central Zaire," *African Study Monographs* 13(1) : 1-31.

Ohtsuka, R. & Suzuki, T.(eds.), 1990, *Population Ecology of Human Survival : Bioecological Studies of the Gidra in Papua New Guinea,* Tokyo : University of Tokyo Press.

Stern, P.C., Dietz, T., Dolsak, N., Ostrom, E., & Stonich, S., 2002 "Knowledge and Questions After 15 Years of Reasearch," in : E. Ostrom et al.(eds.), *The Drama of the Commons: Committe of the Human Dimensions* of Global Change, Washington, D.D. : National Academy Press, 445-489.

## 부기

본 원고는 2008년에 도쿄대학 대학원 농학생명과학 연구과에 제출한 박사논문 「월레시아·세람 섬의 야생동물 이용·관리의 민족지-'주민주체형 보전론'을 위하여」의 일부이다. 또한 본 원고에서 기본적으로 사용한 데이터는 일본학술진흥회 해외특별연구원(2002(평성14)년도 채용)으로서 인도네시아 과학원 사회문화연구센터(PMB-LIPI)에 파견된 기간에 수집한 것이다. 박사논문의 심사를 해주신 이노우에 마고토(井上眞) 교수(주심, 도쿄대학), 나가타 신(永田信) 교수(도쿄대학), 하야시 요시히로(林良博) 교수(도쿄대학), 아키미치 토모야(秋道智彌) 교수(총합지구환경과학연구소), 무라이 요시노리(村井吉敬) 교수(와세다대학), PMB-LIPI 파견 중에 만난 동료 Mr. I. P. G. Antariksa, 연구를 위해 다양한 편의를 제공해주신 모든 관계기관, 그리고 필자를 받아들이고 조사에 협력해주신 마누세라 촌의 모든 분들께 다시 한번 감사의 뜻을 표하고 싶다.

# 지역 공동자원과 지역발전

## -솔로몬제도의 자원이용 방식의 변화로부터

다나카 모토무(田中求)

## 1. 솔로몬제도의 관습과 지역 공동자원

### 1.1 비체마을의 삶과 관습

비체(Biche)마을은 마로브 라군(Marove Lagoon) 동남단에 위치한 가토카에(Gatokae)섬에 있다.[1] 마을에는 약 140명이 살고 있으며, 화전이나 어로, 채집, 목각 세공 등을 하고 있다(〈그림10-1〉, 〈사진10-1〉).

아침 6시, 교회의 종이 울린다. 한 남자아이가 잠에 취한 눈으로 창문에서 오줌을 누고 있다. 사실, 남성용 화장실은 마을 남쪽의 해변, 여자는 북쪽의 해변으로 정해져 있으며, 마을 사람들은 취향(파도가 밀려오는 상태나 바위의 유무)에 따라 다른 장소를 이용하고 있다. 식수를 긷는 웅덩이에서는 세안이 금지되어 있지만, 자면서 흘린 침 자국이 선명한 얼굴을 씻고 있던 마을사람을 본 적도 있다.

마을의 남녀가 동석하는 자리에서 음담패설을 하거나, 여성이 남성의 앞을 가로지르는 것도 해서는 안 된다고 한다. 몸이 아픈데 생각을

---

1) 옮긴이 주: 마로브 라군은 세계에서 가장 큰 담수 석호이며, 남태평양 솔로몬제도 서부의 뉴조지아제도에 위치하고 있다.

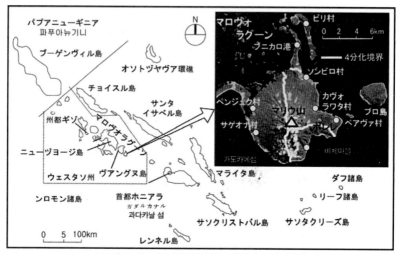

〈그림10-1〉 솔로몬제도 및 가토카에섬 주변

(자료): 랜드샛(Landsat) 위성 화상에서 필자가 직접 작성

(주) 4구역 경계는 가토카에섬을 4분한 경계. 1992년에 설치되었다.

〈사진10-1〉 비체마을의 거주지역

풍요로운 바다와 숲에 둘러싸여 있다.

(필자 촬영, 2004년 솔로몬제도 가토카에섬)

너무 많이해도 안 된다는, 연구자로서는 곤란한 일도 있다. 마을의 삶 속에서는 실제로 여러 가지 규칙(관습)이 있는 것이다.

〈사진10-2〉 비체마을의 어린이들
연장자의 흉내를 내면서, 웃고 울면서 관습을
몸에 익혀 나간다. 아무 것도 고민하지 않는
것처럼 보이지만, 머릿속에는 여러 가지 관습
이 가득 차 있다.

얼굴을 마주하고 사람을 비난하는 것은 좋지 않다고 여기고 있기 때문에, 관습을 어겨도 그 자리에서 화를 내는 일은 드물다. 기껏해야 웃는 정도다. 그러나 본인이 없는 장소에서 그 관습을 어긴 것이 화제가 되는 일은 많다. 그것을 듣고 처음으로 그런 관습이 있다는 것을 알게 되었다. 또한 관습을 어기는 것은 좋지 않지만, 다른 마을의 사람에게 들키지 않으면 괜찮다든가, 미혼자라면 봐줄 수 있다든가 하는 것도 있다. 마을에서의 관습은 가능하면 그렇게 해야 한다고 모두가 생각하고 있는 정도이며, 어떤 벌칙이 따르는 경우는 드물다. 애매한 관용 하에서 관습이 유지되어 왔다고 할 수 있다.[2]

---

2) 필자는 2001년 1월부터 2007년 12월에 걸쳐, 총 9회, 약 1년 6개월 동안, 비체 마을에 거주하면서 자원이용의 역사적 동태를 청취하고 참여관찰을 실시하는 가운데, 마을사람으로서 몸에 지녀야 할 관습을 파악했다. 그 관습의 일부로서, 자원을 공동이용 해 온 마을사람들이 정당하다(일리가 있다)고 간주해 온 공통인식이 있으며, 관용함 이외에도 큰 배포나 부지런한 손놀리기의

관습은 마을 사람들이 자연이나 타자와 연관되는 가운데 형성되어 온 것이며, 당시까지 경험한 적이 없는 개발이 마을에 들이닥쳤을 때, 그렇다면 어떻게 해야 모두에게 옳다는 인정을 받을 것인가, 또한 어떻게 대처하는 것이 옳다고 해야 하는가, 마을 사람은 시행착오를 시작한다. 그리고 서서히 관습이 재구축되어 가는 것이다(〈사진10-2〉).

## 1.2 솔로몬제도에서의 개발과 관습

솔로몬제도에는 국토 면적의 89%를 점하는 삼림(FAO 2003: 135)과 가다랑어 등의 수산자원이 풍부한 바다가 있는데, 천연림을 중심으로 하는 국내외 기업의 대규모 벌채(이하, 상업벌채)와 외국자본의 대규모 어업 대상으로 개발되어 왔다.[3]

국토의 87%는 각 지역 친족집단의 공동소유권이 인정되어 온 토지다(Statistics Office 1995). 솔로몬제도의 지역사회 사람들은 다양한 자원을 공동소유하고 있는데, 그런 사람들의 유대와 자급적인 생업을 기반으로 하면서도, 여러 개발 사업을 도입하고(關根 2001) 새로운 관습을 형성해 왔다. 상업벌채 등으로 대규모 개발을 할 때는 계약을 둘러싼 다툼이나 토지의 권리를 둘러싼 분쟁이 발생하지만 친족집단의 권리는 견지되었다. 오히려 친족집단이 이들 개발 사업의 도입 주체 가운데 하나가 되어 왔다(田中 2004a).

솔로몬제도는 법적으로도 실질적으로도, 주민의 삶의 기반이 되어

---

중시, 상호부조가 거론될 수 있다. 이들의 형성과 그 부침에 대해서는 다나카의 연구(田中 2007)를 참조.
3) 솔로몬제도에서는 벌채 규제가 강화된 인도네시아나 말레이시아에서 이동해 온 벌채기업이 은밀히 활동하고 있다. 칼리만탄섬에 본거지를 두고 있는 P. T. Sumber Mas Timber 집단이나 말레이시아의 Lee Ling Timber사, Kumpulan Emas사 등의 자회사는 정부 각료나 임업국과 유착하여 위법적인 벌채를 반복하고 있다(Bennett 2000: 247, 295, 344).

온 자연자원에 대한 관습적인 공동소유권이 인정되고 있는 극소수의
국가 가운데 하나다. 게다가 각 지역의 사람들이 주체가 되어 자원을
이용하고 개발 사업을 도입하여 지역개발을 모색해온 곳이기도 하다.

## 1.3 솔로몬제도의 관습과 지역 공동자원

이노우에 마코토(井上眞 2001: 11-13)는 자연자원에 관한 공동자원을
"자연자원의 공동관리제도 및 공동관리의 대상인 자원 자체"라고 정의
하고, 지역사회 수준에서 성립하는 공동자원을 지역 공동자원(Local
commons)이라고 부르고 있다. 솔로몬제도의 지역사회에서 형성되어 온
관습 및 그 대상이 되는 자연자원은 바로 지역 공동자원 자체라고 할
수 있다. 그렇지만, 지역사회의 자원은 자연자원만이 아니다. 지역사회
에서 생활하는 사람들 자신도 역시 중요한 자원이다.

솔로몬제도에서는 지역사회의 집단이 자연자원을 공동이용하는 가
운데 사람들의 상호부조가 일상적으로 이루어지고 있다. 수확의 공동
작업이나 보육에서 서로 돕는 노동력의 수행방식뿐만 아니라, 자연자
원의 이용지식이나 기술제공과 같이 각자가 잘하는 분야를 활용하여
서로 돕는 활동이 여기에 해당한다.

모로토미 토오루(諸富徹 2003: 59-66)는 '신뢰'나 '호혜성'을 기반으
로 해서 형성되는 네트워크의 두께(사회자본, social capital)가 단순히
경제발전이 아니라 '행복'이나 '공동체' 등의 여러 요소를 길러 준다고
시사하고 있다. 솔로몬제도에서는 자연자원을 삶의 기반으로 공동이
용하는 가운데, '신뢰'를 공유하는 동료(성원)의 네트워크가 핵심이 되
어 노동력·기술·지식을 상호간에 제공하면서 다양한 지역발전을 모
색해 왔다. 이러한 네트워크를 이 장에서는 '상호이용 네트워크'라고
정의한다.

상호이용 네트워크는 자연자원과 더불어 지역사회의 삶을 지탱하

는데, '지역'이라는 지리적인 틀을 넘어선 자원이기도 하다. 자연자원은 철새나 회유어 등과 같이 넓은 범위를 이동하는 것을 제외하고 어느 정도 지리적으로 고정되어 있는 데 반해, 상호이용 네트워크는 (자연자원이 지닌) 어떤 특정 지역의 지리적인 틀을 넘어서서 형성되는 것도 있다.

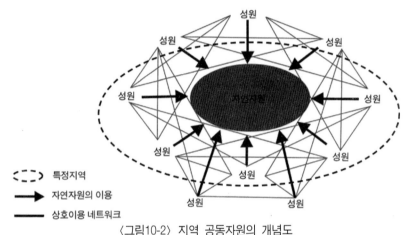

〈그림10-2〉 지역 공동자원의 개념도

(주) 특정 지역이란 자연자원을 기반으로 하여 형성된 부락이나 마을 수준의 지리적인 범위를 말한다.

이 장에서는 지역 공동자원을 "지역사회의 기반인 자연자원과, 그것을 공동이용하는 사람들이 형성하는 상호이용 네트워크 및 이들의 이용제도"라고 정의한다(〈그림10-2〉). 여기에서 말하는 이용제도란 지역사회의 사람들이 암묵적으로 이해하고 있는 공통인식이나 모호한 규범을 포함한 구조를 의미한다.

솔로몬제도의 사람들은 지역 공동자원을 토대로 여러 가지 자원을 자급하며 또한 얼마간의 수입을 획득하는 방식의 삶을 높게 평가하고 있다. 마을 사람은 이것을 "(지역 공동자원에) 부지런히 손을 놀리면(働きかければ) 믹고 사는 삶"이라고 표현한다. 지역사회에 형성된 지역 공

동자원은 마을 사람이 부지런히 손을 놀리면 얼마간의 보상을 가져다 주는 중요한 삶의 기둥인 것이다.

이에 반해, 무엇을 하더라도 돈이 필요하며 또 일을 해서 돈을 벌더라도 일 자체가 적은 도시 지역에서의 삶은 그다지 좋지 않다고 평가된다. 도시 지역에서 일하는 공무원이나 회사원이라고 해도, 언젠가 마을로 돌아와 지역 공동자원을 기반으로 한 삶을 살겠다고 계획하고 있는 사람이 많다. 지역 공동자원에 부지런히 손을 놀려서 먹고 사는 삶을 좋다고 생각하는 가치관이 변하지 않는 한, 솔로몬제도의 지역발전은 지역 공동자원을 기반으로 진전될 것이다.

가토카에섬 비체마을에 대해 바다가 거칠고 입항이 어려운 외양(外洋)에 접하고 있어서 시장에 접근하기가 나쁘다며 한탄하는 마을 사람도 더러 있다. 시장이 가까워서 현금수입을 얻기 쉬운 지역으로 나가는 사람이 있다면, 반대로 마을로 돌아오는 사람도 있다. 미야우치 다이스케(宮内泰介 2001)는 솔로몬제도의 지역 공동자원이 마을 사람들에게 삶의 안정을 가져오는 저장고(stock)의 의미를 가진다는 점을 지적하고 있다. 달리 말하자면, 비체마을의 사람들은 많은 수입을 얻고 싶다는 욕구를 가지고 있으면서도 마을에 머물고 있으며, 지역 공동자원이라는 저장고를 일상생활의 기반으로 삼아 지역발전을 모색해 온 것이다.


## 2. 지역 공동자원의 변화

### 2.1 비체마을의 자원 이용권

코코야자 나무들이 있는 해변, 고구마와 타로토란, 바나나 등을 심은 화전, 땔감이나 건축용 목재가 되는 수목이 울창한 삼림, 그리고 풍요로운 바다가 마을 사람들의 생활을 지탱하는 주요한 자연자원이다. 가토카에섬에는 마테겔레(Mategele)라는 친족집단(이하, M집단)에 속하는 사람들이 약 1,400명 정도 살고 있으며, 비체마을은 M집단의 통솔자(현지 언어인 마로보(Marovo)어로는 반가라(bangara))를 배출해 왔다. 반가라는 가토카에섬과 주변 무인도의 자연자원을 관리하는 대표소유자다.

마로보어에는 자원의 '이용권'을 직접적으로 의미하는 말이 없다. 그렇지만, 어떻게 해야 자원을 이용할 수 있는 사람으로 모두에게 인정받는가라는 관습을 파악해 보면, 이용권(과 같은 것)은 2개로 나뉘어 있다는 것을 알 수 있다. '성원이용권'과 '우선이용권'이다.

야생의 동식물 대부분은 M집단의 성원이라면 누구나 이용할 수 있다고 인식되고 있다. 이 장에서는 어떤 집단의 성원으로 태어나고, 양자가 되거나 혹은 성원과 결혼함으로써 인정되는 자원의 이용권을 '성원이용권'이라고 부르기로 한다.

또한 거주지에서 도보로 20분 정도 떨어져 있는 타바카(Tabaka)라는 느슨한 경사지가 화전용 땅으로 되어 있는데, 이곳은 삼림을 벌목한 마을 사람과 그 가족이 우선적으로 이용할 수 있다. 이러한 자원에 어떤 '부지런히 손놀리기'를 함으로써 인정되는 우선적인 이용권을 '우선이용권'이라고 부르기로 한다. 중요한 식용자원인 코코야자나 카나리움너츠(Canarium spp.) 등에 대해서도, 이것을 반(半)재배하는 사람에게 우선이용권을 인정하고 있다.[4]

중요한 것은, 특정한 마을 사람이 우선이용권을 가지고 있는 자연자원이라고 하더라도, 그것이 타자의 이용을 거부하는 것으로 이어지지 않는 경우가 많다는 점이다. 예컨대, 대부분의 카나리움너츠의 우선이용권을 가지고 있는 마을 사람이 타자의 너츠 채집을 금지하기는커

---

4) 반재배란 야생식물의 육성 환경을 정돈하면서 야생식물을 이식하거나, 실수로 메이비리지 않도록 표식을 붙이거나, 주변의 나무를 베어내거나 하는 정도에 머무르는 조방(粗放)한 활동을 말한다.

녕, 채집을 고무하는 일조차 있다. 이러한 행동에는 타자로부터 질투를 받거나 인색하다고 평가받는 것을 피함과 동시에 배포가 큰 사람으로 보이고 싶은 마을 사람들의 사고방식이 나타나고 있다.[5]

화전 작물에 대해서는 재배자가 거의 독점적으로 수확하고 있지만, 조리된 것을 수시로 주위의 가족에게 대접하기 때문에, 실질적으로는 공동이용되고 있다고도 할 수 있다. 식사 시간에는 집집마다 돌면서 "시큼한 스프를 가져왔어"라든가 "뼈가 목에 찔릴 정도의 작은 물고기라 미안해"라고 겸손해 하면서, 즐겁게 요리를 건네는 마을 사람들을 자주 볼 수 있다.

다음에는 성원이용권과 우선이용권이라는 2개의 공동이용권을 중심으로 1915년의 기독교화 이후 비체마을 지역 공동자원의 변화를 설명하겠다.

## 2.2 1915~50년대: 가토카에섬의 4구역 분할과 무상의 자원 공동이용의 유지

비체마을의 M집단은 18세기 중반에 다른 섬으로부터 머리베기 습격을 받고 살아남은 2명을 조상으로 삼고 있다.[6] 19세기에 들어 세력을 만회한 M집단은 다른 섬으로 머리베기 원정을 반복하는 부족으로 알려지게 되었다. 1900년 무렵에는 과달카날섬 교회 관계자의 머리를

---

5) 타자를 강하게 질투하는 것은 악령에 빙의되는 일과 연결되며, 타자로부터 강한 질투를 받는 것은 악령의 공격을 받는 것과 관련 있다고 비체마을 사람들은 믿고 있다. 자원이용과 악령의 관련에 대해서는 다나카(田中 2006a; 2006c, 2007)를 참조.

6) 머리베기는 다른 섬에 원정을 가서 수행하며, 스스로의 힘을 과시하거나 영적 힘을 획득하기 위한 수단일 뿐만 아니라 식용이나 양자로 삼을 어린이를 강탈하는 과정에서 저항하는 자를 살해하기 위한 수단이기도 했다. 가토카에섬 안에서도 악령에 빙의된(것으로 보이는) 마을사람을 살해하기 위해 머리베기가 행해졌다.

자른 것에 대한 보복으로, 비체마을은 군함의 공격을 받아 잿더미가
됐다.

비체마을 사람들은 1915년에 기독교 안식일재림파(Seventh-day Adventist)
의 신자가 되었다. 기독교화 이전에 마을 사람들은 정령을 숭배하고
있었다. 정령을 통해 적의 습격을 예지하고 또한 정령의 사신인 상어
와 함께 머리베기 원정에 나서곤 했던 것이다. 이에 대해, 안식일재림
파는 머리베기의 관습을 금지하고, 대하 등의 갑각류나 조개류, 돼지고
기 등의 식용을 금지한 이외에, 토요일을 안식일로 삼고 신자에게 수
입이나 수확물을 교회에 기부하도록 했다. 마을 사람들은 때때로 음식
의 금기를 깨뜨리고 기부를 게을리 하면서도 기독교도로서 생활하게
되었다.

1915년 이후, 포교단은 섬내 자원을 이용하여 교회 건설을 시작했
다. 그렇지만, 수시로 비체마을로 들어가서 반가라에게 자원이용 허가
를 요청하지 않으면 안 되었고, 그런 수고를 덜기 위해 포교단은 1922
년에 반가라와 회담하여 가토카에섬을 4구역으로 분할하고 새로 4명의
촌장을 두기로 결정했다. 당시의 반가라였던 V와 P는 가토카에섬 및
음불로(Mbulo)섬 등의 무인도와 이들 섬 주변 해역의 자연자원의 대표
소유자로서 촌장들을 통솔하면서도, 주로 비체마을과 주변 무인도의
자원을 관리하는 촌장으로 행동하게 되었다. V와 P의 자손 및 그 배우
자로 형성된 친족집단(이하 VP집단으로 약칭)은 주로 비체마을과 페아
바(Peava)마을에 거주하고 있다(그림 10-3). 19세기말 이후, 현재까지 모
든 반가라는 VP집단 가운데서 선출되고 있다.

가토카에섬을 4분하는 경계(그림 10-1 참조. 이하, 4구역 경계)가 설
치된 뒤에도 가토카에섬과 주변 해역의 자원의 이용은 M집단 전체에
게 인정되고 있다. 1940년대에는 코코야자의 배젖을 말린 코프라가 수
입원이 되기 시작했는데, 비체마을 내에 코코야자를 심은 M집단의 성
원은 VP집단이 아님에도 우선이용권이 인정되었다.

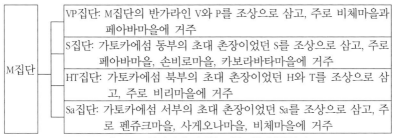

| M집단 | VP집단: M집단의 반가라인 V와 P를 조상으로 삼고, 주로 비체마을과 페아바마을에 거주 |
| | S집단: 가토카에섬 동부의 초대 촌장이었던 S를 조상으로 삼고, 주로 페아바마을, 손비로마을, 카보라바타마을에 거주 |
| | HT집단: 가토카에섬 북부의 초대 촌장이었던 H와 T를 조상으로 삼고, 주로 비리마을에 거주 |
| | Sa집단: 가토카에섬 서부의 초대 촌장이었던 Sa를 조상으로 삼고, 주로 펜쥬크마을, 사게오나마을, 비체마을에 거주 |

〈그림10-3〉 M집단에 속하는 주요한 친족집단

(자료) 필자의 청취조사에 따라 작성
(주) 혼인에 따라 M집단의 여러 친족집단에 속하는 사람도 있음.

또한 1950년대까지 비체마을에는 조리시설이 한 곳밖에 없었고, 모두가 수확한 것을 제각기 가지고 와서 함께 조리와 식사를 했다. 코코야자나 카나리움너츠의 채집은 다른 마을에 살고 있는 M집단의 성원도 모여서 공동으로 실시했고, 어로나 화전에서의 공동작업도 일상적으로 행해졌다. 마을사람들 상호간의 연계가 밀접했으며, 모두가 일하고 수확을 나누어 가짐으로써 삶이 이루어졌다. 비체마을 주민, VP집단, M집단에 걸쳐 무상의 상호이용 네트워크가 형성되어 있었던 것이다(〈그림10-4〉).

1950년대까지 비체마을에서는 4구역 경계의 설정 후에도 야생의 동식물 및 상호이용 네트워크의 성원이용권이 다른 마을에 거주하는 M집단 전체에게 인정되고 있었다. 우선이용권의 대상이었던 것은 재배식물과 화전용지 및 코코야자나 카나리움너츠 등 반재배식물의 일부뿐이었다.

## 2.3 1960년대: 여객선의 내도(來島)와 인구 증가에 따른 새로운 우선이용권의 주장

1960년대에 들어가면서, 외국인 여행자를 태운 여객선이 한 해에 몇 차례 섬으로 들어오게 되었으며, 마을사람들은 목각 세공품을 토산물

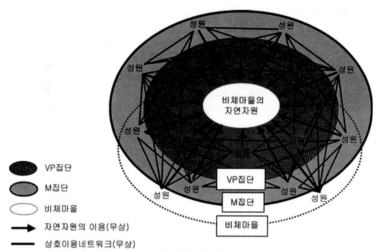

〈그림 10-4〉 1950년대 이전 비체마을의 지역 공동자원

(주) 당시 비체마을 거주자의 일부는 비M집단이었다. VP집단의 일부는 페아 바마을 등에도 거주하고 있었다.

로 판매하기 시작했다. 목각 세공품에는 흑탄(黑炭)이 사용되었다. 여객선의 내도 이후, VP집단이 아닌 다른 마을 거주자는 비체마을 내에서의 흑탄 채집 시에 반가라의 허락을 얻어야 한다고 인식되게 되었다.

또한 1960년대 중반에 VP집단의 여성과 결혼한 다른 섬 출신의 W가 카누용 목재가 되는 그멜리나(Gmelina moluccana)에 표식을 붙여 우선이용권을 주장하기 시작했다. 당초, W의 행동은 비웃음을 받았지만, W가 계속해서 표식을 붙이자 위기감을 가진 마을사람들도 W를 모방하기 시작했다. VP집단이라면, 비체마을 안의 그멜리나에는 표식 붙이기 등의 반재배 활동을 함으로써 우선이용권을 주장할 수 있게 된 것이다.

1960년에 33명이었던 비체마을의 인구는 출산과 귀촌에 의해 1970년에는 61명까지 증가했다(〈그림10-5〉). 새로 10여 호의 집을 지었고, 조리시설과 식당도 각각의 집에 병설되게 되었다. 그 결과, 운반이 용이한 거주지역 주변에는 칼로필륨(Calophyllum spp.) 등의 건축용 수목이 줄

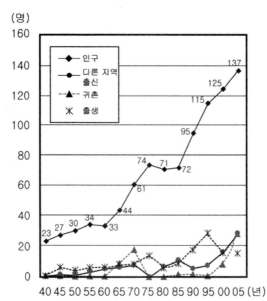

〈그림10-5〉 비체마을의 인구 변화

(자료) 필자의 청취 조사에 따라 작성
(주) 상세한 인구 동태는 다른 마을 출신, 귀촌자, 출
생자를 참조.

어들게 되었다.

건축용 수목에 표식을 붙이는 마을사람은 없었지만, 화전 안의 건
축용 수목에 대해 우선이용권을 주장하는 사람도 나오기 시작했다. 화
전에서는 재배 혹은 반재배하는 식물에 대해서만 재배자에게 우선이
용권이 인정되었다. 하지만 건축용 수목의 벌채에 의해 작물이 상할
가능성이 있다는 이유로, 화전 안의 건축용 야생 수목의 우선이용권이
작물의 재배자에게 있다고 주장하게 되었던 것이다.[7]

---

7) 화전 안의 건축용 야생 수목에 대한 우선이용권은 화전 안의 작물에 대해
   우선이용권을 가지고 있다는 이유로 주장되었던 것이며, '간접적 우선이용
   권'이라고 부를 수도 있다.

## 2.4 1970년대: 카카오 재배에 따른 삼림의 구획과 우선 이용권의 부여

1970년대 말에는 농업국의 지도에 따라 카카오 재배가 시작되었다. 재배용 토지가 된 것은 큰 나무가 많은 포레레라는 삼림이었다. 비체 마을은 VP집단을 8개 그룹으로 나누어, 각 그룹에게 재배 구역을 분배 했다. 분배된 각 구역의 우선이용권을 가진 그룹의 성원들은 자신들의 구역 안에서 각자의 재량으로 화전을 일구거나 카카오를 재배하는 것 이 인정되었다. 종래의 화전용 토지인 탄바카에서는 삼림의 벌채라는 '부지런히 손놀리기'를 한 M집단의 성원에게 우선이용권이 인정되었 다. 그러나 포레레에서는 비체마을에 사는 VP집단이라면 자원에 대해 부지런히 손놀리기를 하지 않고도, 우선이용권이 있는 구역을 분배받 을 수 있었던 것이다.

1979년에는 9세대가 카카오 재배를 시작했다. 카카오 재배와 동시에 화전도 일궜다. 카카오 및 타로토란 등의 화전 작물은 잘 자랐지만, 정 부가 카카오를 신속히 사들이지 않았고 또 운반이 어려웠기 때문에 카 카오는 어린이들의 간식거리밖에 되지 않았다.

더욱이, 카카오에 병충해가 나타나기 시작하면서 포레레에서의 카 카오 재배는 쇠퇴했고, 재배 구역은 상업벌채가 시작되는 1990년대 중 반까지 방치되었다. 그렇지만, 카카오 재배의 시행으로 인해, 자원에 대해 부지런히 손놀리기를 하지 않은 채 우선이용권이 인정되는 관습 이 남아 있게 되었던 것이다.

## 2.5 1980년대: 대규모 어선단의 조업으로 마을 전체에서 상호부조의 쇠퇴

일본의 대양어업주식회사(현, 마루하)와 솔로몬제도 정부의 합자회

사인 솔로몬타이요사는 1970년대부터 조업을 시작했고, 가토카에섬 주변에서도 가다랑어의 낚시조업을 하고 있었다. 한편, 비체마을의 사람들도 발루사 마카시(valusa makasi)라고 불리는 낚시조업(이하, 발루사잡이로 약칭)으로 가다랑어를 잡고 있었다. 발루사잡이에 사용되는 주요 도구는 대나무 장대와 덩굴식물로 만든 낚싯줄, 그리고 진주조개를 갈아서 만든 몸통에 자라의 등껍데기로 만든 낚싯바늘을 붙인 가일리(ghaili)라고 부르는 가짜 미끼다(〈사진10-3〉). 아름다운 가일리에는 많은 가다랑어가 달려든다고 믿고 있으며, 가일리 제작의 달인은 마을사람들의 존경을 받는다.

가다랑어의 무리에 모여드는 새떼를 발견한 마을 사람은 '훠-후'라고 소리친다. 이 소리를 들은 사람들은 해변으로 모여들어 카누 3~4척으로 출항하여 경쟁적으로 새떼로 향한다. 1척에 2~4명의 노잡이, 1~2명의 낚시꾼이 탄다. 노가 수면을 때리는 소리에 가다랑어가 달아나지 않도록, 조용하면서도 강한 힘으로 노를 젓는 요령이 필요하다고 한다. 낚시꾼은 낚시대의 끝을 선미 쪽으로 향하게 두고, 고기에게 끌려가지 않도록 낚시대와 발목을 묶는다. 가다랑어가 물었을 때에는 발을 버팀목으로 낚시대를 들어 올려 단번에 수중에서 끌어 올린다.

카누에는 소라고둥이 실려 있는데, 10마리를 낚을 때마다 소라고둥을 울린다. 소라고둥 소리가 들리면 환호성이 올랐고, 마을은 흥분에 휩싸였다. 고기잡이가 끝나면 해변의 큰 나무 아래에 가다랑어를 늘어놓고 분배가 이루어졌다. 가다랑어는 발루사잡이에 참가하지 않은 사람도 포함하여 마을사람 전원에게 균등하게 분배되었고, 우연히 마을을 방문한 다른 마을 거주자도 시원하게 대접했다.

솔로몬타이요사 어선의 조업 이후, 가다랑어의 경계심이 강해졌다고 느낀 마을사람들은 발루사잡이의 주요 어장이었던 거주지 부근의 바다에 어선이나 선박에 딸린 보트가 가다랑어를 목적으로 들어오는 것을 금지하게 되었다. 게다가, 어군이 도망가는 속도가 빨라지게 되면

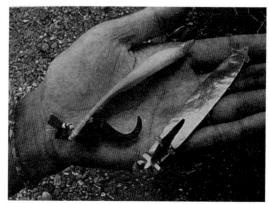

〈사진 10-3〉 발루사잡이의 가일리(가짜미끼)
진주조개와 자라 등껍데기로 만들었다. 지금은 가일
리를 봐도 무엇으로 만드는지 모르는 아이들도 많다(필
자 촬영, 2005년 비체마을)

서 따라잡기가 어렵게 되었고, 가다랑어를 잡지 못한 채 마을로 돌아
오는 카누가 많아졌다. 이렇게 1980년대 중반에 발루사잡이는 종언을
맞이했다.

　발루사잡이에 대해 말하는 마을사람들의 이야기에는 함께 고기잡
이에 나가고 시원하게 수확을 나누던 기쁨이 들어있다. 발루사잡이의
종언은 마을에서 공동노동·분배의 관습이 붕괴되는 상징이기도 했다.[8]

　1960년대 이후, 인구의 증가에 따라 조리·식사 장소가 분산되어 마
을 전체의 공동조리·식사는 없어졌다. 예전에는 날을 정해서 마을사람
들이 모두 나가서 하던 카나리움너츠 채집도 1980년대에는 몇 가족이
함께 하는 정도였다. 1980년대 말에는 가격 침체에 따라 코프라(copra:
코코야자 열매의 기름을 건조한 것)의 판매량이 감소해서 마을 전체가
함께 코코야자를 채집하는 일이 없어졌으며, 마을 전체가 함께 하는

---

8) 발루사잡이가 종언을 고한 뒤, 마을 전체의 공동어로는 결혼식 등에서 대량
　의 물고기가 필요할 때, 토우쓰루모도키(Flagellaria indica: 열대지방에 널리 서
　식하는 넝쿨식물)의 넝쿨을 이용해서 드물게 행해졌을 뿐이다.

작업으로는 교회 건설이나 마을 청소 따위만 남게 되었다. 1960년대부터 1980년대까지 마을사람 전체의 공동작업은 매우 적어졌고, 개인간 혹은 가족간의 공동작업으로 축소되었던 것이다.

## 2.6 1990년대 전반: 여객선과 외국 어선의 내도에 따른 자원이용규칙의 강화

1992년 무렵부터 여객선이나 외국 어선이 자주 가토카에섬을 방문하게 되었고, 목각세공이나 물고기, 대하 등의 거래도 활발해졌다.

자연자원이 풍부한 음블로섬과 그 주변 해역은 VP집단에서 선출된 반가라가 대표소유자로서 관리하고 있지만, M집단 전체에게 성원이용권이 인정되어 왔다. 그런데 카보라바타마을의 사람들이 음블로섬에서의 흑탄 채집이나 대하잡이를 활발하게 하면서, 비체마을에 거주하는 VP집단의 사람들은 이것을 문제라고 생각하게 되었다. 카보라바타마을 사람들 대부분은 VP집단이 아니다. VP집단의 사람들은 음브로섬 및 주변 해역의 자연자원은 VP집단에게만 성원이용권이 있다고 주장하면서, 흑탄 채집의 금지 및 대하잡이의 유상화(有償化)를 카보라바타마을에 통고했다.

흑탄과 대하는 주로 판매 목적으로 이용되어 온 자원이었다. 자가소비를 목적으로 한 고기잡이에 대해서는 VP집단에게 허락을 구하면 카보라바타마을의 사람들도 무상으로 고기잡이를 할 수 있다고 했다. 판매 목적에서의 자원 이용에 더욱 엄격한 규제가 걸리게 된 것이다.

## 2.7 1990년대 후반: 상업벌채의 도입에 따른 다양한 이용권 주장의 충돌

1996년 이후, 반가라는 벌채 기업의 요구에 응하여 음불로섬과 포레레에서의 상업벌채계약을 체결했다. 상업벌채는 2000년에 종료했지만, 그때까지 비체마을 주민 15명이 벌채노동 등에 고용되었다(田中 2002). 이것은 마을 내에서 최초의 고용노동이었다.

상업벌채의 주요 대상이 된 칼로필룸은 마을에서 가장 중요한 건축용 수목이었고, 그 고갈의 위험을 느낀 반가라는 1997년 무렵에 포레레에서의 벌채를 금지했다. 그러나 성과급제로 벌채노동에 고용되었던 마을사람의 현금 획득욕구를 억제하기에는 부족했고, 칼로필룸은 계속해서 벌채되었다(田中 2004b). 벌채노동에 종사한 마을사람들은 각자가 속하는 그룹이 우선이용권을 가진 카카오 재배구역을 중심으로 벌채를 진행했고, 칼로필룸은 격감하게 되었다.

1970년대 말에 카카오 재배를 시행했을 때, 각 구역을 가진 그룹에게 인정되었던 것은 카카오 재배 혹은 화전을 위한 우선이용권에 지나지 않았고, 구역 안의 야생식물은 M집단에게 성원이용권이 인정된 공동이용자원이었다. 반가라의 벌채금지명령은 일부의 마을사람들이 공동이용자원을 고갈시키는 것을 막으려는 목적도 가지고 있었던 것이다.

하지만 벌채노동에 종사한 마을사람들은 구역 안의 칼로필룸은 성원이용권의 대상이며 또한 토지를 화전으로 우선적으로 이용하기 위해서라는 '핑계'로 벌채를 계속했다. 그런 방식의 벌채에 대해, 같은 집단에 속한 마을사람이 칼로필룸에 표식을 붙여 우선이용권을 주장함으로써 벌채를 못하도록 하는 일도 있었다. 건축용 수목을 둘러싸고 이용권 주장의 충돌과 혼란이 생기게 된 것이다.

상업벌채는 가토카에섬 안의 각지에서 행해졌다. 비체마을 사람들은 포레레에서의 상업벌채 시에는 4구역 경계를 강조하고 VP집단만 벌채료를 독점하는 한편, 카보라바타마을 등에서 하고 있는 상업벌채에 대해서는 반가라가 가토카에섬 및 주변 자원의 대표소유자라는 점을 강조하고 반가라가 되는 유일한 친족집단인 VP집단에게도 벌채료를 분배하게 했다.

또한 상업벌채 후에 손비로마을 등에서는 건축용 수목의 고갈이 심각해졌다. 비체마을 주민들 가운데는 VP집단이 아닌 다른 마을 거주자가 건축용 수목을 벌채할 경우에 그것이 자가소비를 위한 것이라도 유상으로 해야 한다고 주장하는 사람도 나오기 시작했다. 상업벌채에 의해 건축용 수목이 수입원으로 바뀌는 가운데, 건축용 수목에 대해 여러 이용권 주장이 나오게 된 것이다.

## 2.8 2001~03년: 제재의 판매 시행에서 자원 이용권의 재구축

2001년에는 마을사람들이 소규모 벌채와 제재(製材), 도시부에서의 목재판매를 시작했다. 목재판매는 코코야자림 안의 건축용 수목을 벌채해서 이루어졌다. 코코야자림 안의 야생 식물은 M집단의 성원이용권 대상이 되었다. 그런데 목재판매 이익을 독점하고 싶었던 코코야자의 우선이용권 보유자들은 코코야자림 안의 전 식물에 대한 우선이용권을 주장했다.

목재판매에 관한 집회에서는 코코야자림 안의 야생 식물은 M집단의 성원이용권 대상이라는 점이 강조되었다. 상업벌채의 도입 후, 카카오 재배 구역이나 코코야자림과 같은 특정 구역 안의 야생 식물이 성원이용권과 우선이용권, 어느 쪽의 대상이 되는가하는 갈등이 발생했지만, M집단의 성원이용권을 재확인하게 된 것이다.

또한 상업벌채 후, 마을에 남아 있던 건축용 수목을 지키기 위해 비VP집단의 이용을 유상으로 하려고 했던 움직임은, 이용권이 마을사람 전체에게 인정되지는 않고 M집단일 경우 자가소비를 위해 마을의 건축용 수목을 이용하는 방식으로 인정되게 되었다.

목재판매는 2003년 이후 중단되었다. 상업벌채에 고용노동이 실시된 이후, 마을 안에서의 활동에 대해서도 현금 지불을 요구하게 되었다. 마을사람들은 목재판매 이익의 대부분이 제재기의 수리비용 등에 충당되어 노임이 지불되지 않자, 작업에 싫증을 내면서 제재작업에 참가하기를 거부하게 되었다(田中 2004b).

또한 2002년 이후, 상호부조 활동에 잘 참가하지 않는 마을사람이 무상의 상호이용 네트워크로부터 배제되는 변화도 생기기 시작했다. W는 상호부조 활동에 거의 참가하지 않으면서 자기 집을 지을 때는 계속해서 도움을 요청했는데, W를 싫어하는 마을사람들은 이른 아침부터 화전이나 고기잡이에 나가고 W의 집 주변으로 다니지 않음으로써 요청을 거부하는 자세를 보였던 것이다. 어려움에 처한 W는 교회의 소년부에 소액을 기부하고 집짓기에 도움을 요청했다.

이 사건은 마을의 상호부조 네트워크에서 무임승차자를 응징한다는 목적에서 발생했다. 마을의 상호부조 활동을 모두 고용노동화하려는 움직임이 아니라, 상호이용 네트워크를 유지하기 위해 무임승차를 규제한 것이다. 상호이용 네트워크는 상호부조 활동 참가라는 '부지런한 손놀리기'의 정도에 따라 무상으로 이용할 수 있는지 없는지가 결정되는 우선이용권의 대상이 되었다고 해도 좋을 것이다.

또한 페아바마을의 사람들은 고용노동에 취업하는 한편, 화전 농사에 대한 도움을 비체마을에 의뢰했다. 일방적으로 도움을 요청하는 듯한 페아바마을의 사람들에 대해, 비체마을 사람들은 농사 집단을 만들고 그 고용을 요구했다. 페아바마을 사람들이 상호이용 네트워크에 무임승차하는 것을 거부했던 것이다. 다른 마을의 사람들과 무상의 상호부조 활동이 완전히 행해지지 않게 된 것은 아니었다. 비체마을의 사람들은 상호부조 활동에 참가하는 것을 중시하면서 무상의 상호이용 네트워크를 유지하는 한편, 부분적으로는 유상의 고용노동으로 전환하게 된 것이다(〈그림 10-6〉).

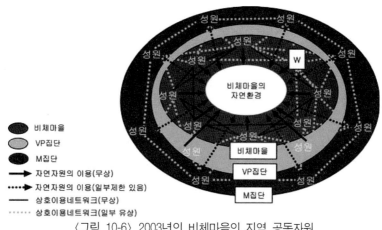

〈그림 10-6〉 2003년의 비체마을의 지역 공동자원
(주) 1960년대 이후 비체마을은 VP집단만이 거주하는 마을이 되었다.

## 2.9 지역 공동자원의 변용 요인과 그 방향성

비체마을 지역 공동자원의 변용은 비체마을의 내부 요인에 의한 것
과 외부 요인에 의한 것으로 나눌 수 있다.[9]

내부 요인으로는 출산과 귀촌, 결혼에 의한 인구·가옥수의 증가가
거론된다. 이들 요인에 의해 마을 내부에서 자원이용의 경합성이 커졌
고, M집단 모두에게 성원이용권이 인정되던 그멜리나 및 화전 안의 건

---

9) 여기에서 말하는 내부 요인이란 비체마을 주민들 자체에서 생긴 것, 혹은
   주민들이 마을에서 한 여러 활동(다른 마을 사람과의 결혼을 포함)으로 생
   긴 요인을 지칭한다. 외부 요인이란 비체마을 주민과 관련이 없었던 혹은
   거의 관련이 없었던 외부인(정부나 NGO 등을 포함)이 요인이 된 것을 지시
   하는 것으로 한다. 각 요인이 내부 요인인지 아니면 외부 요인인가에 대해,
   반드시 명확하게 구분할 수 있는 것은 아니다. 외부인과 강한 연계를 가진
   비체마을 출신자가 비체마을에 영향을 주는 일도 있으며, 내부·외부 각각의
   요인이 복합적으로 연결되어 있는 것도 있다. 이 글에서 말하는 내부·외부
   의 구분은 그 영향의 차이를 명확하게 하기 위해 잠정적이고 대략적으로 설
   정한 것이다.

축용 수목에 대해 VP집단에게만 우선이용권이 인정되게 되었다. 그렇지만 마을사람들이 각자의 집을 짓기 위해 이용하거나 자가소비를 위해 제한된 양을 제한된 빈도로 이용하는 경우에는 이웃 사람들과의 경합이 변용 요인이 됐지만, 이용 규제의 강화로 이어지지는 않았다. 자가소비를 위한 자원 이용에 관해서는 4구역 경계 자체가 모호했으며, 대개 M집단에게 성원이용권이 인정됐다. 또한 이용권이 인정되지 않는 사람의 이용에 대해서도 관대했다.

비체마을에 영향을 준 외부 요인으로는 기독교, 여객선, 어선, 농업국, 벌채기업 등이 거론된다. 포레레에서는 카카오 재배 구역에 스스로 부지런히 관여하지 않아도 우선이용권이 인정됐고, 또한 흑탄이나 대하에 대해서 VP집단 이외의 사람들에게는 이용이 금지되거나 유상이용만 인정되게 되었다. 일부의 벌채료에 대해 VP집단이 독점하기도 했다. 판매 목적의 자원 이용에서는 4구역 경계가 강조되었고, VP집단 외부인에 대해 엄격한 규제가 설정되었던 것이다(〈표10-1〉).

상호이용 네트워크에 대해 말하자면, 상호부조 활동에 대한 참가의 정도를 중시하고 부분적으로 유상화하여 무임승차를 막으면서 네트워크 이용을 무상으로 유지하고 있었다. 외부의 영향을 받아 자연자원이나 마을사람 자신(노동력)이 수입원이 되는 가운데, 비체마을의 사람들은 당시에 4구역 경계를 강조하고 이용 규제의 강화와 고용노동화라는 벽을 형성하는 한편, 다른 마을이 경계를 끌어들여 벌채권료를 독점하려고 하면 그것을 비난했다. 마을사람들은 이기적인 강권을 행사해 온 것이다.

비체마을의 지역 공동자원은 변화해 왔다. 코코야자림이나 카카오 재배구역 안의 야생식물의 우선이용권이나, 비VP집단에 대한 건축용 수목 이용의 유상화 주장처럼, 관습으로서 뿌리내리지 못하고 사라져 버린 것도 있다. 그러나 비체마을 지역 공동자원의 변화를 총괄해 보면, 자원의 공동이용을 기반으로 하면서 자급적인 이용에 대해서는 모

〈표 10-1〉 비체마을 주요 자원의 이용권 변화

| 공동이용집단 | 이용권 | 1950년대 이전 | 2003년 |
|---|---|---|---|
| M집단만 | 성원<br>이용권 | 야생의 동식물<br>상호이용 네트워크<br>반재배 식물의 일부<br>(그멜리나, 흑탄 등) | 야생의 동식물<br>(어류·조개류의 일부, 흑탄<br>이외) |
| | 우선<br>이용권 | 모든 재배식물<br>반재배 식물의 일부<br>(코코야자,<br>카나리움너츠 등)<br>화전용 토지 | 모든 재배식물<br>반재배 식물의 일부<br>(코코야자, 카나리움너츠 등)<br>화전용 토지(탄바카) |
| VP집단만 | 성원<br>이용권 | — | **대하**, **흑탄**, 어류 |
| | 우선<br>이용권 | — | 반재배 식물의 일부<br>(그멜리나, 건축용 수목의 일부) |
| 비체마을의<br>VP집단만 | 우선<br>이용권 | — | 화전용 토지(포레레)<br>**상호이용 네트워크** |

(주) 공동이용집단: 다른 집단의 허가를 얻지 않고 각 자원을 공동이용 하고 있는 집단. **강조한 부분**은 각 공동이용 집단 이외에는 이용 금지 혹은 부분적인 유상 이용 등의 규제가 행해지고 있는 자원. 건축용 수목은 화전 안의 야생수목이지만 작물에 근접해 있기 때문에 우선이용권이 인정되고 있으며, 반재배 식물 속에 포함되었다. 그멜리나는 카누에 사용되는 수목이며, 흑탄은 목각세공에 중요하다.

호한 관용의 태도를 보였고, 현금 수입과 관련된 자원 이용에 대해서는 이기적인 강권을 형성하는 방향으로 전개되어 왔다고 해도 좋을 것이다.

## 3. 솔로몬제도에서 지역 공동자원과 지역 발전, 자원 관리

지역 발전이란 무엇일까? 간단히 말하자면, 지역 주민이 요구하는 '풍요로움'을 향해서 지역이 나아가는 것이다. 하지만 사람들이 꿈꾸는 풍요로움은 때에 따라, 또 장소나 사람에 따라 변하기 마련이다. 삶의 질 향상이나 자급적인 생활의 안전 등이 풍요로움으로 파악되기도 한다. 현재 상태의 유지라는, 변화하지 않는 것에 가치를 두는 일도 있을 수 있다. 지역 발전이란 완벽한 발전이라는 목표가 있는 것이 아니라, 다양한 풍요로움을 향한 시행착오의 과정 자체가 아닐까? 솔로몬제도와 같이 자연자원을 주요한 삶의 기반으로 하고 있는 지역에서는 자원 관리의 바람직한 모습을 모색하는 일은 지역 발전에서 중요한 부분을 점하는 일일 것이다.

이노우에(井上 2004)는 지역의 자연자원에 대한 관여의 정도에 따라 발언권을 인정받는, 다양한 관계자에 의한 자연자원의 '협치(governance)'를 진전시켜 나가야 한다고 주장하고 있다. 그는 "지역의 자연자원에 관여하려는 외부인 및 외부인들이 대상으로 하는 자원과 그 관리제도"를 '외부인의 자원관리'라고 부르자고 한다. 여기서 말하는 외부인이란 지역주민이 형성한 상호이용 네트워크의 외부에 있는 사람을 지칭한다. 비체마을의 사례를 가지고 말하면, 4구역 경계를 설정한 포교단이나 카카오 재배를 장려하고 구역을 설치한 농업국, 건축용 수목을 고갈시킨 벌채기업 등이 거론될 수 있다.

'외부인의 자원관리'가 대상으로 삼는 자원이나 그 관리제도가 지역 공동자원의 그것과 완전히 중첩되는 것은 아니다. 자원에 관여하는 목적이나 대상으로 삼는 자원도 외부인에 따라 다른 점이 많다고 상정해야 할 것이다.[10]

---

10) 어떤 지역사회의 성원 가운데 누가 자원을 이용할 수 있는가라는 '성원 내 정당성'과 외부인이 어떻게 지역의 자원에 관여할 수 있는가라는 '외부인 관여 정당성', 그리고 '평등'이나 '지속성' 등의 '보편적'인 개념에 따른 '보편적인 정당성'(田中 2007: 125-126)은 차이를 수반할 것이라고 상정할 수 있다. 외부사회와 지역사회가 관계를 맺는 가운데, 이러한 차이에서 기인하는 혼란을 피하고 가라앉히기 위해서, 필자는 '보편적인 정당성'을 강요하거나 '외부인 관여의 정당성'을 멋대로 만들어내는 것이 아니라, '성원 내 정당성'을

지역 발전에 대해서는, 각 지역이 서로 발전을 방해하지 않고 자원의 지역별 차이를 메우도록 협력해 가면서 함께 발전해 가는 것이 이상적인 모습의 하나라고 생각한다. '협치'는 다양한 지역이나 조직에 속하는 사람들이 협력하여 자원관리를 수행한다는 이상에 따른 구조라고도 생각할 수 있다. 이것을 현실과 동떨어진 이상론이라고 할 수도 있지만, 지역 주민의 관점에서 보면, 외부인은 자원을 관리할 뿐만 아니라 지역 발전을 위해 지역 주민이 이용할 수 있는 인적 자원이기도 하다.

지역 공동자원과 '외부인의 자원관리'가 때로는 접근하고 또 때로는 서로 멀리 떨어져서 자원관리의 바람직한 방식을 찾는 한편, 지역 공동자원과 거기에 관여하려는 외부인이 중심이 되어 지역발전을 모색해 가는 것이다.

자원이용 규제의 엄격함을 X축으로, 이용하는 성원의 폭을 Y축으로 하자(〈그림10-7〉). 지역 공동자원과 '외부인의 자원관리'는 지역의 발전을 지향하는 힘에 의해 위로 끌어올려지거나, 누구나 좋지 않다는 것을 알고 있지만 어쩔 수 없이 체념에 이끌려 아래로 내려가기도 하면서, 지속적으로 움직이게 된다. 이러한 역동적인 과정 자체가 지역의 발전과 쇠퇴인 것이다.[11]

비체마을의 사람들도 외부인과의 관계를 거부해 온 것은 아니다. 지역 공동자원의 변용의 대부분은 외부인과의 관계 속에서 일어났다. 그리고 자급적 이용에 대해서는 모호한 관용의 입장으로, 수입이 생기는 이용에 대해서는 이기적인 강권을 행사하는 태도로 변화해 온 것이다. 그것은 "자연자원과 상호이용 네트워크의 공동이용을 통한 자급적 생업을 주로 하면서도, 외부인과의 관계를 구축하면서 현금수입이나

---

파악하고 그것을 재구축하는데 관심을 두고 있다.

11) 비체마을의 지역발전 모델에서 구체적인 축 및 지역사회를 쇠퇴로 향하게 하는 끌어내리는 힘 등에 대해서는 다나카(田中 2006c; 2007)의 글을 참조.

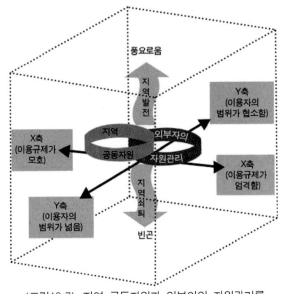

〈그림10-7〉 지역 공동자원과 외부인의 자원관리를
기반으로 하는 지역발전 모델

기술, 정보, 물품을 획득"하는 방향으로의 풍요로움을 지향하는 지역발
전을 모색하는 과정이었다.

　외부인이 자원관리에 관여하려고 할 때는, 대상 지역의 자원에 대
한 관심을 기초로 지역의 상호이용 네트워크 참가를 시도하고, 자원관
리(혹은 지역발전)에서 공통의 목표(풍요)를 탐색해 가야 할 것이다.
가령 외부인이 자원이용의 지속성을 높이기 위해 자원의 이용자를 한
정하고 이용규칙을 강화하려고 할 경우, 비체마을의 사람들은 어떤 반
응을 보일 것인가?

　판매 목적의 자연자원 이용에 대해서는 비체마을의 VP집단 이외의
사람에게 엄격한 이용규칙이 부과되었다. 하지만 자가소비 목적의 이
용에 대해서는 다른 마을 사람의 생활을 위태롭게 하는 이용규제는 가
해지지 않았다. 마로보어로 '방종(わがまま)'을 의미하는 vusivusi는 쩨쩨

한 행동에 대한 비난의 의미로 빈번히 사용되고 있는 말이다. 비체마을 사람들의 사고방식의 근간에는 쩨쩨한 행동(방종)을 하지 말고, 타자가 자원을 이용하는 것을 관용으로 인정하며, 통 크게 행동하는 것을 좋게 보는 가치관이 있다(田中 2007).

이용자를 제한하고 규제를 엄격하게 하면 자원이용의 지속성이 높아지는데, 외부인의 입장에서 보면 보다 좋은 자원관리라고 평가하는 것이 가능할지 모른다. 그러나 마을사람들이 과도한 규제를 싫어하고 모호한 관용과 통 큰 행동을 풍요함으로서 중시하고 있다면, 이용자를 제한하거나 이용규제를 엄격히 하는 것은 지역의 쇠퇴로 파악할 수도 있는 것이다. 자원관리의 본 모습은 언제나 시행착오를 거듭하는 것이며, 그것이 지역사회의 사람들이 요구하는 풍요로움을 향해 나아갈 때, 그 시행착오의 과정은 지역발전의 일부가 된다.

비체마을이 지역 공동자원을 통해 외부인과 관계를 맺으면서 어떻게 지역발전을 모색해 갈 것인가, 단순한 방관자가 아니라 한 사람의 비체마을 주민으로서 또한 외부사회의 한 연구자로서, 지속적으로 관계를 맺으면서 탐색해 가고 싶다.[12]

---

12) 필자는 풍요로운 지역사회의 모습에 대한 탐구를 필생의 작업으로 하려고 생각하고 있다. 하지만 '지역'의 발전과 '개인'의 발전이라는 2개의 발전 단위의 관계를 어떻게 파악해야 할 것인가에 대한 해답은 아직 가지고 있지 않다. 아마티아 센(セン 1989)은 각 개인이 다양한 선택에 따라 기본활동을 실현해 나갈 잠재능력의 확대를 발전의 중요한 요소로 삼고 있다. 하지만 각 개인의 잠재능력의 확대와 지역사회의 발전의 연관성의 문제는 크나큰 과제로 남겨두고 있다(佐藤 1997: 16 및 鶴見 1997: 522 등). 지역이라는 속박은 개인의 자유를 박탈하는 측면이 있다. 비체마을에서도 자신만을 위해서 자원을 이용하여 자가소비하거나 수입원으로 삼는 자유로운 활동이 방종한(쩨쩨한) 행동으로 비난의 대상이 되는 일이 있다. 개인과 지역, 각각의 발전을 어떻게 달성할 것인가에 대한 해답을 탐구하는 발판으로서, 2004년 12월부터, 각 마을사람의 현금수입을 증가시키면서 비체마을 전체의 상호부조를 활발하게 해서 마을의 통합을 회복하기 위한 프로젝트를 시행 중이다. 이 프로젝트에 대해서는 다나카(田中 2006b; 2006c; 2007)를 참조.

# 참고문헌

關根久雄, 2001, 『開發と向き合う人びと-ソヰロモン諸島における「開發」概念とリーダーシップ』, 東洋出版.

宮内務介, 2001, 「住民の生活戰略とコモンズ」井上真・宮内泰介編, 『コモンズの社會學』, 新曜社: 144-164.

田中求, 2002, 「ソロモン諸島における商業伐採の導入と開發觀の形成-ウェスタン州マロヴォラグーン, ガトカエ島ピチェ村の事例」 『環境社會學研究』 8: 120-135.

田中求, 2004a, 「ソロモン諸島における森林政策の展開と課題一商業伐採管理政策における慣習的資源所有制度の位置付けに着目して」 『林業經濟』, 57(2):, 1-16.

田中求, 2004b, 「商業伐採にともなう森林利用の混亂と再構築」大塚柳太郎編, 『島の生活世界と開發1 ソロモン諸島-最後の熱帶林』, 東京大學出版會, 115-145.

田中求, 2006a, 「離島無醫村地域における民間醫療藥の役割の動態-ソロモン諸島ウエスタン州マロヴォ・ラグーン, ガトカエ島ピチェ村の事例」『エコソフィア』 17號: 104-120.

田中求, 2006b, 「日本・ビルマ・ソロモン諸島で『豊かさ』を探る」井上真編, 『躍動するフィールドワーク-研究と實踐とつなぐ』世界思想社, 45-62.

田中求, 2006c, 「ローカル・コモンズを基盤とする地域發展の檢討一ソロモン諸島ピチェ村における資源利用の正當性を示すnoro 概念の搖らぎかち」東京大學學位論文.

田中求, 2007, 「資源の共同利用に關する正當性概念がもたらす『豊かさ』の檢討-ソロモン諸島ピチェ村における資源利用の動態から」『環境社會學研究』13: 125-142.

井上真, 2001, 「自然資源の共同管理制度としてのコモンズ」井上真・宮内泰介編, 『コモンズの社會學』, 新曜社: 1-28.

井上真, 2004, 『コモンズの思想を求めて-カリマンタンの森で考える』, 岩波書店.

諸富徹, 2003, 『環境』(思考のフロンティア), 岩波書店.

佐藤仁, 1997, 「開發援助における生活水準の評價-アマルティア・センの方法とその批判」『アジア研究』43卷3號: 1-31.

鶴見和子, 1997, 『コレクション鶴見和子 曼荼羅I 基の卷』, 藤原書店.

セン, アマルティア 大庭健・川本陵史抄譯, 1989, 『合理的な愚か者-經濟學＝倫理學的探求』, 勁草書房.

Bennett, Judith A., 2000, *Pacific Forest: A history of Resource Control and Contest in Solomon Islands, c.1800-199*, Cambridge & Leiden: White Horse Press & Brill.

Food and Agriculture Organization of the United Nations, 2003, *State of the World's Forests 2003*, Rome: Food and Agriculture Organization of the United Nations.

Statistics Office, Ministry of Finance, Solomon Islands Government, 1995, *Solomon Islands 1993 Statistical Yearbook*, Honiara: Statistics Office, Ministry of Finance, Solomon Islands Government.

## 부기

이 글은 2001-02년도 일본학술진흥회・미래개척학술연구추진사업 『아시아의 환경보전』 「지역사회에 대한 개발의 영향과 그 완화방책에 관한 연구」와, 2004-06년도 특별연구원PD로서 실시했던 「솔로몬제도에서의 관습적 자원이용제도를 활용한 지역발전의 검토」 및 2007년도 과학연구비보조금 「지역특성을 배려한 삼림'협치'의 구축 조건」의 학술연구지원원으로서 실행한 조사연구 성과의 일부다. 또한 기술한 내용은 2006년도 도쿄대학 학위논문 「지역 공동자원을 기반으로 하는 지역발전의 검토—솔로몬제도 비체마을의 자원이용의 정당성을 보여주는 noro개념의 부침으로부터」의 일부를 간략하게 정리한 것이다.

# 제3부
# 공동자원론: 과거에서 미래로

# 공동자원론에서 시민사회와 풍토*

미쓰이 쇼지(三井昭二)

## 1. 공동자원론의 출발점

공동자원(commons)론이 생겨난 이론적 계기는 1968년에 하딘(Garrett Hardin)이 발표한 「공유지의 비극(The Tragedy of the Commons)」이라는 논문이었다. 논문의 요지는 공유지에서 여러 목장주들이 공동으로 방목을 할 때, 가축 두수의 제한 없이 개인의 편익을 최대로 생각하게 되면 방목지가 황폐해지고 사유화에 이를 수밖에 없다는 것이었다.

하딘의 논문에 대한 반발은 오래된 것이지만(メーサー 1992: 94-96), 1980년대에 들어서면서 도쿄대학의 이시다 다케시(石田雄)의 연구실에서 유학하면서 일본의 입회임야(入會林野)를 연구한 적이 있는 매킨(M. A. McKean), 브롬리(D. W. Bromely), 오스트롬(Elinor Ostrom) 등이 국제공유자원연구회를 결성하고 개발도상국의 사례를 수집하여 연구하기 시작했다. 이와 더불어, 공동자원의 사회조직론적 내용에 초점을 맞춘 자연자원관리론의 입장에서 이론적 연구도 진행되어 왔다(室田·三俣 2004: 136-139).

일본에서 '커먼즈(コモンズ)'라는 말을 쓰기 시작한 것은 경제학자인

---

* 이 장은 三井昭二, 2006, 「コモンズ論における市民社會と風土-半田報告に對するコメントにかえて」, 『中日本入會林野研究會會報』 26: 34-39를 가필·수정하여 게재한 것이다.

다마노이 요시로(玉野井芳郞)의 논문, 「공동자원으로서의 바다(コモンズ としての海)」에서였던 것 같다. 이 논문은 도쿄에서 오키나와로 이주한 다마노이가 '마을 앞바다(地先の海)'에서의 공동어업권이나 입빈권(入 浜權)에 관해 연구한 것이었다. 그리고 입회(入會)나 공유지라는 말이 아니라 '공동자원(コモンズ)'이라는 말을 선택한 배경에는, 1980년 무렵에 이반 일리이치(Ivan Illich)와 만났던 것이 영향을 미친 듯하다(エントロピー 學會編 2001: 265).

일리이치는 1986년까지 일본에 5번 정도 방문한 적이 있는 데, 1983 년에 발표한 「생태교육학과 공동자원」에서, 경제학자가 말하는 자원이 나 기회가 잠자고 있는 용기(容器) 또는 생물학자가 말하는 거주환경 이 아니라, 토지나 생활에 뿌리를 둔 (지방 고유의, vernacular) 장으로서 '공동자원의 회복'을 거론하고 있다. 그리고 "공동자원이란 하나의 문화 적인 공간이며, 그것은 우리 집 문 밖에서부터 사람이 들어가지 않은 황량한 땅까지 일대에 펼쳐져 있고", "사용 방법은 사람에 따라 제각각" 이지만, "그것은 관습에 의해 정해"진다고 한다. 다만, "예전의 공동자 원을 실제로 다시 한 번 만들어내는 것이 가능하다고 말할 생각은" 없 다고 했다(イリイチ 1999: 90-91). 이러한 일리이치의 관점은 미국에서 전 개되고 있던 공동자원론과는 그 결이 다른 것이었고, 단순한 자연자원 관리론이 아니라 지역론, 풍토론적인 색채가 농후한 것이었다. 다마노 이의 공동자원론도 단순한 경제학자로서의 논의에서 탈피하여 풍토론 에 접근하는 것이었다고 생각된다(玉野井 1995).

일본에서 공동자원론이 확산되는 계기가 된 것은 다베타 마사히로 (多辺田政弘)의 『공동자원의 경제학(コモンズの經濟學)』이 단행본으로 발간된 1990년 무렵부터였다고 할 수 있다. 다베타는 그 책에서 사(私, Private)와 공(公, Public)의 사이에 있는 공(共, Commons)에 관해 설명하면 서, 화폐부문(私와 公)에 대해서 공(共)이 떠받치는 "개인적인(personal) 상호부조적 사회관계"와 "자연의 층이 지닌 자급력, 건전한 생태시스템

이 창출하는 부(富)"가 상대적으로 비대화하는 것이 "건전한 생태 (ecology)가 떠받치는 경제"라는 도식을 내놨다(多變田 1990: 51-54). 오키나와국제대학에서 다마노이의 후계자가 된 다베타의 논의는, 일리이치식의 풍토론을 내포하면서, 그 이후의 일본 공동자원론에 커다란 영향을 주었다.

## 2. 입회임야 이용의 변화와 공동자원
### - 전후의 입회임야 문제의 줄거리

입회 임야가 공(共)적 관계를 가장 잘 구가할 수 있었던 때는, 사람들이 입회 임야에서 장작과 숯(薪炭), 목재, 가축의 먹이를 위한 풀, 산나물 등의 다양한 자원을 얻고, 이러한 활동에 입회 집단의 구성원이 '직접 참가'하며, 그 조정에 마을이 큰 역할을 맡고, 개개의 구성원과 중층적으로 밀착하여 존재하고 있던 시대였다. 공동자원론에 따르면, '전통적 공동자원'의 시대라는 것이다. 입회 임야는 메이지 시대 이후의 근대화 속에서 서서히 쇠퇴해 왔으며, 전후의 고도경제성장에 의해 그 흔적이 거의 사라졌고, 자원 이용의 측면에서는 육림(育林: 계획적 식목사업)에 의한 단일경작(monoculture)이 확산되었다.

그 후, 1970년대에 목재 판매 시장을 수입 목재가 지배하면서 육림 경영이 쇠퇴하기 시작한다. 숲의 경제적 기능에 대해 공익적 기능이 중시되기 시작하고, 휴양 측면에서 숲의 이용이 본격화한 시대이기도 했다. 1990년대가 되면, 육림 경영은 목재 가격의 지속적인 하락에 직면했고, 다른 한편 휴양림으로 이용하는 것도 버블경제의 붕괴로 타격을 받았다.

1979년에 필자는 나가노현(長野縣) 가미타카이군(上高井郡) 다카야마촌(高山村)을 방문하여 시정촌소유림을 조사한 적이 있다. 그 때, 촌에서 대규모 면적을 차지하고 있던 두 개의 부락소유림도 방문했다. 하나는 야마다생산삼림조합(山田生産森林組合, 1,129ha)이고,[1] 다른 하나는 마키구(牧區, 1,200ha)였다. 전자는 입목(立木) 판매로 171만 엔, 직영림 대부(온천업, 요양소 등)로 157만 엔의 수입을 올리고 있었다. 후자는 입목 판매 수입으로 800~1,000만 엔, 그 외 온천권 수입 등이 있으며, 구의 토목비에 상당한 부분이 충당되고 있었다.

또한 스자카시(須坂市)에 있는 재단법인 니레이회(仁礼會, 1,541ha)에 대해서는 시청에서 청취조사를 실시했다. 스키장, 골프장, 별장, 펜션 등의 개발을 진행하면서, 니레이회는 구비를 무료로 하고 각 마을에 공회당을 설치했으며, 별도의 회사로 호텔 경영에 착수하거나 조림지를 사들이기도 했다(林野廳企劃課 1980: 197-200).

2004년, 25년 만에 이 지역들을 방문할 기회가 있었다. 이 지역들 모두 임업 수입은 거의 없어졌고, 예전에 전국적으로도 유명했던 니레이회는 호텔을 와세다대학(早稻田大學)에 무상으로 양도하는 등, 예전의 모습은 찾을 수 없었다.

이들 사례에 대해서는, 현대 숲의 다양한 이용을 모색하였고 그것이 육림 단일경작의 확산에 일정 정도 제동을 거는 역할을 했다고 평가할 수 있지만, 니레이회의 휴양림 이용은 그 자체로 단일경작의 확대로 볼 수도 있다고 생각된다.

이러한 시대의 변천에 대해, 가사하라 로쿠로(笠原六郎)는 매우 명쾌하고 통찰력 있는 도식을 제시한다. 근세의 사용가치 이용 시대에는 입회 이용이 어울리며, 임산물이 상품이 된 교환가치 이용 시대에는

---

1) 옮긴이 주: 일본의 삼림조합에는 협의의 삼림조합과 생산삼림조합의 두 종류가 있다. 삼림조합은 대략 시정촌 범위의 민유림을 대상으로, 삼림의 소유주들이 공동의 출자와 운영, 자재구입, 판매, 금융융자를 위해 결성한 협동조합이다. 생산삼림조합은 보다 협소한 지역의 공유지를 대상으로 삼림조합법에 따라 조직 되었으며, 입회 임야의 운영을 계승한 조합이다.

법인·개인 이용이 합리적인 소유형태였지만, 숲의 공익적 기능이라는 비시장적 가치를 이용하는 시대에는 "사용, 수익, 처분권을 모두 단일한 주체에게 부여하지 않고, 국민이나 지역주민 혹은 특정한 숲 기능의 보전이나 발양을 요구하는 이들의 주장이 반영되도록 하는 소유관계가" 바람직하다는 것이다. 그리고 그런 사례로서, 홋카이도(北海道) 시레토코(知床)의 100평방미터 운동이나 미에현(三重縣) 시마가하라촌(島ヶ原村, 현재의 이가시(伊賀市))의 다면적인 이용을 거론하고 있다 (笠原 1988: 47-51).

이러한 논의는 일리이치의 '풍토'론과 연관성은 별로 없지만, 삼림관계의 시민사회화를 전제로 하는 '새로운 공동자원론'의 기초적 관점을 제시한 것이라고 할 수 있다.

## 3. 네 개의 공동자원론의 검토

### 3.1 시장경제의 대극으로서: 다베타 마사히로의 공동자원론

앞에서, 일본에서 공동자원론 전개의 출발점으로 평가했던 다베타 마사히로는 궁극의 자급론자인가? 앞에서 다루었던 "건전한 생태가 떠받치는 경제"에서, 사(私)에서는 자급 잉여분의 상품화 수준, 공(公)에서는 지역분권 아래에서 지역의 자치적 재원이 이상적인 모델로 거론되고 있다. 그러한 모델의 배경에는 다마노이와 마찬가지로, 오키나와에서 '마을 앞바다'나 이노(イノー: 산호초 위에 펼쳐진 생활공간)에서의 입회 관행과 자급체계가 놓여 있는 듯하다. 다베타의 문제의식은 유기농업이나 산지 직판에서 시작하여 지역자급론까지 이어진다. 그 때문에, 현실의 여러 가지 동향도 고려되고 있으며, "지방분권의 흐름, 지역

통화의 실험, 거리만들기를 위한 독자적인 방안 등, '자치적으로' 재검토하는 방안"이라고 평가 받고 있다(室田·三俣 2004: 225).

## 3.2 환경기능의 담당자로서: 우자와 히로후미의 공동자원론

우자와 히로후미(宇澤弘文)는 일찍이 신고전파 경제학의 '사회자본'에 생존권적인 의미를 덧붙여 '사회적 공통자본'을 제창한 바 있으며, 10여 년 전부터 '사회적 공통자본'의 기초적인 사회조직으로서 '공동자원'에 관한 논의를 전개하고 있다.

우자와가 '공동자원'에 눈을 돌리게 된 경위에 대해서는 알 수 없지만, 다베타는 『공동자원의 경제학』(1990)에서 우자와의 '사회적 공통자본'에 관해 "사회적 공통자본의 국유화나 지자체 소유라는 방향으로 관리를 구상하는 경향이 있다"고 비판하고 있다(多變田 1990: 66). 그 후에 우자와는 편저자로서 『사회적 공통자본 – 공동자원과 도시』(1994)를 출판했는데, 여기에는 다른 집필자들의 「공동자원의 경제이론」, 「일본의 '공동자원'」, 「세계의 공동자원」과 같은 장들도 포함되어 있으며, 자신이 집필한 「사회적 공통자본의 개념」에서 자연환경과 공동자원의 관계에 대해 약간의 언급을 하고 있다(宇澤·茂木 1994: 18). 이어서, 『사회적 공통자본』(2000)에서는 공동자원의 내용을 설명하는 것과 함께 구체적인 실천과제로서 '산리쯔카농사(三里塚農社)' 구상을 제시하고 있다(宇澤 2000: 46-92).

나아가, 우자와가 전문위원회의 좌장을 맡았던 나가노현 종합계획 심의회의 답신, 「미래에의 제언 ~공동자원에서 시작되는, 신슈(信州) 르네상스 혁명~」(2004년)에서는 "시민 한 사람 한 사람이 주역이 되며, 각각의 지역이나 생활의 장에서 풍요로운 사회에 필요한 '소중한 것'을 자신의 손으로 되찾고, 지키고 길러가는 것"에 의해, "공동자원에서 시

작되는, 신슈 르네상스 혁명"이 가능하다고 한다.[2]

최근 우자와는 시민사회의 입장을 전제로, 실천적인 국면에서 관습적인 것을 추구하면서 '공동자원'에 접근하려 하고 있다. 나가노현 종합계획심의회 답신에서, "'공동자원'이 관리, 유지하며 또한 창출해 가는 '소중한 것'이란 바로 문화, 역사, 전통적인 예지나 기술 등을 말한다"고 했는데, "전통적인 공동자원에서 연상되는 폐쇄적, 인습적인 것이 아니며, 단순히 과거로 돌아가는 것도 아니"라고 한다(長野縣總合計劃審議會 2004; 17). 풍토론의 입장에서 보자면, 민속학 등에 의해 탐구되어 온 것처럼, "인습적"이라고 불러 온 것에도 이유(譯)가 있는 경우도 있을 것이다. 시민사회가 전통사회로부터의 관습을 배우려 할 때, 한 번 풍토를 직시해 볼 필요가 있지 않을까?[3]

## 3.3 전통적 공동자원을 펼치는 '협치'의 개념: 이노우에 마코토의 공동자원론

이노우에 마코토(井上真)는 『화전과 열대림(燒畑と熱帶林)』(1995)에서 임정학(林政學) 분야에서는 최초로 '공동자원론'을 전개했다(井上 1995: 136-141). 그 속에서, 지리적 범위와 기능에 따라 제시된 '지역 (local) 공동자원', '광역(regional) 공동자원', '지구(global) 공동자원'은 이후에, 반대의견도 포함하여, 크나큰 영향을 미쳤다.

그 후에 이노우에는 인도네시아 칼리만탄섬(=보르네오섬) 등 개발도상국을 중심으로 한 조사를 계속하면서 공동자원론을 전개해 왔는데, 현

---

2) 옮긴이 주: 신슈(信州)는 나가노현 지역의 옛 이름이다.

3) 필자는 사토야마운동에 들어맞는 현대적 공동자원의 요점을 "지역주민과 '타지인(よそ者)'의 유대"와 "마을공동체의 전통적인 임야 이용과 '외지인'의 현대적인 임야 이용의 연결"에서 구하고 있으며, 임야를 관리하고 있는 시민단체가 임야와 마을 각각의 규칙을 만들었던 예를 기론한 바 있다(三井 2005: 51-52).

재는 협동을 중시하는 협치(governance)로서 '협동형 협치'(collaborative governance)의 사상에 이르고 있다.[4] 그것은 공동체에서의 지역 공동자원의 사상 및 폐쇄적인 경향과, 시민사회에서의 공공성 사상 및 완전한 개방과의 모순을 지양하기 위해, 열린 지역주의(地元主義)와 (외부로부터의) 관여주의(かかわり主義)로부터 국제주의(internationalism)를 추구하는 것이다. 이것은 칼리만탄섬에서 이노우에의 실천적 활동으로부터 도출된 결론이기도 하다(井上 2004: 126-153).

또한 이노우에는 공동자원을 "자연자원의 공동관리제도 및 공동관리의 대상인 자원 자체"로 정의하고 있다. 거기에 덧붙여, "이 정의에는 상당한 깊이가 있다. 자원의 관리만을 논의의 대상으로 하려고 이러한 정의를 했을 리는 없다"고 쓰고 있다(井上 2004: 50). 구미의 공동자원론에 밝았던 이노우에가 공동자원이란 자원 그 자체인 동시에 제도라는 양 측면을 부각시켰다는 점에서, 구미의 논의에 대해 자신의 의견을 제시하는 것과 함께 일본의 공동자원론이 처음부터 지녀 온 풍토론도 의식하고 있었다고 추측할 수 있다.

### 3.4 '광역 공동자원(협치)'의 사고: 한다 료이치의 공동자원론

다베타, 우자와, 이노우에의 공동자원론을 검토한 다음, 한다 료이치(半田良一, 2006)는 우선 선진국인 일본의 현실에서는 전통적 공동자원론을 '펼치는(開く)' 것보다 '새로운 공동자원'을 구상하는 것이 사회적으로나 정책적으로 중요한 과제라고 주장했다. 그리고 공동자원을

---

4) 협치(governance)란 "제도(institution)가 아니라, 사회운영을 진척시키기 위한 장치를 새롭게 구축하는 것, 사회를 움직이기 위한 새로운 틀을 창설하는 시도"이며, 투명성, 설명책임, 참가, 공평성을 4개의 요소로 하고 있다(中邨 2004: 6).

이미지로 떠올리기 위해서는 지역=지리적 범위의 확정이 필요하다며, 제3의 '새로운 (펼쳐진) 공동자원'을 제창하고 있다. 그것이 '광역 공동자원', '광역 협치(governance)'인데, 중규모 하천의 유역에 해당하는 15~20ha 면적에, 40~50만 명의 인구를 포용하며, 지역삼림계획구에 상당하는 규모가 상정되고 있다. 거기에서는 도시와 농산촌간의 사회적 분업을 기초로 한 주(住)와 식(食)의 '지산지소(地産地消)'가 가능하게 되어 원형(原型)인 자급자족권의 현대화를 도모할 수 있으며, '마을(むら)'이라는 폐쇄적인 전통적 공동자원 안에서의 논의를 지양할 수 있다는 것이다.

세 가지의 공동자원론을 검토하면서 한다 료이치가 고심하여 생각해 낸 '광역(広域) 공동자원'은 이노우에의 지리적 범위에 따른 3개의 공동자원 가운데 광역(regional) 공동자원에 가깝다고 할 수 있다. 미래의 지역사회를 생각할 경우에, 하나의 범역(範域)으로서 타당한 것이라고 해도 좋을 것이다. 그러나 공동자원론의 기초적인 지리적 범위는 지역 공동자원에 해당하는 "얼굴이 보이는 범위[대면적 인간관계에 의해 구성되는 지리적 공간]" 없이 성립할 수 있는 것인가?

이 경우의 광역 공동자원은 지역 공동자원의 연합으로서 중층적으로 형성되는 것이 아닐까? 그 때, 개개의 지역 공동자원은 도시에서는 시민사회적 요소가 강하며, 한편으로 농산촌에서는 전통사회적 요소가 상당히 남아 있다고 할 수 있다. 그리고 지역 공동자원은 광역 공동자원에 참가함으로써, 자연히 펼쳐지는 측면을 발양하지 않을 수 없게 된다. 또한 풍토론적 관점에서 보자면, 시민사회형 공동자원의 경우에는 전통적 공동자원으로부터 무엇을 계승하는가의 문제가 언제나 질문되는 것이 아닐까?

## 4. 공동자원의 이론 - 공(共)·공생(共生)을 둘러싸고

한다(半田)는 공동자원론자들이 평등, 자치, 자조를 원칙으로 하는 농협, 삼림조합 등의 협동조합을 언급하지 않는 점을 지적하고 있다. 본래, 그러한 협동조합이 公, 私가 아니라 共의 부문에 속한다는 점은 확실할 것이다. 그러나 농협, 삼림조합의 현실은 公에 끌려 다니거나 私의 경향이 강하기 때문에, 거기에 발을 들여놓지 않는 것이 아닐까? 그런 점에서, 생산삼림조합은 '전통적 공동자원'의 내실과 근대적 협동조합의 형식을 가지고 있기 때문에, 공동자원론의 도마 위에 오르기 좋다고 할 수 있다.

더구나, 한다는 생산력화의 관점으로부터 "인간과 자연과의 공생", 그 지속적 발전의 방도를 검토할 필요성과, 공공재(公共財)=환경기능이 증대한 농림업에서 이런 측면의 '생산력'을 발휘시키기 위해 관리규모의 확대를 제창하고 있다.

이러한 경제학적인 검토는 한다가 가장 관심을 가져 온 부분이지만, 이론경제학의 일부를 제외하고는 일본의 공동자원론이 거의 언급하지 않는 분야이기도 하다. 한다(半田, 2004)는 경제모델에 기초한 검토의 결과,

> "'공생'이라는 표어에는 공동자원 내부의 성원간의 관계와, 공동자원간의 관계 양쪽의 의미가 포함된다. 공동자원론이 시장원리주의에 대한 대항축을 지향한다면, 특히 후자의 영역에서, 현실에서 전개되고 있는 수많은 운동의 실태를 확인하면서, 실천으로 이어지는 이론을 연마하는 것이 중요하지 않을까"(半田 2004: 10)

라고 결론짓고 있다. 그것은 앞에서 언급한 '광역 공동자원'론의 근거이기도 하다.

# 결론을 대신하여

　선진지역에 속하는 일본의 공동자원론은 결국 보통의 방법으로는 뜻대로 다룰 수 없는 것이 아닐까. 기타오 쿠니노부(北尾邦伸)가 최근 저서의 마지막 부분에서 햄릿과 같은 심경을 토로하고 있는 것으로부터도 짐작할 수 있다. 즉, 그는 시스템(국가·행정시스템과 경제·시장시스템)을 공동자원적 요소를 보완하여 개혁해야 한다고 주장한다는 점에서는 자유주의의 계보에 속하며, 현재 정치학에서 말하는 정의보다 환경보전(지속가능성과 생물다양성)의 의무·정의에 더 근본적인 기저성(基底性)을 부여하는 것을 공통가치로 삼는 사회를 구상한다는 점에서 보면 공동체론자라고 규정된다는 점이다(北尾 2005: 310). 그러나 일본에 관한 공동자원론이 성립한다고 하려면, 이러한 복잡한 틀을 헤쳐 나갈 필요가 있을 것이다.

# 참고문헌

エントロピー學會編, 2001, 『「循環型社會」を問う-生命・技術・經濟』, 藤原書店.

半田良一, 2004, 「入會コモンズ生産森林組合」, 2004年度 林業經濟學會 秋季大會 配付資料, 1-10.

半田良一, 2006, 「入會集團・自治組織, そしてコモンズ」『中日本入會林野研究會』, 26: 6-22.

イリイチ, イバン, 櫻井直文 監譯, 1999, 『生きる思想-反＝敎育/技術/生命』新版, 藤原書店.

井上真, 1995, 『燒畑と熱帶林-カリマンタンの傳統的燒畑システムの變容』, 弘文堂.

井上真, 2004, 『コモンズの思想を求めて-カリマンタンの森で考える』, 岩波書店.

笠原六郎, 1988, 「森林の多機能時代における所有形態」筒井迪夫編著, 『森林文化政策の研究』東京大學出版會, 35-52.

北尾邦伸, 2005, 『森林社會デザイン學序説』, 日本林業調査會.

メーサー, アレクサンダー 熊崎實譯, 1992, 『世界の森林資源』, 築地書館.

三井昭二. 2005, 「入會林野の歷史的意義とコモンズの再生」森林環境研究會編著, 『森林環境 2005』, 森林文化協會, 42-52.

室田武・三俣學, 2004, 「入會林野とコモンズ-持續可能な共有の森」, 日本評論社.

長野縣總合計劃審議會, 2004, 『長野縣總合計畵審議會最終答申, 未來への提言』, 同縣發行.

中邨章, 2004, 「行政,, 行政學と『ガバナンス』の三形態」, 日本行政學會編, 『年報, 行政研究』, 39: 2-25.

林野庁, 企劃課, 1980, 『公有林野經營動向の實態に關する諒査報告書』, 同廳發行.

多變田政弘, 1990, 『コモンズの經濟學』學陽書房.

王野井芳郎, 1995, 「コモンスとしての海」中村尙司・鶴見良行編著, 『コモンズの海-交流の道, 共有の力』, 學陽書房, 1-10.

宇澤弘文, 2000, 『社會的共通資本』岩波書店.

宇澤弘文・茂木愛一郎編, 1994, 『社會的共通資本-都市とコモンズ』東京大學出版會.

# 시민사회론으로서의 공동자원론

기타오 쿠니노부(北尾邦伸)

## 시작하며

내가 학부를 졸업하고, 대학원에 진학한 것은 1965년 봄. 상당히 옛날 일이다. 임학(林學)을 전공하고 있었는데, 당시의 일본 임학은 활기에 차 있었고, 다른 한편에서는 인공조림이 진전되고 있었다.

임학의 학문체계는 독일 임학을 답습한 것이었지만, 일본 임학의 고향(Heimat)은 입회림(入會林)이며 임야공동체라고 이야기되어 왔다. 요시노임업(吉野林業)을 비롯하여, 에도시대 다이묘들이 지배하던 번정기(藩政期)부터 자생적으로 조림을 진행했던 히타임업(日田林業), 키토임업(木頭林業), 텐류임업(天龍林業) 등 이른바 유명 임업지는 죄다 입회임업 계보의 것으로, 입회 형태의 채초나 화전으로 이용했던 이력을 가지고 있었다. 그러나 당시에 '공동자원(commons)'이라는 용어를 들었던 기억은 없다.

그런데 1960년대에 기존 정당과는 경계를 분명히 한 무당파의 '시민'이 등장하여, 정치의 무대를 포위한다. '베트남에 평화를! 시민연합'의 운동이 그것이었다. 베트남으로부터 미군이 전면철수하면서 이 조직은 1974년에 해산했지만, 그 후에도 시민운동에 의해 이정도까지 정치적 고양이 일어난 적은 없었다.

그렇지만 풀뿌리(grass-roots) 시민운동(citizen movement)은 특히 공해·환경문제, 마을개발, 건강·복지와 같은 분야에서, 말하자면 자연적으로 다양하게 발생해 왔다. 1990년경에는 일본에도 시민적 공공영역(public sphere)으로 직조된 사회가 형성되었다고 보아도 좋을 것이다. 시민적 공공영역은 일정한 사람들의 '사이(間)'를 둘러싼 곳에 만들어진 언설의 공간이다. 이와 같은 공간이 만들어지면서, 풍요로운 환경 속에서 여유롭게 살아가는 것, 관계의 풍요로움, 존재의 여유로움과 같은 것이 사회적으로 추구되고 있다.

이 시기, 시민은 마을숲(里山 사토야마), 그리고 공동자원을 발견한다. 오랜 기간에 걸쳐 사람들이 살아오고 생존해 온 토대인 전통적인 공동자원에 접근했는데, 그것은 우리가 들어가서 살았던 자연, 기대어 살 수 있었던 경관으로 돌아가는 것이었다. 또 한편으로 시민은 「우리 공동의 미래(Our Common Future)」를 생각했다. 전통적인 공동자원으로부터 얻은 정보를 편집하여, 새로운 관계를 창조하려고 하고 있다. 전통적 공동자원의 보전에 뜻을 집중하고 있으며, 또 다른 한편으로, 현대사회를 미래사회적으로 발전시키기 위한 도구인 새로운 공동자원을 획득하고 있다.

이러한 현실 속에서, 지역 사회에 대한 책임 주체로 자신을 놓아 보고, 현실성을 가진 창조적 미래를 설계해 보는 행위가 시민에게 요구되고 있는 것이다. 또한, 그 실현을 위해서 삶·생활·지역에 관련된 일상의 신체적 활동이 더욱 필요한 상황이 되고 있다. 그리고 이러한 것들이 네트워크로 이어져 간다. 이것은 시민 자치와 그 연대·연합의 세계이며, 협치(governance)라는 정치의 풍경이 보이는 세계다.

이와 같은 문맥 속에서, '공동자원'을 생각해 보고 싶다.

# 1. 시민사회 형성의 배경

## 1.1 일본의 시민사회

먼저, 일본에서 시민사회가 형성되어 온 현대적 배경을 살펴 보자. 그렇지만 '시민'이나 '시민사회'(civil society)를 어떤 식으로 파악하고, 어떤 실태에 입각하여 그 배경을 살펴볼 것인가는 어려운 문제다. 그리고 나에게는 이러한 것들을 엄밀하게 논할 능력이 없다. 나는 지금까지 '시민사회'를 주제로 연구를 했던 실적이 없고, 환경운동이나 마을만들기 운동에 참가하는 '시민'의 대열에 관해, '공공적 감각으로 행동하는 보통의 개개인'이라고 하는 정도로 정리해 왔다. 환경보전을 둘러싼 시민·주민운동을 오직 환경실용주의의 입장에서 판단해 왔을 뿐이다.

그런데 서구에서는 '시민혁명'으로 불리는 혁명이 일어나 '시민사회'라는 것이 만들어졌다. 또한 고대 그리스·로마의 폴리스란 공간은 시민에 의해 정치가 이루어졌던 시민공동체의 세계였다. 그러나 이 장에서 대상으로 하고 있는 '시민'은 이러한 시민과는 다른 것이다. 오히려 하나자키 코헤이(花崎皐平)가 '희망(의 원리)'으로 찾아낸 '인민(people)을 주어로 하는 공생의 문명' 시대를 개척하는 시민, '인민이 되는' 시민이라는 예감이 든다(花崎 2001).

유럽에서도 1970년대 이후의 환경시민운동이나 그것을 담당한 단체(association)에, 또한 동유럽혁명을 이뤄낸 '연대' 등에 자극받아 시민사회론이 재연되고 있다. 그리고 그것들은 '시민사회의 재생'이라는 맥락에서 이야기되고 있다. 유럽적 맥락에서는 '시민'이나 '시민사회' 해석의 겹쳐 쓰기가 가능한 것이다.

시민혁명에 의해 생활세계에서 생성된 시민적 공공성은 이윽고 그 공간이 점차 국가시스템 속으로 흡수되었고, 공공성은 외재화하는 경향을 보여 왔다. 이것이 문화·문예를 소비하는 대중에게 수용되었고,

또한 생활세계의 경제적 식민지화라고 불리는 현상을 토대로 하여 진행되었다. 이 '공공성의 구조전환'을 명확하게 파악한 것은 1960년대의 하버마스(Jürgen Harbermas)였다(ハーバーマス 1994).

그러나 그는 1970년대 이후의 '새로운 시민운동'을 평가하면서, 부르주아적 시민사회(Bürgerliche Gesellschaft)를 대신하는 시민사회(Zivilgesellschaft)라는 개념을 가지고 시민적 공공성을 재발견한다.[1] 이처럼 시민적 공공성은 공권력·행정의 공공성과는 다른 차원에서, 공중인 시민에 의해 대항적으로 주장되는 공공성(공공영역)이다. 공공성의 독일어인 Öffentlichkeit의 Öffen은 '열려 있는'의 의미. '여는' 것에는 공간적 요소가 동반되고 있다.

그런데 일본에서는 1995년 한신·아와지(阪神淡路)대지진의 구조·부흥활동에 정부의 행정시스템과는 다른 곳으로부터 수많은 자원봉사자가 나타나 기동력과 창조력을 발휘하여 활발하게 협동했다. 이것이 중요한 계기가 되어, 1998년에 '특정 비영리 활동 추진법'(이른바 NPO법)이 제정된다. 그리고 일본의 법률 속 용어로서는 처음으로, 더구나 주어로서, '시민'이 등장한다.

이 NPO법의 제 1조는, "… 시민이 행하는 자유로운 사회공헌 활동인 특정 비영리 활동의 건전한 발전을 촉진하고, 공익의 증진에 더욱 기여하는 것을 목적으로 한다"고 했다. "자유로운 사회공헌 활동"을 하는 주체로서 '시민'이 자리매김 되어 있다.

이처럼 일본에서도 시민사회가 형성되어 가는 시대적 배경에 대해 살펴보면, 관지십권형 따라잡기 체제의 종언, "작은 정부, 지방에서 할 수 있는 것은 지방에서", 복지국가에서 복지사회(자조·공조(共助)·공조(公助))로, "국토의 균형 있는 발전"에서 "개성 있는 지역만들기"로, '정

---

1) 1962년에 출판된 『공론장의 구조변동』의 약 30년 후에 나온 신판(1990년)에 첨가된 장문의 서문에 이와 같은 견해가 나타나 있다.

부의 실패'와 '시장의 실패'라는 결말이 나지 않는 논쟁으로부터의 탈출 등의 주제를 나열하는 것으로, 그 배경을 어느 정도 이해할 수 있다. 일반적으로 말하자면, '공(公)'과 '사(私)'의 2분법에 기반한 정치·통치 구조('공공'의 국가에 의한 포위·독점)의 탈구축과 지방·분권형 정치로의 조류, 이것이 시대적 배경이라고 말할 수 있을 것이다.

그리고 시민사회론은, 국가·행정시스템 및 경제·시장시스템과의 상대적 위치를 파악하거나 그런 시스템과 관련시키는 측면에서, 또 민주주의론의 일환으로서 협치론(정치의 방식, 조정의 방법인 협치(協治))과 같은 분야에서 많이 논의되고 활성화되고 있다.

또한 구미에서 발생한 언어의 번역어를 이용하여 일본을 분석하려 하면, 용어상의 성가신 문제가 따라 붙는다. 시민적 공공성과 관계된 public이나 civil, citizen 등은 유럽에서는 '민(民)'의 계보의 것이다. 그러나 일본의 '公(오야케)'은 왕궁(大宅: 넓은 집)·조정(朝廷)·막부와 연관된 단어이며, 공가(公家: 천왕, 조정, 관직에 있는 사람을 의미), 공방(公方: 조정 또는 막부를 의미), 공의(公儀: 정부 또는 당국을 의미) 등과 같이 사용되어 왔으며, 그와 같은 국가나 관청의 계보에 속하는 것이었다. 덧붙이자면, 내가 주말에 노는 곳은, 텐지천황(天智天皇)릉이 있는 교토시 야마시나의 오야케(大宅: 여기서는 공영(公營, public)이라는 의미) 테니스코트다.

## 1.2 숲과 임업의 역사와 현상

여기에서는 숲·임업이 현재 상황에 이르게 된 경위를 간단히 기술하여, 다음 절에 대한 연결로 해 두겠다.

막번체제의 에도기에는, 각 번에 따라 양상이 달랐지만, 임야는 대체로 번소유림(藩有林), 마을이 가진 입회산(村持入會山), 개인이 가진 산림(個人持山林)의 3개의 형태로 구분됐다. 관리 수익의 주체가 영주에게 있는 것이 번소유림(오하야시(御林), 오타테야마(御立山), 오지키야마(御直山) 등으로 불림), 개인에게 있는 것이 개인이 가진 산림(하쿠쇼우야마(百姓山), 하이료야마(拜領山) 등으로 불림)이다. 임야의 과반을 차지한 마을이 가진 입회산은 농민에게 관습적으로 이용권이 인정되었고, 마을이 관리·수익의 주체였던 임야다(半田 1990).

메이지 시대(1868년~1912년)에 들어서면서 정부가 농지·임야에 대해 처음으로 취한 작업은 근대적 토지소유(사적소유, 처분의 자유)를 창설하는 것이었는데, 농지에는 땅문서를 발행했다. 일본 국토의 70% 가까이를 차지하는 임야에 대해서는 관소유림(官有林)과 민소유림으로 나누는 작업(관·민소유 구분사업)이 먼저 실시되었다. 그리고 임야 전체의 약 3분의 1에 해당하는 관유림에서, 1899년부터 독일 임학을 도입한 국유림 경영(선도적인 근대적 임업 경영)이 시작되었다. 또 민소유림에서는 토지 이용의 방법이 다양한 상태로 이어져서 꼴과 비료, 장작과 숯을 생산하기 위한 용도로 숲을 이용하는 것도 오랫동안 활발하게 이루어졌다. 그러나 이윽고 시장의 영향(목재 부족, 목재 가격의 상승)으로, 인공조림이 전국적으로 확대된다. 목재자원 조성을 시장 메커니즘에 따라 전개하기 쉽도록, 입회임야였던 토지를 근대적 권리 관계로 정돈하는 것도 분할·사권화의 방향으로 나아간다. 그 결과, 대부분의 숲·자연은 단순화되어, 단일 수종의 삼나무·편백나무 인공림으로 변모한다.

그러나 1970년대에는 변화한 일본경제·무역자유화에 따라 외국의 목재를 염가에 대량으로 수입할 수 있게 되어 일본산 목재 가격이 급락한다. 독립 채산의 특별회계를 시행하고 있던 국유임야사업은 순식간에 적자 경영으로 전환되었고, 이윽고 3조 8,000억 엔의 누적 채무를 껴안고 파산한다. 사유림도, 사적소유라는 토지소유의 틀('타자'의 배제, 처분·취급의 자유) 속에서 앞으로도 보육관리에 막대한 경비 투입을 필요로 하는 육성 도중의 조림지로 남겨져, 발전가능성을 잃어버린

채 방치상태에 있다.

한편, 세계를 선도하는 공업생산력을 자랑하는 국가가 되어 세계 곳곳에서 목재를 염가에 구입할 수 있게 된 일본의 국민은 숲에서 자연환경이나 레크리에이션 역할을 찾기 시작한다. 독일 임학은 확실히, 인공림 조성, 임업을 추구하면 '간접적 효용'으로서 공익적 기능이 증진한다고 설득하고 있었다. 그러나 오늘에 이르러, 국민의 관심은 이 '간접적'인 것에 직접적으로 향하게 되었다. '나무의 시대에서 숲의 시대로'라는 것이다.

이와 같은 상황에서 임야청(林野庁)은 정부 부처의 담당영역을 보여주는 기본법의 이름을 임업기본법으로 하고 있었지만, 행정의 중심은 임업정책에서 삼림정책으로 회귀해 간다. 그리고 2001년에는 임업기본법의 명칭도 삼림·임업기본법으로 개정되었다. 이 신기본법은 "숲이 가지는 다면적 기능의 발휘"를 기본이념으로 한다고 표방하고 있다.

그러나 신기본법의 내용은 거의 비어있다. 또 이 기본법에 따라 책정된 삼림·임업기본계획은 전국의 숲을 3종류의 기능에 따라 분류하고 지구를 구분하여 관리·정비해 간다고 내세우고 있다. 하지만 행정을 하고 있다는 시늉을 내기 위한, 그리고 예산을 확보하기 위한, 실체를 알 수 없는 것이 되고 말았다.

숲은 다면적이며, 확실히 다면적으로 기능을 발휘할 수 있는 존재다. 그러나 어떠한 기능을 중점적으로 이끌어내고, 어떤 식으로 여러 가지 기능을 겹치거나 배치할 것인가의 의의·의미는 각각의 지역·유역마다 다르다. 전국의 일률적인 계획제도(삼림법에 근거한 전국삼림계획제도)의 시대는 끝나고 있다. 삶의 질(QOL: Quality of Life)이 요구되고 있으며, 어떤 역할을 숲에 기대하는 것인지, 중심을 가진 '타자'로서의 '존재'인 숲과 어떻게 함께 할지를 지역·유역이 자치적으로 협치하는 시대가 도래 하고 있다(기능 자체에 '중심'은 없다). 또한 숲이 가진 여러 기능은 대부분 생활권역에서 발휘되는 성격의 것이다(그렇지 않은 것은, 당연히 세계유산이나 국립공원 등 보존적 자연보호의 대상으로 관리된다).

## 2. 시민의 공동토지에 대한 접근

오늘날, 시민이나 시민생활이라는 단어는 극히 보통의 일상용어로서도 사용되고 있다. 현행법 속에서도 '시민생활'이라는 용어가 나온다(경찰법 22조의 '생활안전국의 소장사무' 규정).

이 통상적인 시민(보통 사람들)의 대부분은 도시에 거주하며, 정치적 냉담함과 가족 중심의 혹은 개인적·이기적 고립상태에서 생활을 하고 있다. 삶을 지탱하는 직장은 조직적인 수직형 사회이며, 또한 자연과의 직접적 연관이 적고 정신적 노동이 과다한 곳이라고 할 수 있다. 책무에서 해방되는 가정에서는 오로지 소비를 추구한다.[2] 이것이 일반적이며 현대적인 시민생활일 것이다.

이와 같은 상황 아래서, 자연이 풍요로운 장소로 나가서 휴식을 취하거나 산을 걸으며 즐기는 숲레크리에이션은 이전부터 있었으며, 그 자체는 자연스러운 것이었다.

그러나 각지에서 활발하게 전개되기 시작하고 있는, '숲 자원봉사 활동'이라고 불리는 것을 어떻게 이해하는 것이 좋을 것인가? 이들은 자발적으로 숲 관리작업에 참가하여, 기분 좋게 땀을 흘린다. 이러한 참가자의 수용을 주관하는 시민적 조직(도회지와 촌락을 연결하는 운

---

2) 이력성(履歷性), 맥락성(物語性), 장소성으로부터 분리된 '소비'는 만족감에 굶주린 상태가 끝없이 이어지게 만들며, 광기를 계속해서 확대한다(베리—2008). '만족'을 아는 문화를 어떻게 되살릴 것인가? 우리는 전체성(wholeness)을 가진 건전한(whole, heal, health) '축소사회'를 어떻게 디자인해 가는 것이 좋을 것인가?

동단체)들도 "스포츠라는 느낌으로 좋은 땀을 흘려주세요"라며 참가를 호소하고 있다. 1990년대의 NGO인 '숲클럽'의 500인의 숲 돌보미 모집('잡초베기 by 500')도 그랬다. 그러나 참가자나 주관자에게는, 이것도 사회공헌의 한 방법이라는 암묵적 합의가 있다. 더 키워야 할 숲을 떠안고 대책도 없이 어찌할 바를 모르고 있던 임업농가들이 있었기 때문이다.

"즐겁지 않으면 시작되지 않는다, 즐겁지 않으면 계속되지 않는다, 즐거운 것만으로는 의미가 없다"는 표어는 절묘한 표현이라고 할 수 있다. '숲클럽'의 경우, 작업 현장까지 왕복 4시간, 실질적 노동이 3시간, 그리고 연회 5시간. 연회를 좋아하긴 했다. 이 유쾌한 모임(conviviality)·토론에 의해 숲이나 임업을 둘러싼 미래나 공공적·공익적 가치가 계속해서 발견되었다.

그런데 나는 1990년대 전반에 '참가·협약에 입각한 새로운 숲 이용'을 테마로 한 개인 연구의 일환으로, 각지를 돌며 현지조사할 기회를 얻었다. 그 때 시대를 개척하는 참신한 운동으로 눈에 띄었던 것이, 아소그린스톡(阿蘇グリーンストック)운동3)과 주식회사 '타모카쿠'의 운동4)이

---

3) 옮긴이 주: 아소 그린스톡 운동은 "아소의 녹색의 대지(초원, 숲, 농지)를 널리 국민 공유의 생명자산(그린 스톡)으로 자리매김하여, 농촌·도시·기업·행정 4자의 연계를 통해 후세에 계승해 가는 것을 목적으로 하고 있다." 여기에서 아소(阿蘇) 지역은 큐슈 중·북부의 5개 현(구마모토, 사가, 후쿠오카, 오이타, 미야자키)의 주요 6개 하천의 원류 지역에 해당하며, 300만 명 이상의 사람들이 그 혜택을 받고 있어 '큐슈의 물항아리'의 위치를 부여받고 있다. 자세한 내용은 아소 그린스톡 누리집(http://www.asogreenstock.com)을 참조.

4) 옮긴이 주: 타모카쿠(たもかく)는 타다미목재가공협동조합(ただみ, もくざい, かこうきょうどう, くみあい)의 앞 글자를 조합하여 만든 것으로, 타다미(只見)는 후쿠시마현 미나미아이즈군(南会津郡)에 있는 마을 이름이다. 타다미목재가공협동조합은 2007년에 민나노모리(みんなの森: 모두의 숲)협동조합으로 사명을 변경했다. 자세한 내용은 타모카쿠 누리집(http://www.tamokaku.com)을 참조.

었다. 그리고 그러한 것들은 '입회(入會)'를 키워드로 하고 있었다. 공동자원라는 단어도 이 시점에 처음으로 알게 되었다.

전자는 아소의 초록과 물이라는 생명자산(그린 스톡)을 공동의 땅 (common land)으로 파악하고, 지켜가려고 한 운동이었다. '아소의 매력은 입회의 매력'으로 파악하면서 도회지의 사람들도 참가하는 확대·특정 입회권을 구상했으며, 입회 목장, 축산농가, 아소의 웅대한 초지 경관의 보전에 노력하고 있다. 후자는 후쿠시마현의 타다미(只見)목재가 공협동조합이나 삼림조합의 관련 회사로 조직된 것으로, '입회권'이 붙은 별장지나 '내셔널 트러스트'의 이용권을 판매하여 실적을 올리고 있었다. 이러한 '상품' 구매자의 대부분은 주주가 되어(1주 20만 엔, 주주 470명), 도쿄나 현지에서 (차나 술을) 마시며 하는 주주간담회(통칭 '카부콘')에도 활발히 참여한다(北尾 2005).

# 3. 시민사회의 공동자원

## 3.1 크리에이티브 커먼즈(creative commons) (정보의 공유)

현재 사회에서 '공동자원(commons)'은 오히려 인터넷, 웹 네트를 이용한 컴퓨터 정보 상의 문제로 인식되고 있다.

'크리에이티브 커먼즈'는 로렌스 레식(Lawrence Lessig) 등이 중심이 된 프로젝트로, 지적재산권으로 정보를 통제하는 것에 적극적으로 반대하고, 누구나 이용할 수 있는 정보의 창고(stock)를 공동자원이라고 부르면서 이를 확보하려 하고 있다. 레식에게는 '공동자원'과 '층'(layer)의 개념을 기본으로 놓은 대저(大著), 『공동자원(Commons)』이 있다 (Lessig 2002). 여기에서 공동자원은 시민이 자유롭게 접근하고 상호 편집하며, 서로 창조하는 원천(source)으로 공유된 자원이다. "자유인가, 규제인가"라는 2항 대립이 아니라, 층(layer)구조(통신네트워크층, 코드층, 콘텐츠층)를 이용하여, 자유로운 공동자원을 창조하려 하고 있다 (공유(share)하는 것의 영역 확정).

그러나 접근(access)이 자유롭다고 해도, 공동자원인 한은 어딘가에 대해서는 '닫히지' 않으면 안 된다. '위키미디어(Wikimedia) 커먼즈'는 누구나가 위키 소프트웨어를 이용하여 위키피디아, 화상, 음성, 애니메이션 등을 자유롭게 골라낼 수 있게 하는 것을 지향한다. 2004년부터 시작된 프로젝트인데, 〈그림12-1〉의 로고 마크가 이 부분을 훌륭하게 묘사하고 있다. 로고 마크는 미묘하게 닫혀서 공유공간을 만들고 있으며, 또한 약동적으로 열려 있다.

그런데 이런 종류의 공동자원과 정보의 상호편집에 의한 창조력·상상력·혁신에 주목하고, 그것들이 공사(公私) 이원론을 초월한 '커뮤니티 솔루션'의 영역에서 활용되도록 구상해 온 사람이 가네코 이쿠요(金子郁容)다. 커뮤니티 솔루션의 기반이 되고 있는 것이 '자발적 공공영역(voluntary commons)'이며, 이때 공동자원(commons)은 공동체(community) 그 자체의 의미로 사용되고 있다.[5]

가네코와 마쯔오카 고우(松岡剛) 등은 '공유지(共有地, 共地)'와 '공유지(共有知, 共知)' 쌍방의 중요성을 일관되게 강조하고 있으며, 당연하게도 전자에는 전통적 공동자원으로 유지되어 온 입회임야나 저수지(ため池)[6] 등이 포함되어 있다. 그리고 그러한 것들에 온고지신의 접근법이 가미된다. 자치의 원형을 찾고, 지역 커뮤니티를 지탱해 온 유

---

5) "우리는 구체적인 것에 관해 커뮤니티라고 말한다. 어떤 일정한 성질을 가지고 있는 다양한 분야에 존재하는 커뮤니티를 하나로 묶어서 공동자원(commons)이라고 부르는 경우가 많다"고 서술하고 있다(金子 2002: 36).

6) 옮긴이 주: 타메이케(ため池, 溜池, 溜め池)는 주로 농사에 쓸 물을 저장하고 사용할 수 있는 시설을 갖춘 인공의 연못으로, 신설하거나 천연 연못을 개축한 것이다.

이(結: 두레), 요리아이(寄合: 모임), 코우(講: 계), 자(座: 모임, 상공업자 조합), 시쓰라이(室礼: 축제 때 집안 꾸미기)와 같은 것을 자발성·상호편집성의 관점을 관철하면서 재해석하고 있다. 거기에는 자발성과 함께 분별 방식이나 신뢰·호혜·협동의 양식(역할과 규칙: role and rule)이 병존하며 함께 나아가고 있다. 이것이 노자와 온천마을의 온천이라는 공동자원을 둘러싼 분석 등을 통해 명확해졌다(金子 ほか 1998).

〈그림 12-1〉 위키미디어 커먼즈의 로고마크

## 3.2 지역의 공통재산

그런데 나의 공유지에 대한 관심은 자연생명계의 영역에 있어야 하는 것을 어떤 식으로 시민사회에 편입하거나 혹은 어떤 식으로 서로 겹치게 할 것인가의 관점에서 나온 것이다.[7] 그리고 '지속가능한 발전을 위한 민주주의'와 같은 주제에도 관심을 가지고 있다.[8] 자연도 일종

---

7) 생명시스템과학의 입장에서 '장(場)의 사상'을 획득한 시미즈 히로시(淸水博)는 '생명의 상보적 이중존재성'을 모델화 하고 있다. 신체를 구성하는 다양한 세포가 그런 것처럼, '한정된 곳에 있는 생명'인 다양한 개체가 '모든 곳에 있는 생명'의 작용을 받아, 하나의 장을 상보적·조화적으로 자기조직하는 '커뮤니티적 존재'라는 '공존재(공생존)의 원리'를 보여주고 있다(淸水 2003).

　또한 앞에서 인용한 베리(ベリー)의 저작에는 "대지에 봉사한다"는 주제가 빈번히 등장한다. 이 봉사(service)는 사람을 천하게 하는 활동이 아니라, 생명활동의 본원적 행위로서 '공동 장소의 기술'(art of the commonplace)로 파악되고 있다. 또 "이 기술의 선행 필요조건은 우리의 욕망을 대지의 척도에 맞게 길들이는 것이다. 그러나 우리의 주요 문화기관들은 이러한 과제를 맡을 준비를 하지 않고 있다"고 한다(ベリー 2008: 18). 나는 이 '길들이기'가 뒤에 나올 '아프리브아제(apprivoiser)'의 의미로 사용되고 있다고 이해하고 있다.

8) 이 주제의 과학연구 프로젝트의 리더인 아다치 유키오(足立幸男)에 의하면,

의 '타자'로 취급하고, 커뮤니케이션 영역을 넓힘으로써 자연과의 공생을 도모하는 민주주의를 추구하고 싶기 때문이다.

전통적 공동자원은 봉건제 하의 지역공동체 아래서 기능하고 있던 것이다. 촌락은 연대책임을 가지고 연공(年貢)을 바치지 않으면 안 되는 시스템 속에 있었다. '자유'를 위해서가 아니라 '생존'을 위해서, 촌민 모두가 서로 협력하는 생산력 유지태세 속의 공동자원.

현재, 인간은 스스로 만들어 내거나 개발하거나 할 수 없는 지구시스템을 위기에 빠뜨리고 있다. 인간은 이 시스템을 보전하고 이 시스템에 '순응'할 수밖에 없는데, 여기서 '생존'이 새로운 수준에서의 의미를 가지기 시작한다. 이에 대해, 이륙(take off: 성장을 위한 경제, 대지를 떠난 형태로서의 문명의 발전)의 관점에서가 아니라, 착륙(landing)의 관점에서 지역마다 씨름하지 않으면 안 된다. 그리고 이러한 지역마다의 대처는 저절로 모자이크 모양이 될 것이다. '지속가능한 발전'이라는 문명의 틀을 부여하는 문화로서.

자연의 순환과 생물의 다양성·지역생태계에 합류 혹은 순응하여 삶을 영위할 수 있는 공간을, 예컨대 도시부를 포함한 유역사회(流域社會)와 같은 보다 넓은 지역의 공통재산(부를 끌어내는 자원으로서가 아니라, 유역의 재산·보물)으로 유지하도록, 시민사회는 정책을 디자인하고 정책결정 및 행정절차를 추진하지 않으면 안 된다. 이러한 규범적 전망과의 관계 속에서, 이 재산으로서의 공동자원이 있다는 것이다. 부(富)를 끌어내는 그림을 그리려고 할 때, 지도가 본래 '地'와 '圖'라는 것을 상기한다면, 공동자원은 부라는 '圖'의 '地'가 되는 것이다.[9]

---

시민자치로서의 현대민주주의는 고도의 정책적 사고를 우리 시민들에게 요구하고 있다고 한다(足立 2007). 이 정책적 사고에는 공공공간에서 가치관이나 이해를 달리 하는 이질적인 타자와 공존하고, 사회와 더불어 운영해 가는 것이 가능하도록 하는 자질·능력이 요구된다.

9) 이 공동자원 공간 내부에서, 재생가능한 지역자원은 부(wealth)의 흐름을 적정기술 등을 이용하여 끌어내는 장소의 자원으로서, 유지·순환 이용되는 것

# 4. 공동자원으로서의 숲사회

## 4.1 숲을 중심으로 파악한 자연 순환

2000년에 순환형사회 형성 추진 기본법이 제정됐다. 이것은 쓰레기 처리를 염두에 둔 것이었다. 3R이 이야기되고 있지만, 결국은 소비문명의 연장선상에서 페트병형 리사이클(recycle) 사회에 이르게 되는 것이 아닐까 의심된다. 여기에서의 리사이클은 인공 에너지를 이용한, 분자 쓰레기인 탄산가스를 계속해서 배출하는 순환이다. 제로 방출 사회에 대해 말하자면, 숲·임업·농업을 중심으로 파악하고 자연의 순환에 가능한 한 합류해 가는 구조가 빠져서는 안 된다. 바이오매스(biomass) 이용은 연소시킬 때 탄산가스를 발생시키긴 해도, 숲이나 농산물이 자라는 과정에서 그런 것들이 흡수된다. 때문에 탄소 중립적(carbon neutral)이다. 이처럼 인식되어, 탄소세를 창설한 선진국에서는 바이오매스 이용에 탄소세를 부과하지 않고 있다.

바이오매스로 전기를 만드는 경우에도, 열을 쓸데없이 버리는 것이 아니라 열병합발전(cogeneration)을 할 수 있는 도시계획이 특히 농촌과 산촌에서야말로 더욱 필요한 상태다. 열은 멀리 운반할 수 없다. 때문에, 도시의 적정 규모는 저절로 정해진다. 대량생산 체제로서가 아닌, 여러 가지가 서로 겹쳐서 부존(賦存)하는 재생산 가능한 지역자원을 편성하고, 다단계적으로 이용함으로써 시장경제를 다시 짤 필요가 있다. 이처럼 지역 자립의 경제(및 분권형사회시스템)을 목표로 하는 숲사회(森林社會)가, 앞으로 시민사회가 상상하기 쉬운 하나의 물리적 공동자원 형태일 것이다.10)

---

이 당연하다. 여기에서는 '환경'과 '경제'가 동시에 같은 차원에서 추구된다.
10) 앞으로 지역의 경제적, 사회적, 문화적 발전에서, '사회자본'이 되는 것들의 중요성이 주목받고 있다(諸富 2003). 새로운 공동자원의 형성과 관련하여,

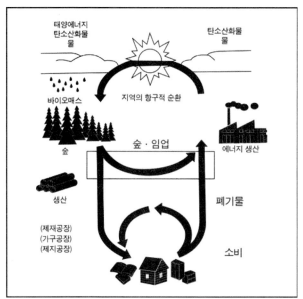

〈그림 12-2〉 숲·임업의 기본적 가치(항구성과 갱신성)
출처: 北尾(2005: 277)

## 4.2 공생적 순환

공생적 순환에 대해서도 언급해 두자. 순환에는 물질 순환과는 다른, 또 하나의 순환이 있다. 일체의 사물이 순환하여 다시 원래 상태로 돌아온다는 의미를 가진 것이다.

생업의 근원에 있는 마을산(里山: 사토야마)은 자연의 자기회복력에 맡겨진 땔감을 마련하는 숲이 벌채 후에 그런 것처럼, 때(時)의 사이(間)를 기다린다는 의미에서, 시간이 흐르는 공간이다. '기다리는' 것이

---

지역의 삼림조합 등이 변신하여 '사회자본'으로서의 양상을 보여주고 있는 사례를 토포필리아(topophilia: 장소애)나 아프리브아제(apprivoiser: 『어린왕자』에서 타자·자연과의 관계의 키워드)의 개념을 원용하여 분석한 바 있다(北尾 2006; 2008).

의미를 가지고 있는 공간. 그리고 봄이 되면 다시 같은 구성과 상태로, 모두 (각종 생물, 그리고 인간의 기분과 농사일) 나타날 것이다. 그와 같은 순환과 리듬을 보유하고 있었다. 마을산의 자연은 인간의 간섭을 받아 교란이 반복되어 온 반(半)-자연이지만, 야생의 곤충이나 식물(특히 초원성(草原性)의 것)은 그 교란을 기다리고 있다. 풀은 베어짐으로써 생명력이 커지며, 상처 입은 수목으로부터 나오는 수액은 곤충의 개체수를 확실하게 늘린다. 또한 논 만들기(농사의 경영)가 잠자리나 반딧불의 환경도 재생산해 왔던 것이다. 천연 생물의 힘이 활용되면서, '야생과 인위'가 서로 섞이고 관계맺는 조건 속의 자연, 이 중첩된 경계 영역이 마을산이었다.

이렇게 보면 농림업이라는 산업은 (어업도 마찬가지지만) 갱신성 (更新性, Regeneration)을 가진 자연의 순환과 인공 리사이클(인간사회의 경제시스템 안에서 재활용되는 순환)과의 경계영역에 위치하는, 또 쌍방의 순환이 겹치는 부분으로서 존재하는 특별한 '산업'이라는 것을 깨닫게 된다(北尾 2005).

또한 마을의 산(里の山)이라기보다 마을과 산(里と山)의 경관(landscape)으로서, 숲과 들, 논밭, 논두렁, 저수지, 수로, 하천, 집락을 포함한 한 묶음의 공간이라고 마을산을 인식할 수 있을 것이다. 이렇게 대지·자연의 섭리에 의해 규제되고 인간도 포함하여 순환적으로 닫혀 있는 '숲사회'가 시민사회에게 의미 있는 공동자원인 것이다.


# 맺으며

전통적 지역 공동체는 절대적인 덕이나 선에 의해 지탱되면서 지속해 왔다. 한편, 되풀이하여 서술한 것처럼, 시민사회의 공공영역은 다양한 가치관을 가진 개개인이 서로 관계하면서, '타자'가 존재하는 공

간이다. 자기 내부에서도 가치관을 둘러싸고 '복수성(複數性)'이 존재
하고 있다(齋藤 2000). 그러나 바로 그렇기 때문에 시민적 공공영역이
단순히 언설의 장소에 머무르지 않고 공권력과 행정적 공공성의 장소
인 정치시스템으로 이어지지 않으면, '공동자원으로서의 숲사회'가 실
현되고 발전하는 일은 있을 수 없다.

환경행정 측면에서도 오늘날 환경 커뮤니케이션이나 시민참가·협
동이 강하게 주장되고 있으며, 경우에 따라서는 '동원'이 이루어지고
있다. 그러나 시민 주도(initiative), 지역 주도의 정치도 시작되고 있다.
3개의 분야, 즉 공지(共地)·공지(共知)·협치(協治)가 있는 시민적 공공
영역에서 합의를 형성하는 절차를 거쳐, '공동자원으로서의 숲사회'가
공통의 선이 되고, 상식(common sense)이 되기를 기대한다.

# 참고문헌

足立幸男, 2001,『公共政策學とは何か』, ミネルヴァ書房.

ベリー, W. 加藤貞通 譯, 2008,『ウェンデル・ベリーの環境思想』, 昭和堂.

ハーバマス, J. 細谷貞雄・山田正行譯, 1994,『公共性の構造轉換』, 未來社.

花崎皋平, 2001,『增補 アイデンティティと共生の哲學』, 平凡社.

半田良一編, 1990,『林政學』, 文永堂出版.

金子郁容, 2002,『コミュニテイ・ソリューション』, 岩波書店.

金子郁容・松岡正剛・下河變淳ほか, 1998,『ボランタリ-經濟の誕生』, 實業之日本社.

北尾邦伸, 2005,『森林社會デザイン學序說』, 日本林業調査會 (J-FIC) 〔제2판 2007〕.

北尾邦伸, 2006,「場所への愛–島根縣の株式會社美都森林」『森林組合』437: 20-26.
　　　　(北尾 2007〔제2판〕에 수록).

北尾邦伸, 2008,「こころ通わせるアプリヴォアゼな森づくり一三重縣大紀森林組
　　　　合」『森林組合』451: 14-21.

レッシグ, L. 山形浩生譯, 2002『コモンズ』, 翔泳社.

諸富徹, 2003,『環境』, 岩波書店.

齋藤純一, 2000,『公共性』, 岩波書店.

清水博, 2003,『場の思想』, 東京大學出版會.

# 공동자원론의 유산과 전개

이노우에 마코토(井上真)

## 시작하며

무로타 타케시(室田武)와 미쓰마타 가쿠(三俣學)가 지적한 것처럼
(室田·三俣, 2004), 일본에서 공동자원론 융성의 계기를 만든 것은 다베
타 마사히로(多變田政広)와 엔트로피학회의 관계자다(多變田, 1990; 熊
本, 1995). 그 후에, 우자와 히로후미(宇澤弘文, 1994)를 비롯한 경제학자
가 사회적 공통자본을 제시하는 가운데 공동자원에 관해서도 언급한
바 있다. 이어서, 필드 연구자들(환경사회학자, 임정학자, 생태인류학
자 등)이 착실한 실태조사에 근거한 공동자원론을 전개해 왔다(環境社
會學會編, 1995; 井上, 1995; 秋道, 1999; 秋道編, 1999; 井上·宮內編, 2001;
家中, 2002; 秋道, 2004; 井上, 2004; 管, 2006; 宮內編, 2006).

사회적 공통자본의 제창자들은 구미의 공동자원론과 마찬가지로
제도를 규칙으로 파악하고, 적절한 조직이나 규칙의 바람직한 상태를
탐구해 왔다. 그런 경향에 대해, 엔트로피학파 경제학자나 필드 연구자
들은 지역 주민과 자연환경과의 직접적인 관계 및 지역 주민의 자치를
중시하는 논의를 전개해 왔다. 그것을 무로타·미쓰마타는 다음과 같이
표현하고 있다.

"… 다베타나 이노우에는 자연환경이나 지속적인 커뮤니티를 어떻게 보

장할지의 문제에 대해, 하나의 협소한 정의(定義)로 한정된 세계를 두고서, 사고하는 태도를 거부하고 있다. (中略) 자연과 인간의 이용·관계성이 들어가서 양성되는 다의성이나 다면성을 상실하고 싶지 않다는 생각이, 다베타와 이노우에의 정의에 나타나고 있다"(室田·三俣, 2004: 146).

후술할 미국인 연구자와 대조적으로, (사회적 공통자본을 제외한) 일본인 연구자들은 주민 자치에 근거한 지역 발전의 바람직한 모습을 염두에 둔 '광의의 공동자원론'을 각각의 관심에 따라 전개해 왔다고 할 수 있다.

# 1. 공동자원론의 영역

## 1.1 정의

공동자원의 여러 정의에 대해서는 「세계의 공동자원 일람, 공동자원 정의집」을 통해 무로타·미쓰마타가 정리하고 있다(室田·三俣, 2004). 나 자신은 공동자원을 "자연자원의 공동관리제도 및 공동관리의 대상인 자원 그 자체"라고 정의했다(井上 1997). 자화자찬이지만, 이 정의는 여러 일본인 연구자들의 최대공약수적인 내용이라고 생각하고 있다.

이 정의에는 다음과 같은 함의가 있다. 첫째, '자연자원'이라는 용어의 사용은 재생가능한 생물자원과 물(하천, 호수와 늪, 바다)로 논의를 한정한다는 것을 의미한다. 천연자원이라는 용어를 사용하면 광물자원을 포함하게 된다. 이렇게 논의의 대상을 자연자원으로 한정함에 따라, 웹사이트나 지적 재산권의 논의 등(レッシグ, 2002;, クリエイティブ·コモンズ·ジャパン, 2005)으로 전개할 때에는 논의의 전제를 재검토할 필요가 있을 것이다.

둘째로, '관리'라는 용어의 사용은 현실에서 실시되고 있는 자연자원의 이용이나 관리의 실태를 법적인 소유형태로부터 독립시켜 논의한다는 것을 의미하고 있다. '관리'는 소유의 모습과 독립되어 있으며, 동시에 이용을 포함하는 개념이기도 하다. 이노우에가 논의한 바 있지만(井上 2004: 56-58), 아주 개략적으로 말하자면, '관리'는 '이용 + α'이다. 그러므로 자원의 거의 자유로운 '이용'(α=0)도 포함한 '관리'의 본모습에 논의의 관심을 기울이는 것이다.

이것은 지금까지 사회과학에서 축적되어 온 '소유론'을 경시한다는 것을 의미하지 않는다. 자본주의의 발전이나 근대국민국가 성립과의 관계 속에서 근대적 소유의 본 모습을 주장하는 '소유론'은, 적어도 현재까지의 나에게는 벅찬 학문 분야다. 한편으로, 삼림 소실이나 사람들의 복지 수준의 악화는 시급한 과제다. 그래서 나는 '소유론'에 발을 내딛어 '오류'를 범하기보다, 소유론에 발을 내딛지 않는 '부족(不足)'의 전략을 선택한 것이다.[1]

그런 전제 위에서, '소유'를 법률용어로 한정하여 사용해 온 것이다 (井上 2004: 56). 즉, 어디까지나 여러 국가의 법률에서 어떠한 '소유형태'(국가소유, 현소유(縣有), 재산구소유(財産區有)[2] 등)가 있는가를 보여주는 용어로서, 한정적으로 '소유'라는 용어를 사용해 왔다. 국유림이든 사유림이든, 현지의 사람들이 공동으로 자원을 이용하고 관리하

---

1) 그러므로 나는 소유론을 "등한시한"(池田 2006: 18) 것이 아니라, "회피한" 것이다. 무릇, 사회과학이 대상으로 삼는 온갖 요소를 고르게 문제삼는 연구는 있을 수 없다. 어떤 연구에도 논의의 초점이 있으며, 취급하지 않는 요소, 즉 '부족'은 반드시 있기 마련이다. 건설적인 논의를 전개하기 위해서는, '부족'과 '오류'를 준별하여 비평할 필요가 있다.

2) 옮긴이 주: 재산구(財産區)는 시정촌이나 특별구의 '일부'가 재산을 가지거나 공공시설을 설치한 경우, 혹은 시정촌이나 특별구의 정리통합이나 경계변경을 할 경우에 관계 시정촌 등의 협의에 근거하여 시정촌이나 특별구의 '일부'가 재산을 가지거나 공공시설을 설치한 경우를 말한다. 일본의 지방자치법에 의해 규정되며, 법인격을 가진 특별지방공공단체에 해당한다.

고 있는 실태를 이해하기 위해서는, 근대국가가 규정한 소유형태에 관계없이, 현지의 사람들에 의한 삼림 이용의 역사적 추이와 현상을 현지조사를 통해 명확히 밝히는 작업이 중요할 것이다.

셋째, '제도'란 일정 정도의 강제를 수반하여 습득되는, 관습화된 행동양식 일반을 지칭한다. 즉, 자원관리 자체의 규칙뿐만 아니라, 자원이용과 관리의 주체인 사회집단의 성질이나 사회시스템까지 염두에 둘 것을 의도한 것이다. 말하자면, 광의의 제도라고 할 수 있다.

이상과 같이, 지금까지 일본의 공동자원론에서는 '자원'과 '제도나 사회시스템'의 양쪽을 가리키는 용어로서 '커먼즈(コモンズ)'가 사용되어 왔다. 그리고 '공동자원론'은 공동이용의 대상이 되는 자원의 공동관리 제도에 관한 논의라는 점은 이미 서술한 대로다. 그렇다면 '공동자원' 자체의 정의에 제도나 사회시스템을 반드시 포함할 필요는 없다는 입장도 당연히 있을 수 있다. 그러나 여러 학문분야에 속하는 연구자나 다양한 실천 활동에 관여하고 있는 사람들이 공동자원론에 주목하고 있는 일본의 현상을 거울삼아 생각해 보면, 오히려 제도나 사회시스템을 공동자원의 정의에 포함시켜 두는 쪽이, 애매함을 수반하면서도 공동자원이라는 용어의 풍부함을 유지시켜, 여전히 흥미로운 논의의 전개로 이어질 가능성이 있다고 생각한다.

그렇다면, 역시 공동자원의 정의를 바꾸지 않고, 내가 예전에 보여준(井上, 2001a: 12-13) 바와 같이, 필요에 따라 자원을 가리킬지 제도나 사회시스템을 가리킬지를 명기하는 방법(공동자원(자원), 공동자원(제도))을 취하는 것이 좋을 것이다.

## 1.2 자원의 특질

미국 연구자들의 공동자원론은 common-pool resources를 관리의 대상으로 하는 공유재산제도(common-property institutions)에 관한 논의다. CPRs

란 외부자의 이용을 배제하는 것이 곤란하며, 즉 배제성(excludability)이 낮고, 게다가 타인이 이용하면 자신이 이용할 수 있는 재화나 서비스가 감소하는, 즉 감소성(subtractability) 혹은 경합성(rivalness)이 높은 성질을 가진 자원을 지칭한다(Ostrom 1992). 예전에는 common-property resources(CPRs)라는 용어가 사용되었지만, 그 후에 '자원(혹은 財)'과 '제도'를 구별할 필요성이 제기되었고, 또한 쓸데없는 혼란을 피하기 위해 이 용어는 그다지 사용하지 않게 되었다(Dietz et al. 2002).

중요한 것은 자원 이용을 규제하는 '규칙(rule)'으로서 '제도'를 협의로 정의한 바탕 위에서, 자원의 지속가능한 관리제도의 바람직한 모습을 찾는 것이다. 그 연구의 결과로서, 전세계의 사례를 정리하는 가운데, 장기간 지속하는 관리제도의 요건 혹은 설계 원칙이 그때그때 제시되어 왔다(Ostrom 1990; Mckean 1999; Stern et al. 2002: 445-489; Ostrom 2005). 미국 연구자들은 국제임업자원·제도(IFRI) 연구 프로그램(http://www.umich.edu/~ifri/)을 통해 IAD(Institutional Analysis and Development)라는 통일적인 조사방법을 습득했고, '규칙'에 초점을 맞춘 '협의의 공동자원론'을 조직적으로 전개해 왔다고 할 수 있다.[3]

그런데 대상으로 삼은 자원에, 외부자를 쉽게 내쫓을 수 있든지(즉 배제성이 높거나) 다수가 이용해도 1인당 편익이 변화하지 않는(감소성이 낮은) 특질이 있다면, 그 자원의 지속가능한 이용·관리는 더 용이할 것이다. 그에 반해, CPRs는 불리한 조건을 이중으로 짊어진, 희소성이 있는 자원이다. CPRs를 직역하면, '공동으로 이용하기 위해 축적되어 있는 자원'이 되겠지만, 나는 이것을 간략화하여 '공용자원(共用資源)'(井上 2004: 87)으로 번역했다. 이하에서는 CPRs를 공용자원으로 표

---

3) 우부카타 후미카즈(生方史數 2007)는 미국을 중심으로 하는 공동자원론에 대한 비판을 "커뮤니티 개념에 대한 비판"과 "개인의 행동양식"에 대한 비판으로 나누고 있다. 후자에 대해서는, 특히 미국의 공동자원론이 '합리적인' 개인을 전제로 하여 논의를 전개해 왔다고 지적한다.

기한다.

공용자원에는 위에서 서술한 배제성·감소성이라는 정의와 관련한 공통의 특질 [즉, 배제성이 낮고 감소성이 높다는 점] 이외에도, 각각 다른 성질이 있다. 그리고 그것이 지속가능한 자원관리제도의 설계에 영향을 줄 것이라는 점은 쉽게 상상할 수 있다. 미국 연구자들의 연구에서는(Dolšak & Ostrom 2003) 다음과 같이 지적하고 있다. (1) 자원의 규모가 작은 쪽이 제도설계하기에 더 쉽다. (2) 이동하는 자원(예컨대 동물) 보다 움직이지 않는 자원(예컨대 삼림) 쪽이 제도설계하기 쉽다. (3) 안정된 경계가 있는 쪽이 제도설계하기 쉽다. (4) 부(負)의 외부성이 적은 쪽이 제도설계하기 쉽다. (5) 복잡한 시스템의 일부인 경우는 서로를 제휴시키는 기구가 필요하다. (6) 인터넷과 같은 인공적인 공용자원은 '즉시 재생가능한 자원'이며, 일단 과잉 이용이 중지되면 문제가 해소되므로, 장기간에 걸친 과잉이용의 영향이 거의 없다는 특징을 가진다.

이 논의는 이미 자연자원을 넘어서 인터넷까지 염두에 둔 것이지만, 논의의 대상을 자연자원 이외의 자원까지 확장할 경우에는 그 자원이 공용자원으로서의 특질을 갖추고 있는지를 검토해 보아야 한다. 예컨대, 가부키(歌舞伎)와 같은 일본의 전통예능은 몇 명이 보더라도 각자의 효용이 저하되지 않으므로 감소성이 낮은 자원으로 자리매김 된다. 그렇다면 전통예능에 대해 감소성의 문제를 검토할 필요는 없으며, 배제성의 문제를 고려하여 전통예능을 유지하기 위한 좋은 틀을 설계할 수 있을 것이다.

그런데 배제성에 대해 검토해 보면, 전통예능을 소유하고 계승하는 주체 쪽에서 본 배제성과, 그것을 소비하는 (감상하며 즐기는) 주체로부터 본 배제성을 나누어서 생각할 필요성이 있을 듯하다. 전자는 계승자의 범위를 어디까지로 할지 등, 이른바 '처분권'과 관련한 배제성이며, 후자는 감상자의 범위라는 '용익권'과 관련한 배제성이다. 따라서 이 2종류의 배제성의 축을 사용하여 각각의 전통예능의 특질을 평가하고, 각각의 제도설계를 실시할 수 있다.[4]

이렇게 생각하면, 공용자원의 특질을 지닌 자연자원뿐만 아니라, 다른 자원이나 환경을 공동자원(자원)으로 간주하고, 공용자원의 관리제도로서 전개되어 온 공동자원론을 개변하여 원용하는 것이 가능할 것이다. 공동자원론의 범위는 확대되는 동시에, 논의의 대상이 되는 자원은 그 특질에 따라 유형화되고 정밀화될 수 있을 것이다.

## 1.3 이용·관리의 제도

일본의 공동자원론에서 자주 사용되어 온 '공(公), 공(共), 사(私)'라는 유형은 불필요한 오해를 주어 온 감이 있다. 그것은 '국가소유체제(state property regimes), 사적소유체제(private property regimes), 공동소유체제(common property regimes), 비소유체제(non-property regimes, open access)'(Bromely & Cernea 1989: 11-20)라는 4유형의 자원체제(resource regimes)에 관한 논의를 근원으로 하고 있다. 앞의 3체제에서는 소유의 주체와 이용·관리의 주체를 동일시하며, 마지막의 비소유체제에서는 소유권자가 미확정인 자원을 모두가 이용하는 경우가 상정되어 있다.

앞의 3체제를 일본의 공동자원론에서는 간소화하여 '公·共·私'라고 관습적으로 불러온 것이다. 법적인 소유형태가 복잡하며, 게다가 이용이나 관리 실태와 괴리가 큰 일본의 사례를 알고 있는 일본인 연구자는 '公'을 국가 등(=官')에 의한 '사적(私的) 관리', '共'을 촌락공동체 등 비교적 작은 지역사회 사람들에 의한 '공동(共同) 관리', '私'를 소유자에 의한 '개인적 관리'라는 의미를 담아 사용해 왔다. 즉, 공동자원론에

---

4) 이러한 시점은 국제일본문화연구센터의 공동연구, '문화의 소유와 확산'(연구자 대표: 야마다 쇼우지(山田奬治))에서의 논의에 근거하고 있다.

서 말하는 '公'은 '시민적 공공성' 등의 논의에서 사용되어 온 본래의
'公共'과는 다른 개념인 것이다.

그렇다 하더라도, 개개 분야의 일본인 연구자가 일본인이 쓴 공동
자원론 문헌을 만났을 때, 공동자원론의 문헌을 철저하게 검토를 하는
일은 없을 것이다. 따라서 그런 타분야의 연구자가 공동자원론에서 말
하는 '公'의 의미를 오해할 가능성이 크다는 점도 확실할 것이다.[5] 따
라서 불필요한 비판과 그에 대한 응답이라는 시간의 낭비를 피하기 위
해서, 보다 명확한 용어를 사용할 필요가 있다.

그렇다면, '公·共·私' 대신에 '관(官)·공(共)·개(個)'를 사용해 보는
것도 하나의 방안일지 모른다. '官'은 국가나 지방자치체에 의한 배타
적인 이용·관리를, '共'은 사람들에 의한 집합적인 이용·관리를, '個'는
개별의 이용·관리를 의미한다. 게다가, '共'의 주체인 사람들의 집단은
작은 자발적 그룹들부터 촌락공동체 규모의 자치조직, 그리고 지역이
나 국경을 넘어 자발적으로 형성된 기능집단까지 다양한 지리적 범위
를 가진다. 또 국가나 지방자치체에 의한 관리라고 하더라도, 시민의
의지가 공공의 장에 반영되는 방식(공공신탁적인 관리)인 경우에는
'官'이 아니라 '共'(이것이 본래의 '公共')으로서 자리매김 된다. 말할 필
요도 없겠지만, 이러한 논의는 법적인 소유형태와는 독립적으로 전개
되어야 하는 것이며, 소유론을 누락하고 있다고 해서 논의의 '오류'가
되는 것은 아니다.

다음으로, 공동자원론에서 구역제가 어떻게 자리매김되는지를 살펴
보자. 이케야 카즈노부(池谷和信 2003)에 의하면, 구역(territory)이란 개
체의 무리가 어느정도 배타적으로 점유하는 영역이며, 구역의 범위가
사회적 의미를 가질 경우에 구역제가 존재한다고 한다. 아키미치 토모

---

5) 이케다 쓰네오(池田恒男 2006)에 의한 이노우에 비판 역시 그러하다. 오해로
부터 출발한 이중 삼중의 가정을 쌓아 올려 전개된 비판이 타당하리라고는
생각할 수 없다.

야(秋道智彌)는 구역을 '세력권(なわばり, 나와바리)'이라는 일본어로 번역하고 있다. 이러한 구역제의 논의는 공동자원론에 포함된다. 다시 말해서, 세력권은 공동자원(자원)을 공간적으로 분할한 것이며, 그것을 이용·관리하는 틀을 구역제로 재정의 할 수 있기 때문이다.

## 1.4 이노우에의 공동자원론: 지역/지구, 엄격한/느슨한 (협치)

나는 '지역·공동자원(local commons)'을 논의의 중심에 놓고, 그것을 "자연자원을 이용하고 접근할 권리가 일정한 집단 구성원에게 한정되는 관리제도 혹은 자원"(井上 2001a)이라고 정의해 왔다. 현재의 국민국가의 틀을 전제로 하면, 지역·공동자원(자원)이 숲처럼 공공성을 가지는 경우에 지역·공동자원(자원)을 이용·관리하는 주체(한정된 구성원)의 규모는 포개 넣은 상자들과 같은 모습의 중층적인 정합적 구조로 존재한다. 즉, A촌의 B집단에 의해 이용·관리되어 온 숲은 하천 유량의 정상화나 수원 함양이라는 기능을 가졌기 때문에, 하류에 위치하는 C시의 주민의 효용수준에 영향을 준다. 때문에, 이 2개의 지방자치체간의 조정을 포함하는 D현의 행정이 일정한 역할을 맡는 것은 합리적일 것이다.

동시에, A촌에 있는 숲의 지속가능한 관리는 교토의정서를 비준한 국가로서, 그 내용을 확실히 담보하도록 국가가 나서서 정책을 취할 필요가 있다. 또한 만약에 A촌의 삼림이 세계자연유산에 등록되어 있다면, 외국인이더라도 지구시민으로서 A촌의 숲 보전에 참견할 권리를 가진다. 공동자원(자원)을 이용·관리하는 제도나 사회시스템(='공동자원(제도))은 "촌 → 현 → 국가 → 지구"라는 순서로 그 규모를 확대해 가는 경향이 있다.

규모 확대의 종착점은 '지구·공동자원(자원)(global commons)', 즉 "지구상의 모든 사람들이 이용·관리에 관여하는 것이 허용되는"(구성원의 한정이 없는) "자연자원"이다. 그러므로, 예컨대 A촌의 숲에 세계자연유산과 같은 새로운 가치가 부여되는 경우에는, 그 숲 및 관리제도는 지역·공동자원인 동시에 지구·공동자원이라는 중층성(井上 2004)을 가지게 되며, 자원관리가 보다 복잡하게 된다.

또 하나 중요한 것은 '엄격한(tight)' 공동자원과 '느슨한(loose)' 공동자원이라는 개념이다(井上 1995). 이것은 확실한 이용규칙의 존재 유무에 근거한 상대적인 유형이다. 나 자신은 엄격함과 느슨함의 구별은 고정적인 것이 아니라고 생각해 왔는데, 그 이상은 전개하지 않은 상태였다. 아키미치(秋道智彌 2004)가 지적한 것처럼, 이 엄격함과 느슨함이라는 개념을 자원에 대한 접근권이나 연관 자체의 시간적인 변화를 고찰할 때의 지표로 활용함으로써, 더 한층 논의를 전개할 수 있을지 모른다.

그 후에, 나는 현지 주민을 중심으로 하는 다양한 이해관계자의 연대·협동에 의한 환경이나 자원 관리의 구조를 의미하는 협동형 협치(collaborative governance)(井上 2004)의 개념을 제시했다. 아직 논의가 충분히 전개된 상태는 아니지만, 긍정적인 평가를 많이 받고 있다. 예컨대 "이미 공동자원론을 꿰뚫고, 이른바 협치론의 중핵에 다다른 것으로 생각된다"(土屋 2004: 70), "새로운 공공적 관리를 향해 공동자원을 '펼치는' 논리를 설정했다는 것은 이노우에 공동자원론의 최대의 특색이며, 또 매력으로 생각되는 부분이다"(半田 2007: 24), "공동자원론을 공공영역론과 연결시킴으로써, 자원관리문제와는 별도로, 전통적 공동체의 부(負)의 측면에서 탈피하여 새로운 공동체를 형성해 갈 수 있는 시사점을 부여한 것은 흥미로운 부분이다"(尾關 2007: 292)는 등의 평가를 받고 있다.

# 2. 공동자원론에 대한 비판과 회답

## 2.1 '배제성' 처리의 불충분

공동자원이 지닌 기능으로서, '공동점유권'(鳥城 1997a) 혹은 '공동이용권'(宮內 1998)에 근거하여 구성원의 평준화를 도모하는 규범으로 작동했던 '약자생존권'(鳥城 1997b)에 관한 지적은 매우 중요하다. 그러나 예전의 일본 농촌의 구성원은 혼햐쿠쇼(本百姓: 봉건적 자영농, 독립적 생산자)로 제한되어 있었고, 비구성원(비농가, 분가, 입촌자 등)에게 입회권이 없었다(井上 2001b: 216-217)는 사례가 보여주는 것처럼, 비구성원에 대한 '배제의 논리'가 존재했다는 점은 확실하다.

이 점을 어떻게 생각해야 할 것인지는 논자에 따라 의견이 다를 것이다. 문제는 공동자원론이 역사의 은폐를 통해 차별의 생산이나 재생산에 가담하고, 소수자의 권리를 부정하는 쪽에 기여해 왔다(三浦 2005)는 강한 비판이 있다는 것이다. 1990년대 이후에 탄생한 일본의 공동자원론이 차별적인 현실의 재생산에 가담해 왔다는 비판이 사실로서 옳은지 어떤지는 불확실하다. 그러나 장래에 그럴 가능성을 지니고 있다는 점은 부정하기 힘들다. 따라서 이러한 비판을 받아들여서, 역사적 사실에 근거한 주의깊은 논의를 전개할 필요가 있다.

다만, 공동자원을 개방해 버리면, 과잉 이용에 의해 자원의 수준 저하나 고갈이 발생할 가능성이 높다. 그리고 공동자원을 이용·관리하는 구성원 자체가, 보다 큰 사회 속의 소수자가 되어 외부자에게 지배당할 가능성이 높아져 버린다.

이런 딜레마를 해결하기 위해, 나는 '열린 지역주의(地元主義)'와 '관여주의(かかわり主義)'를 제시했다(井上 2004: 137-144). 어디까지나 지역 주민이 중심이 되면서도, 외부의 사람들과 논의하여 합의를 획득하고 협동(collaboration)하여 숲 등의 자연자원을 이용하고 관리하는 입장

이 '열린 지역주의(open-minded localism)'다. 이것은 어디까지나 '지역주의'이며, 그 고장의 사람을 경시하는 것이 아니다.

또한 가능한 한 다양하고 많은 관계자가 자연자원의 이용이나 관리에 관여하는 것을 전제로, 관여의 깊이에 따라 발언권이나 결정권을 인정해 주는 입장이 '관여주의'(principle of involvement/commitment)다. 현지에 살든 그렇지 않든, 거주지와 관계없이 해당하는 자연자원에 대한 관여의 깊이, 혹은 자원의 지속가능한 이용에 대한 공헌도가 얼마나 높은지가 중요한 기준이 된다.

'열린 지역주의'와 '관여주의'라는 입장을 도입함으로써, 개방 혹은 폐쇄라는 이항대립적인 논의는 해소되는 것이다.

## 2.2 외부와의 관계성을 경시

공동자원론은 비교적 소규모의 지역사회 구성원에 의한 집합행위를 통해 자원관리를 지속시키는 제도(규칙)의 설계를 중심적인 주제로 해 왔다. 물론, 외부와의 관계성도 '공동자원의 장기 존립을 위한 8조건'(Ostrom 1990)의 하나로서, 중층적인 권한 배분을 허용하는 '중층적인 정합적 구조'(nested enterprise)의 중요성을 지적함으로써 어느 정도는 시사해 왔다고 할 수 있다. 그러나 경제의 세계화나 정치체제 측면에서의 민주화가 진전됨에 따라, '단위(scale)를 넘어선 제도간의 연계'(Berkes 2002)가 보다 착종되며, 따라서 더욱 의식적으로 역동성을 파악할 것이 요구되고 있다.

그를 위한 통로로서 '순응적 관리'나 '회복력 혹은 복원력(resilience)'의 개념을 원용할 수 있을지 모른다(Berkes & Folke(eds.) 1998; Berkes 2002). 또한 지역에 존재하는 공동자원을 전지구적인 정치경제 상황 속에서 동태적으로 자리매김하여 파악하려는 노력도 필요하다. 그를 위한 통로로서는 정치생태론을 원용할 수 있을 것이다(McCay 2002).

나 자신은 이러한 비판에 대한 회답으로서 뿐만 아니라, 공동자원론의 전개 방향의 하나로서, 환경거버넌스론과의 접합을 탐구하고 있다. 그 초보적인 아이디어가 '협치'다(井上 2004: 137-153). '협치(協治)'란 "중앙정부, 지방자치체, 주민, 기업, NGO/NPO, 지구시민 등 여러 주체(이해관계자)가 협동하여 자원관리를 실행하는 구조(しくみ)"라고 할 수 있다. 이 구조는 구성원이 사전에 고정된 조직의 형태를 취할 수도 있지만, 관계자의 범위가 더욱 넓은 네트워크의 형태를 취해도 상관없다. 또한 중앙정부나 지방자치체 수준에서도 촌락의 수준에서도 성립 가능하다.

'협치'라는 단어를 협조형 정치의 실현을 기대하는 의미를 담은 영어의 거버넌스(governance)의 번역어로 사용하자는 시도가 있다(中邨 2001). 그러나 거버넌스 자체의 개념이나 논의되는 방식은 여러 가지이며, 본래의 의미인 조종(操縱, steering)의 의미를 담은 '통치'로 번역되기도 한다. 따라서 나는 거버넌스의 의미를 한정하여 '협동형 거버넌스'(collaborative governance)의 의미로 '협치'라는 말을 사용하기로 하겠다.[6]

## 2.3 공동자원 생성을 위한 조건의 미해명

곧잘 인용되는 '공동자원의 장기 존립을 위한 8조건'(Ostrom 1990: 130-132)은 현존하는 전세계 공동자원의 실태로부터 귀납적으로 도출된 조건들이다. 그런 의미에서, 어디까지나 구조정태적인 시스템으로서 이미 '존재하는' 공동자원의 조건이다. 즉, 공동자원이 세대를 넘어서 '존재하는 조건'은 보여 주지만, 공동자원을 새롭게 '생성하는 조건'은

---

6) 외부자와의 협동을 전제로 하면서 현지 주민의 권리를 확보하기 위한 '협치'를 생성하기 위한 설계원칙(=협치원칙)에 대해서는 또 다른 글에서 제시할 예정이다.

보여주지 않는다(關 2005)는 것이다.

　최근에 제시된 '공동자원의 자기조직화 조건'(Ostrom 2001)에 대해 말하자면, 기본적으로 합리적 개인을 전제로 한 위에, 일정한 조건(자원에 관한 4지표, 이용자에 관한 6지표)을 두고, 집단적인 협조행동을 취할 때의 편익이 그 비용을 상회할 때, 공동자원이 자기조직화한다고 생각되고 있다. 그러나 애당초 위의 조건으로 제시된 '공통인식'이나 '신뢰관계'가 존재하지 않는 사례를 고찰대상으로 삼고 있기 때문에, 이러한 조건을 새롭게 발생시키는 조건을 제시해야 하는 것이다. 즉, 오스트롬의 '합리적 자기조직화 모델'도, 역시 공동자원의 '존재조건'이기는 해도, 엄밀한 의미에서의 '생존조건'이라고는 부를 수 없는 것이다(關 2005).

　프런티어사회를 전형으로 삼는, 문화적 동질성이 낮은 사회, 즉 이질성이 높은(heterogeneous) 사회에서 구성원의 집합행위(협조행동)을 유발하여 공동자원을 '생성시키는 조건'과 역사적으로 존속해 온 공동자원을 '지속시키는 조건'을 준별하고, 지금까지의 공동자원론에서 등한시했던 전자를 해명하는 것은 더욱 중요하다. 왜냐하면, 참가형 삼림관리 프로그램의 도입 대상지의 대부분은 오히려 공동자원을 '생성시키는 조건'을 찾지 않으면 안 되는 사회이기 때문이다. 이것은 바야흐로 앞으로의 크나큰 과제라고 할 수 있다.

　다만, 그런 경우에는 반드시 집합행위가 최적이라고 한정되지는 않는다는 점에 주의해야 한다. 집합행위나 협조행동을 상대화하고, 몇 가지 선택지의 하나로서 평가하는 자세가 요구된다. 이와 관련하여 나는 다음과 같이 서술한 바 있다.

　"… 일반적으로 말하자면, 마을 사람들이 개별적으로 수행하는 '사적' 관리, 마을 사람들이 서로 조정을 도모하면서 수행하는 '사적' 관리, 행정이 마을 사람들로부터 자원을 징수하여 수행하는 '공적(公的)'인 관리, 그리고 마을 사람들이 협동(collaboration)하여 수행하는 '공석(共

的=common)'인 관리의 어느 쪽이, 어떤 조건 하에서, 어떻게 바람직한
가에 대해 검토하는 것이 공동자원론의 중심적인 주제인 것이다"(井上
2005: 32).

## 2.4 일본인 연구자가 제기한 공동자원 개념의 애매함

이소베 토시히코(磯部俊彦 2004)는 다베타(多變田 1990)의 공동자원
정의(=공동의 힘·지역공동체)를 "애매한 개념이 되어 버렸다"고 평가했
으며, 이케다(池田 1995)의 지구·공동자원에 관한 논의를 '개념의 비약'
이라고 했고, 이노우에(井上 1997)의 정의(자연자원의 공동관리제도 및
공동관리의 대상인 자원 자체)를 "이케다의 소유론적 논의를 더욱 확
장"한 것이라고 비판했다. 동시에, 공동자원론자는 공유의 성질을 갖지
않는 입회권인 '공동자원형 입회권'(영국 등에서의 주민의 계급투쟁에
의해 지주로부터 탈취한 이용권. 본래의 공동자원)과 공유의 성질을
가진 입회권인 '꼬뮨형 입회권'의 차이를 준별하지 않는다는 점, 그리
고 '촌락(むら)공동체'로의 확장 해석에 의해 지금까지 축적되어 온 '촌
락'론의 여러 논점이 공동자원의 이름 아래 사라져 버렸다고 주장하고
있다. 나아가 "신기한 일이지만, 그것을 사회과학의 발전이라고 해도
좋을 것인가"라며 가차없이 비판하고 있다.

비판자의 학문적 열의는 평가할 수 있지만, 아쉽게도 이러한 비판
은 정당한 것이라고 할 수 없다. 애초에, 공유의 성질을 가진 입회권과
공유의 성질을 가지지 않는 입회권을 준별하지 않는 일본인 공동자원
론자가 정말 존재하는가? 나는 그렇게 생각하지 않는다. 공동자원론자
가 이 양자를 혼동하고 있다는 사실을 보여주고 나서 비판하지 않는
한, 그것이야말로 사회과학의 후퇴이지 않을까.

대조적으로, 나는 학문발전의 전략으로서 공동자원의 정의를 폭넓
게 설정하고, 다음과 같이 명기하고 있다. "… 나는 다양한 논의를 공동

자원론의 씨름판 위에 올리고 싶다. 공동자원에 대한 협의의 정의에 집착하여 '그것은 공동자원이 아니'라며 논의에서 배제할 경우보다, 생산적인 논의의 가능성이 열릴 것이라고 생각하기 때문이다"(井上 2001a: 10). 나아가, 나는 공동자원론의 가능성으로서, "자원관리론을 풍부히 하는", "지역 주민과 도시 주민을 연결하는", "다양한 학문분야를 연계하는" 등의 방향을 내걸어 왔다(井上2004: 87-92). 결코 지금까지의 연구 축적을 무시하는 것이 아니라, 오히려 그것을 활용하고, 나아가 학문분야간의 벽을 넘어선 새로운 전개를 응시하고 있는 것이다.

공동자원론의 의의는 초파리의 연구라는 비유를 통해 설명된다 (Dietz et al. 2002). 이 책의 스가 유타카(菅豊)의 논문에 실려 있는 내용이지만, 초파리의 연구는 초파리만을 안다고 되는 것이 아니라, 더 크고 또한 추상적인 자연의 이법(理法)을 해독하는 연구다. 마찬가지로, 공동자원론은 단순히 자원의 공동관리제도의 연구만이 아니라, 사회과학의 다양한 핵심 과제를 해결하기 위한 '시험대'(test bed)인 것이다.

# 3. 공동자원론의 전개 방향

## 3.1 소유론

공동자원의 정의의 항(1.1)에서 설명한 것처럼, 나는 우선 '소유론'은 옆에 놔두고, 소유를 법률용어로 한정해서 사용하고, 실태적인 관리나 이용의 본 모습을 둘러싼 제도에 논의의 초점을 맞춰 공동자원론을 전개해 왔다(井上 2001a: 11; 井上 2004: 55-58; 井上 2005: 35-37).

소유는 근대에 들어와서 무엇보다 우선 소유권으로서 이해되었고, 게다가 사적 소유의 법형태를 의미하는 것이라고 이해되는 경우가 많았다. 그러나 소유는 여러 형태로 사회적 관계를 맺어 온 개인들로서의 인간과 함께 존재해 왔으며, 사적 소유와 공동적 소유가 혼재하는 것이 근대 이전의 역사의 상태였다. 거기에서 소유는 법 형태라기보다는 현실적인 사회관계였다(『社會學事典』 1996: 478-479). 따라서 인간사회와 자연자원과의 관계성을 역사적·근원적으로 고찰하려면, 근대법적 용어인 '소유권'에 한정하지 않고, 본격적인 소유론을 전개할 필요가 있을 것이다.

이와 관련하여, 오쿠다 하루키(奧田晴樹 2008)의 '소유 접근법(approach)'과 '용익 접근법'의 방법적 성찰은 흥미롭다. 오쿠다는 토지문제가 사회적 부의 분배와의 관계에 머무르지 않고, 인류 생존과의 관계에서도 고찰되기 시작하는 상황 속으로 공동자원론을 자리매김하고 있다. 그리고 토지문제를 '소유론' 일변도가 아니라, 공동자원론이 주목해 온 '용익'의 시점을 가미하여 연구할 필요성을 제기하고 있다.[7]

또한 스가 유타카(菅豊 2004)의 총유론(總有論)은 반드시 읽어볼 필요가 있다. 총유란 소유물의 지분권이 최초부터 구성원에게 인정되지 않고, 그 때문에 처분이나 분할청구가 인정되지 않는 공동소유의 한 형태다. 스가는 전근대부터 계속되어 온 유제(遺制)로서 총유를 적극적으로 평가하지 않은 법학자와, 평등성을 확보하여 사람들의 생활 유지에 기여한 시스템으로서 총유를 적극적으로 평가한 비법학(농촌사회학이나 농업경제학)자의 총유론을 비교검토하고, 새로운 총유론의 과제를 제시하고 있다. 그 속에서, 법학자들의 논의의 대상이 오로지 입회권과 입회지로 한정되어 있었던 것에 반해, 비법학자들은 촌락 전체와 관련되는 촌락규칙과 촌락 전체의 토지를 논의의 대상으로 하고

---

7) 오쿠다(奧田 2008)는 용익 접근법의 모색이 각 방면에서 개시되고 있다는 점을 지적하고 있다. 예컨대, 카토 마사노부(加藤雅信)는 법학의 입장에서 노동소유설의 성립을 용익의 측면에서 엄밀하게 이해하는 것을 시도한 바 있으며, 스기시마 타카시(杉島敬志)는 문화인류학의 입장에서 노동소유설에 비판적인 고찰을 덧붙이고 있다(奧田 2008: 56-57). 나 자신은 이러한 논의를 음미한 위에서 논의를 전개하려 한다.

있었다고 지적한다.

초파리 연구의 비유는 아니지만, 공동자원론이 본격적인 사회과학의 연구로서 역사에 이름을 남기도록 공헌할 수 있는 하나의 길은 용익 접근법을 포함하는 소유론을 본격적으로 파고드는 일일 것이다.

## 3.2 환경거버넌스론

공동자원론의 주요 연구대상 영역은 생태계 및 삶을 통해 생태계와 밀접하게 연결되어 있는 마을 수준의 지역공동체이며, 분석의 중심은 자원의 지속적 이용과 관리를 향한 '조직 내 조정'이라고 할 수 있을 것이다(三俣·鶴田·大野 2006: 51-53). 한편으로, 공간의 다원성이나 주체의 다양성을 인정할 것을 강조하는 입장이 환경거버넌스론이다. 환경거버넌스론에서는 분석의 수준이 어떤 조직 내의 조정이라기보다는 오히려 '조직간 조정'에 주목하는 분석이 많다(三俣·鶴田·大野 2006: 51-53). 미쓰마타 등에 의한 이러한 지적은 매우 중요하다.

나처럼 관심 대상이 공동자원론보다 큰 규모의 관리주체론, 합의형성론, 시민참가론으로 이행하면서도, 어디까지나 지역에 집착하면서 "공동자원론에 근거한 자원정책(환경정책)"을 전개하려고 생각하는 사람들에게 환경거버넌스론은 매우 중요한 학문영역이 된다. 이미 설명한 것처럼, 내가 협동형 거버넌스의 의미로 '협치'라는 용어를 사용(井上 2004)하고 있는 것은 이러한 점을 보여주고 있다.

또한 스턴 등(Stern et al. 2002: 469-479)은 공동자원론의 과제의 하나로서, 제도들 사이의 상호관련(수평적인 연계와 수직적인 연계)의 역할을 이해할 필요가 있다고 주장한다. 이러한 전개 방향은 거버넌스론에 포함된다.

## 3.3 사회자본론

공동자원론과 환경거버넌스론 모두에게, 네트워크나 규범이라는 사회자본(social capital)이 지닌 순기능은 중요한 위치를 차지하고 있다.

우선, 결속형 사회자본(bonding social capital)은 조직이나 지역공동체 내부의 응집성을 높임으로써 집합행위를 촉진시킨다. 공동자원론의 중심을 차지해 온 '공동체론적 공동자원론(=지역·공동자원)' 가운데, 규범 등의 신뢰를 강화하는 사회적 요인에 초점을 맞춘 논의가 바로 사회자본론이다.

다음으로, 가교형(橋渡し) 사회자본(bridging social capital)은 조직이나 지역공동체의 사이 및 지역공동체와 행정(지방, 국가)의 네트워크를 구축함으로써 집합행위를 촉진시킨다. '시민사회론적 공동자원론(=환경거버넌스론)' 가운데, 네트워크 등의 신뢰를 강화하는 사회적 요인에 초점을 맞춘 논의가 사회자본론이다.

어떤 상황 하에서 증가한 사회자본이 CPRs 등 공동자원의 보전 수준을 향상시킬 수 있을 것인지, 이익을 유도하는 개인적인 사회자본을 집단을 위해 활용하기 위한 인센티브는 무엇인가 등이 이후의 과제 (Dolšak et al. 2003: 362-353)일 것이다.

## 3.4 그 외

미국인들에 의한 15년간의 공동자원 연구를 총괄한 스턴 등(Stern et al. 2002: 469-479)은 공동자원론의 중요 과제를 다음과 같이 제시하고 있다. 우선, 자연자원에 한정하지 않고, 보다 폭넓고 새로운 공용자원 (CPRs), 즉 인터넷, 유전자 풀, 장기 은행 등으로 고찰 대상을 넓히는 것이다. 다양한 규모에서 장기간 지속되는 공용자원을 조정하는 제도에 관한 연구는 이들 새로운 공용자원의 관리에 대해 중요한 시사점을 제공한다(Dolšak & Ostrom 2003: 4). 전통예능 등 문화에 대해서는 공동자원의 정의의 항(1.1)에서 서술한 대로다.

다음으로, 자원관리제도의 변화를 이해하는 것이다. 즉, 의지를 결정하는 과정에서의 토의, 분쟁관리, 제도의 생성·순응·진화의 연구다. 또, 공용자원관리제도에 대한 사회적·역사적인 문맥의 영향을 이해하는 것이다. 예컨대, 세계화의 영향, 민주화·민영화·지방분권화의 영향, 인구변화(인구증가, 도시화, 핵가족화, 여성의 진출)의 영향, 기술변화의 영향, 역사적인 시점의 중요성 등이다.

# 마치며

어떤 학문분야에서도 비판은 중요하지만, 공동자원론에 대해서는 오해를 기반으로 한 비판이 여기저기에 보인다는 점에 대해서는 이미 서술한 대로다. 그 원인 가운데 하나는, 확실히 공동자원론 연구자 측에 있다. '公'이라는 용어의 부주의한 사용은 이제 그만두는 편이 좋을 것이다.

그러나 또 하나의 극히 중요한 원인은 공동자원론에 대해 감정적·심정적인 위화감을 가진 비판자 측에 있다. 공동자원론에는 다양한 학문적 배경을 가진 연구자 및 실천가들이 참가하고 있다. 바로 복싱이나 유도와 같은 개별 격투기를 넘어선, 종합격투기의 세계다. 그렇다고 하더라도, 종합격투가는 모든 기술의 명수가 아니라, 역시 자신이 주특기로 하는 몇 종류의 기술을 조합하여 시합에 임한다.

예컨대, X씨가 태클과 관절기를 주특기로 하는 종합격투가라고 하자. X의 시합을 본 권투선수 Y씨가 "펀치를 능숙하게 사용하지 않는 X는 약하다"고 비판한다. 물론, 비판은 자유다. 그러나 만약 Y씨가 자신의 세계(복싱의 세계)에서 한 걸음도 밖으로 나오지 않은 채, 즉 종합격투기의 링에 오르지 않은 채, "나와 싸우려면 복싱 링으로 와라"고 X

를 도발한다면 어떻게 될까. 무엇이든 사용할 수 있는 종합격투기의 링 위에서의 싸움이 뭔가 아쉽다고 말하는 것이라면, 자신이 종합격투기의 링에 올라 승부해야 하는 것이 아닐까. 물론, 종합격투기에서는 개별격투기에서 발달한 기술을 필요에 따라 변형시키면서, 여러 가지를 조합하여 사용하고 있다. 그런 의미에서, 역사가 짧은 종합격투기가 긴 역사를 가진 개별 격투기에서 배워야 할 점도 많다.

여기에서 종합격투기를 공동자원론으로, 개별 격투기를 개별 학문분야(법학, 경제학 등)로 바꾸어 보면 흥미롭다. 내가 바라는 것은 Y(권투선수)가 X(종합격투가)에게 "펀치를 사용하면, 당신은 더욱 더 좋은 격투가 가능합니다"라고 보여주는 것이다. 그리고 X도 그것을 적극적으로 받아들여 Y와 절차탁마하여 기술을 연마하는 것이다.

자신의 학문분야에 머물면서 다른 분야의 연구를 비판하는 것처럼 비생산적으로 내향하는 자세는 공동자원 연구자에게는 어울리지 않는다. 공통의 씨름판을 만들고 거기에서 다른 분야들 사이의 교류를 도모하며 학문의 발전에 기여하는 것과 함께, 현실의 문제해결에 깊은 관심을 가져 가는 것이 공동자원론의 매력인 것이다.

이 장의 제목인 '유산'을 공동자원론의 종언이라는 부정적인 함의로 이해하는 것은 옳지 않다. 오히려 "지금까지 축적된, 계승되어야 할 업적"이라는 긍정적인 의미에서 이해하고 싶다. 연구자 스스로 공동자원론을 의식하지 않거나 공동자원론을 기피하는 경우를 포함하여, 다양한 전개와 심화가 예감되는 공동자원론(이라는 학문영역)에서 당분간은 눈을 떼지 말자.

# 참고 문헌

秋道智彌, 1999, 『なわばりの文化史-海·山·川의 資源と民俗社會』, 小學館ライブラリー.

秋道智彌, 2004, 『コモンズの人類學-文化·歷史·生態』, 人文書院.

秋道智彌編, 1999, 『自然はだれのものカ-「コモンズの悲劇」を超えて』(講座 人間と環境1), 昭和堂.

池田寬二, 1995, 「環境社會學の所有論的パースペクテイプ-グローバル·コモンズの悲劇を超えて」 『環境社會學研究』 1: 21-37.

池田恒男, 2006, 「コモンズ論と所有論」 鈴木龍也·富野暉一郎編著, 『コモンズ論再考』, 晃洋書房, 3-57.

池谷和信, 2003, 『山菜探りの社會誌-資源利用とテリトリー』, 東北大學出版會.

磯部俊彦, 2004, 「研究ノート-コモンズという言葉で何が言いたいのか?」 『農村研究』(東京農業大學) 99: 185-191.

井上真, 1995, 『燒畑と熱帶林-カリマンタンの伝統的燒畑システムの變容』, 弘文堂.

井上真, 1997, 「コモンズとしての熱帶林-カリマンタンでの實證調査をもとにして」 『環境社會學研究』 3: 15-32.

井上真, 200la, 「自然資源の共同管理制度としてのコモンズ」 井上·宮内編, 1-28.

井上真, 200lb, 「地域住民·市民を主體とする自然資源の管理」 井上·宮内編, 213-235.

井上真, 2004, 『コモンズの思想を求めて-カリマンタンの森で考える』, 岩波書店.

井上真, 2005, 「地域と環境の再生-コモンズ論による試み」 森林環境研究會編, 『森林環境 2005』, 朝日新聞社, 30-40.

井上真·宮内泰介編, 2001, 『コモンズの社會學-森·川·海の資源共同管理を考える』, 新曜社.

宇澤弘文, 1994, 「社會的共通資本の概念」 宇澤弘文·茂木愛一郎編, 『社會的共通資本-都市とコモンズ』, 東京大學出版會, 15-45.

生方史數, 2007, 「コモンスにおける集合行爲の2つの解釋とその相互補完性」 『國際開發研究』 16(1): 55-67.

奧田晴樹, 2008, 「土地問題研究の方法的省察: 「コモンズ論」との關わりで」 『金澤大學敎育學部紀要(人文科學·社會科學編)』 57: 45-62.

尾關周二, 2001, 『環境思想と人間學の革新』, 靑木書店.

加藤雅信, 2001, 『「所有權」の誕生』, 三省堂.

環境社會學會編, 1995, 『環境社會學研究 特集コモンズとしての森・川・海』3號.

熊本一規, 1995, 『持續的開發と生命系』, 學陽書房.

クリエイテイプ・コモンズ・ジャパン, 2005, 『クリエイテイプ・コモンズ–デジタル時代の知的財産權』, NTT出版.

菅豊, 2004, 「平準化システムとしての新しい總有論の試み」寺嶋秀明編, 『平等と不平等をめぐる人類學的研究』, ナカニシヤ出版, 240-273.

菅豊, 2005, 『 川は誰のものか一人と環境の民俗學』, 古川弘文館.

杉島敬志, 1999, 『土地所有の政治史–人類學的視点』, 風響社.

關良基, 2005, 『複雜適應系における熱帶林の再生–違法伐採から持續可能な林業へ』, 御茶の水書房.

多變田政弘, 1990, 『コモンズの經濟學』, 學陽書房.

土屋俊幸, 2004, 「書評: 井上真著 コモンズの思想を求めて–カリマンタンの森で考える」『環境と公害』34(1): 70.

鳥越皓之, 1997a, 『環境社會學の理論と實踐–生活環境主義の立場から』, 有斐閣.

鳥越皓之, 1997b, 「コモンズの利用權を享受する者」『環境社會學研究』3: 5-14.

中邨章, 200,1 「ガバナンスの概念と市民社會」『自治研』43(502): 14-23.

半田良一, 2007, 「書評: 鈴木龍也・富野暉–郎編 コモンズ論再考」『林業經濟』60(2): 19-27.

三浦耕吉郎, 2005, 「環境のヘゲモニ–と構造的差別－大阪空港「不法占據」問題の歴史にふれて」『環境社會學研究』11: 39-51.

見田回介・栗原彬・田中義久編, 1996, 『社會學事典』, 弘文堂.

三俣學・嶋田大作・大野智彦, 2006, 「資源管理問題へのコモンズ論・ガバナンス論・社會關係資本論からの接近」『商大論集』57(3): 19-62.

宮内泰介, 1998, 「重層的な環境利用と共同利用權－ソロモン諸島マライタ島の事例から」『環境社會學研究』4: 125-141.

宮内泰介編, 2006, 『コモンズをささえるしくみ–レジテイマシーの環境社會學』, 新曜社.

室田武・三俣學, 2004, 『入會林野とコモンズ–持續可能な共有の森』, 日本評論社.

家中茂, 2002, 「生成するコモンズ一環境社會學會におけるコモンズ論の展開」松井健編, 『開發と環境の文化學–沖繩地域社會變動の諸契機』, 裕樹書林, 81-112.

レッシグ, ローレンス 山形浩生譯, 2002, 『コモンズ–ネット上の所有權强化は技術

革新を殺す』, 翔泳社.

Berkes, F., 2002, "Cross-scale Institutional Linkages: Perspective from the Bottom up", in: E. Ostrom et .la. (eds.), *The Drama of the Commons: Committee of the Human Dimensions of Global Change*, Washington, D.C.: National Academy Press, 293-321.

Berkes, F. & Folke, C. (eds.), 1998, *Linking Social and Ecological Systems: Management Practices and Social Mechanisms for Building Resilience*, Cambridge, UK; New York; Melbourne: Cambridge University Press.

Bromely, D. W. & Cernea, M., 1989, *The Management of Common Property Natural Resources* (World Bank Discussion Papers No.57), Washington, D.C.: The World Bank.

Dietz, T., Dolšak, N., Ostrom, E. & Stern, P. C., 2002, "The Drama of the Commons", in: E. Ostrom et al. (eds.), *The Drama of the Commons: Committee of the Human Dimensions of Global Change*, Washington, D.C.: National Academy Press, 3-35.

Dolšak, N., & Ostrom, E., 2003, "The Challenges of the Commons", in: N. Dolšak & E. Ostrom (eds.), *The Commons in the New Millennium: Challenges and Adaptations*, Cambrkdge, Massachusetts; London: The MIT Press, 3-34.

Dolšak, N., Brondizio, E. S., Carlsson, L., Cash, D. W., Gibson, C. C., Hoffmann, M. J., Knox, A., Meinzen-Dick, R. S. & Ostrom, E., 2003, "Adaptation to Challenges", in: N. Dolšak & E. Ostrom (eds.), *The Commons in the New Millennium: Challenges and Adaptations*, Cambrkdge, Massachusetts; London: The MIT Press, 337-359.

McCay, B. J., 2002, "Emergence of Institutions for the Commons: Contexts, Situations, and Event", in: E. Ostrom et .la. (eds.), *The Drama of the Commons: Committee of the Human Dimensions of Global Change*, Washington, D.C.: National Academy Press, 361-402.

McKean, M. A., 2000, "Common Property: What is it, What is it Good for, and What makes it work?" in: C. Gibson, M. A. McKean & E. Ostrom (eds.). *People and Forest*, Cambridge, Massachusetts; London: The MIT Press.

Ostrom, E., 1990, *Governing the Commons: The Evolution of Institutions for Collective Action*, Cambridge, UK: Cambridge University Press.

Ostrom, E., 1992, "The Rudiments of a Theory of the Origins, Survival, and Performance of Common-Property Institutions", in: D. W. Bromley (ed.), *Making the Commons Work: Theory, Practice, and Policy*, San Francisco: ICS Press: 293-318.

Ostrom, E., 2001, "Reformulating the Commons", in: B. Joanna, E. Ostrom, R. B. Norgaard, D. Policansky, B. D. Goldstein (eds.). P*rotecting the Commons: A Framwork for Resource Management in the Americas*, Washinton, D.C.: Island Press, 17-41.

Ostrom, E., 2005, *Understanding Institutional Diversity*, Princeton and Oxford: Princeton University Press.

Ostrom E., Dietz, Thomas, Dolšak, Nives, Stern, Paul C., Stonich, Susan & Weber, Elke U. (eds.). 2002, *The Drama of the Commons: Committee of the Human Dimensions of Global Change*, Washington, D.C.: National Academy Press.

Stern, P. C., Dietz, T., Dolšak, N., Ostrom, E. & Stonich, S., 2002, "Knowledge and Questions after 15 years of Research", in: E. Ostrom, T. Dietz, N. Dolšak, P. C. Stern, S. Stonich & E. U. Weber (eds.), *The Drama of the Commons: Committee of the Human Dimensions of Global Change*, Washington, D.C.: National Academy Press, 445-489.

## 편저자

**이노우에 마코토**(井上真) 도쿄대학대학원 농학생명과학연구과 교수. 전공은 삼림사회학, 삼림정책학이며 오랫동안 인도네시아 칼리만탄 지역연구를 해왔다. 이를 바탕으로『熱帶雨林の生活：ボルネオの燒畑民とともに』(築地書館, 1991),『燒畑と熱帶林：カリマンタンの伝統的燒畑システムの変容』(弘文堂, 1995),『コモンズの思想を求めて：カリマンタンの森で考える』(岩波書店, 2004) 등을 저술했다. 아시아의 환경문제와 지역 차원의 공동자원과 농촌재생에 관해 지속적으로 연구하고 있는 일본의 대표적인 학자다.

## 옮긴이

**최 현** 제주대학교 인문대학 사회학과 부교수로 문화사회학과 정치사회학을 가르치고 있다. 주로 연구했던 분야는 한국과 동아시아의 인권-시민권, 시민권 제도, 시민 의식-문화-정체성, 시티즌십 등인데, 현재는 환경과 지속가능한 삶의 방식, 생태적 시티즌십으로 연구의 폭을 넓히고 있다.

**정영신** 제주대학교 SSK연구팀 전임연구원이다. 평화학과 생태학을 기반으로 평화운동과 환경운동을 비롯한 사회운동을 연구하고 있다. 평화와 생태의 가치를 실현할 수 있는 새로운 공유운동에 관심을 두고 있다.

**김자경** 제주대학교 SSK연구팀 전임연구원이다. 농업경제학을 기반으로 한 로컬푸드 운동, 협동조합 운동에 관심을 가지고 있으며, 공동자원론과 먹을거리 운동의 접목을 위한 연구를 진행하고 있다.

# 공동자원론의 도전

| | |
|---|---|
| 초판 인쇄 | 2014년 10월 20일 |
| 초판 발행 | 2014년 10월 31일 |
| 옮 긴 이 | 최현, 정영신, 김자경 |
| 펴 낸 이 | 한정희 |
| 펴 낸 곳 | 경인문화사 |
| 편 집 | 김인명 김지선 문영주 |
| 주 소 | 서울특별시 마포구 마포대로4다길 8 |
| 전 화 | 02)718 - 4831~2 |
| 팩 스 | 02)703 - 9711 |
| 홈페이지 | http://kyungin.mkstudy.com |
| E-mail | kyunginp@chol.com |
| 등록번호 | 제10-18호(1973. 11. 8) |

ISBN : 978-89-499-1032-1 (93590)
ⓒ 2014, Kyung-in Publishing Co, Printed in Korea

정가 23,000원
※ 파본 및 훼손된 책은 교환해 드립니다.